NA
建筑家系列 7

坂茂

日本日经BP社日经建筑 编
范唯 译

北京出版集团公司
北京美术摄影出版社

前言

本书将建筑类专业杂志《日经建筑》（NA）迄今为止所刊载的关于坂茂的专访、面谈、主要代表作品的竣工报告等进行重新编排并加入新作，编辑成书。本书是《NA建筑家系列》的第七篇。

随着经济全球化及信息化社会的发展，『BORDERLESS』（无国界）一词的含义愈发有分量。在建筑界，最适合用『BORDERLESS』一词来形容的人，恐怕非坂茂莫属。

［1］活动地点无国界

——除东京以外，坂茂于巴黎及纽约亦设有事务所。截至2013年2月，其在巴黎的工作人员有21人，在纽约的工作人员为9人。位于东京的事务所共有19人，巴黎的事务所规模竟大于东京。坂茂为确认3个据点的项目进度，平均每个月需要乘坐15次以上的航班，奔波于世界各地。

［2］素材及技术的着眼点无国界

——坂茂的多数建筑，都是以素材及技术作为决定其形态的重要元素。这本身虽不是什么稀罕的事情，但坂茂所着眼的对象总是非常奇特。纸管、合板、卷帘、电梯、家具、集装箱……通常作为配角登场的建筑要素，在坂茂的建筑中一跃成为主角。

［3］设计事业与志愿者活动之间无国界

——坂茂被大众所了解，始于其在1995年的阪神淡路大地震中的志愿者活动。坂茂在神户市长田区使用纸管建造了临时教会和临时住宅。此外，为了能够持续进行对受灾地区的志愿活动，他还专门设立了『Voluntary Architects' Network(VAN)』这一组织。现如今，VAN的活动已经成为与其设计事业同等重要的组成部分（请参看第58页）。

［4］人脉无国界

——这一点也可以说是[1][2][3]点的自然结果。与坂茂交往的人们，来自不同地区不同行业。反而对建筑界业内人脉关系的构建不那么积极，对一般人而言，建筑界人士给人的印象通常是对人际关系毫无兴趣，因此他们会被揶揄为『建筑书呆子』。然而坂茂的行为方式却似乎与『呆子』毫无关系。

为什么坂茂可以达到『无国界』这一立场呢？当然与他本人的性格有关系，但更多的是他美国留学以及海外工作经历的影响。坂茂在与建筑家山梨知彦的对谈（请参看第222页）中曾这样说道：『在海外工作时，为了让不同文化及宗教背景的人们能够理解我的想法，我在进行说明解释时，总是尽力做到内容易于理解并保持客观性，这一点非常重要。』

提到无国界这一说法，我们印象里通常与之相伴的是『相互之间很难理解』，而坂茂的行为处事和其建筑理念的根本却秉持『易于理解』『易于传达』的特点。这正是由于坂茂在客观地看待社会与自我的基础上，开拓了能发挥自己独特个性的领域。由此便自然而然产生了『无国界』的效果，而不是坂茂将『无国界』作为目标而刻意追求。

我们将本书贡献给读者，期待它不仅成为一本建筑设计教材，更能够对今后『建筑师的生存方式』命题的思考提供启发。

日经建筑编辑部

日经建筑（NA）所刊载的职衔，原则上为采访时的职衔。
转载报道的期刊号，登载于题目栏下方。无期刊号的报道，为专为本书而作的新撰。
另外，报道中的图片，原则上也仅限于反映刊载之时的状态。因建筑物改建等原因，图片与现状有可能已有所不同。

目录 CONTENTS

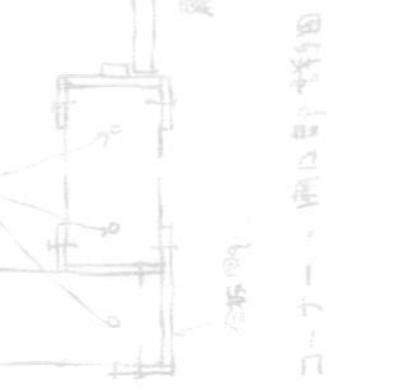

建筑名称索引
（按日语五十音顺序排列）

坂茂（Shigeru Ban）

1957年出生于东京。

1977—1980年就读于南加州建筑学院（SCI-ARC，洛杉矶）。

1980—1982年就读于库伯联盟学院建筑系（纽约）。

1982—1983年就职于矶崎新工作室。

1984年于库伯联盟学院毕业，获得Bachelor of Architecture。

1985年创立坂茂建筑设计事务所。

1995年设立VAN（Voluntary Architects’ Network, 义务建筑师网络）。

1995—1999年担任联合国难民事务高级专员办事处顾问。

2001—2008年庆应义塾大学环境信息系教授。

2006—2009年任普利兹克奖评委委员。

2009年获日本建筑学会作品奖。2011年获奥古斯特·佩雷奖、法国文化艺术勋章。

2011年起任京都造形艺术大学艺术系环境设计学教授

[照片：山田慎二拍摄]

第一章

奔波于受灾地

坂茂的一跃成名，应当归功于其1995年阪神淡路大地震后于神户市长田区建设的“纸教会”。
在无人委托的情况下，他自发在震灾地贡献力量。
并且使用了成本低廉的建筑材料——“纸管”。
纸教会的落成确定了坂茂之后的发展方向。

背景为东日本大地震临时空间分隔装置（第36页）的草图

1995年

建筑作品
01

纸教会
神户市长田区

NA1995年10月23日号刊载

“纸建筑”起于焦土之上

首次弥撒。内部可容纳约80个座位。
由于设计时间紧促，
59根椭圆形的纸管
使用了与坂茂曾亲自设计的“水琴窟东屋”（1989年）中同样的材料，并精心设计，确保结构上更为安全。

［照片：除有特别说明外均为平井广行的作品］

阪神淡路大地震中，神户市长田区鹰取发生了严重的火灾，今天（1995年10月）只剩下少数的建筑幸存。9月17日，在这个作为鹰取灾后重建援助活动据点的天主教堂中建成了以纸管为支柱的集会场所。

建筑家坂茂（坂茂建筑设计事务所代表）使用其开发的『纸建筑』技术，与300人以上的志愿者、教会信徒、神父合力建成了这个集会场所。

该建筑物位于教堂所在地，虽然只是临时建筑用来作为集会场所，但其周正的内部空间却可以让人感到神秘的气氛。这个建筑究竟是怎样建成的呢？

作为建筑家，能做的是什么？

『我一直都在思考，作为一个建筑家，怎样才能够像律师及医生那样对社会做出贡献。』坂茂说道。由于大地震，神户遭受了毁灭性的打击，天主教鹰取教堂成为灾后重建的一个据点，听闻这一消息

受大规模火灾的影响，天主教鹰取教堂也被烧毁了。图中的基督像为住在教堂周边的越南人社区所捐赠，雕像前面的区域幸免于难。集会所所在地就是原教堂旧址。

后，坂茂坐立难安，立即动身前往神户。

坂茂过去就已经开始研究纸管材料在建筑中的应用。从去年起，为了处于悲惨境地的卢旺达难民，坂茂向联合国难民事务高级专员办事处提议使用纸管帐篷，并为实现这一想法四处奔走（参看第60页）。

『当受灾地衣食需求的问题解决后，住所的改善就变得更加重要。所以我想是不是可以将卢旺达难民帐篷上的经验发挥出来，来为神户做些事情。』坂茂说道。由此，建设神户的纸集会所的想法产生了。

最初并未被重视

坂茂与天主教鹰取教会神田裕神父是在灾后的一片混乱之中认识的。『一开始我向他提议建造一个使用纸管的临时集会场所，他没有理睬。』坂茂说道。当然，其中是有原因的。『城镇整体尚未重建，教会的信徒仍然在帐篷中度日，教

会不能在这个时候为自己建造奢侈的建筑。』神田神父回想当时的想法，这样说道。

『之后我每个月去教会参加弥撒2次，然后向神田神父讲述我的看法。我想做的建筑，不是只为了教会，而是要把它作为鹰取周边居民的社区中心。2个月以后，神父终于理解了我的想法。因为灾后有很多人提出很多想法，因此要得到神父的信任需要一段时间也是理所应当的。』坂茂说。

纸与帐篷构成的神秘空间

临时集会场所建设计划获得最终认可是在进入4月以后。

『当时我希望能够只借助志愿者的双手把它建成，完全不想用任何重型机械。』坂茂说道。为此，施工就需要在可以招募到学生的暑期来进行。

由于没有时间进行全新的设计和结构组织，因此坂茂根据过去有实践经验的结构进行了设计。作为建筑物主要构造的纸管较粗，直径

鹰取教堂四周的底层住宅几乎全部被烧毁，本照片拍摄的1995年10月仍无重建迹象。鹰取教堂作为重建工作的前线基地，许多志愿者在此辛勤工作。集会场所作为重建的象征，预计将会使用很多年。

为33厘米，共使用59根这样的纸管排列成椭圆形。最初设计时以长方形方案的短边为正面，但是因为希望能够体现围聚的效果，所以最终将长边一侧作为了正面。

纸管在建筑物深处排列密集，而在近处排列成能够容人通过的稀疏状态，这样可以实现与外部空间相通的整体使用效果。地板材料采用了免费的建筑工地剩余材料——水泥连锁块。

众多志愿者支持

该建筑使用聚碳酸酯的镀锌波纹板嵌入钢制框架，并以钢制框架包围纸管。『这个集会所也会作为弥撒举办场所而使用。在纸管围成的空间外侧附加另一个空间，可以缓冲与外部的直接接触。』

建筑物屋顶使用了白色的帐篷膜，阳光照射进来，白天内部空间十分明亮。而到了夜里，灯光会从帐篷中透射出来。

施工期从7月末至9月上旬，由

300名以上的志愿者进行操作。由于是临时建筑，因此该项目无须获取建筑许可等相关手续。

『首先我们特别注意安全方面。』坂茂说。原本坂茂事务所的一名员工常驻现场进行监理，但仅仅如此人手是不够的，于是我们追加了当时正在同时进行的另一纸屋项目（第122页）的监理，共三人常驻现场。

大多数志愿者都是初次参加建设工作的大学生和高中生，现场要求大家必须佩戴安全帽，特别是在高处作业方面予以了高度的重视。『一旦发生任何事故，这个项目就会遭受打击，甚至可能会给教会带来麻烦。』因此当项目终于顺利建成的时候，坂茂才松了一口气。

建筑于9月10日完工。这一天，参与建设的志愿者们召开了一个小型庆祝会，命名建筑为『PAPER DOME鹰取』。建筑剪彩是在地震发生8个月以后的9月17日。

工程费1000万日元善款筹集

建筑物虽然已经建成，但是费用问题依然存在。建设费用总计约1000万日元，坂茂四处奔走募款，希望能够用捐款来承担所有费用。他召开了两次志愿者及善款筹集演讲会，向许多志愿者团体提出资金援助申请，其中还收到了来自韩国的捐款。尽管如此，也还是没有筹足1000万日元。『事务所的常驻员工的费用我们也是自掏腰包。只要大家开心，我们就会感到很满足。』坂茂说。

1. 钢筋的基础配置。 | **2.** 纸管的嵌入和钢架构的设立同时进行。 | **3.** 在水泥上固定木制连接材料。 | **4.** 直径33厘米的纸管准备了59根。每根纸管重55千克，不用机械仅凭人力就能组装。 | **5.** 终于到了搭帐篷的阶段，先从中间开始，然后向四周延伸。 | **6.** 从缝隙中吊升地板。 | **7.** 固定地板。 | **8.** 地板是建筑公司在现场剩余的。 | **9.** 俯览完成后的建筑物（本组照片由坂茂设计、平井广行提供）

7

5

8

6

9

直径33厘米、长度8米的59根纸管排列围绕成椭圆形，其外围又以内嵌聚碳酸酯镀锌波纹板的钢制框架呈长方形围绕。天花板为帆布质地的帐篷拉起而成，地板以水泥连锁块铺设。

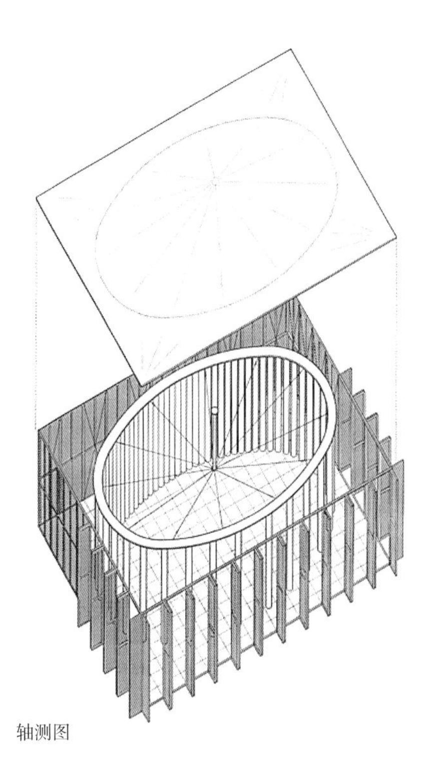

轴测图

聚集在“纸教会”的人们。同时作为建筑物结构的钢制外墙框架呈开放状态，可使集会场所与面前的广场一体化使用。

建筑项目数据：

所在地——神户市长田区海运町
主要用途——社区交流大厅（集会地兼教堂）
建筑面积——168.9平方米
占地面积——168.9平方米
结构层数——纸管结构 部分钢结构 地上一层
设计者——建筑：坂茂建筑设计
结构：松井源吾、
星野建筑结构设计事务所
施工者——志愿者
施工期——1995年7月—9月

远渡中国台湾的纸教会

PAPER DOME（纸教会）建于中国台湾中部的南投县埔里镇桃米村“新故乡见学园区”内，作为“纸教会”受到当地人的喜爱。桃米村为中国台湾多种生物的栖息地，而“新故乡见学园区”发挥这一优势成为生态旅游基地。

桃米村是一个人口1200余人的小村庄。随着高龄化进程的发展，该地区产业经济低迷，没有活力。1999年9月21日发生的中国台湾集集地震（9·21大地震）中，共有民居168户坍塌，60户半毁，受损率达到62%，该地将要承受更为严重的经济衰退和人口流失。

不过，由于地震后的重建工作，桃米村获得了巨大的转机。带来这一转机的主要领导人物是新故乡文教基金会理事长廖嘉展。桃米村由于开发进程落后，幸而保住了丰富的自然资源，包括数百种的蝴蝶、中国台湾原生的23类青蛙、56种蜻蜓等等，实为一个生物大宝库。廖氏发挥当地的这一优势，以建设“生态村”为目标，设计了人与动植物等大自然接触的学习项目，同时致力改善当地的自然环境，并开展了诸多提高当地人民收入的项目。

—

作为农村活力的象征

—

与此同时，廖氏提议将建成10年并面临废弃的纸教会作为日本与中国台湾的灾后重建交流据点转移至桃米村。中国台湾集集地震后，神户的市民团体赶赴支援，并以此为契机加强了市民之间的相互交流，自此中国台湾的相关人士访问日本时亦会常常造访鹰取。阪神淡路大地震后，鹰取带头在受灾地开展灾后重建工作，数个团体集结成为社区交流中心，居民的环境改善等活动独具特色，由此而引发了中国台湾方面的高度关注。鹰取的纸教堂当时也曾被用来迎接来自中国台湾的客人。

教堂的移建比新建成本更高，但是出于双方相关人士的热情，迅速确定由日本方面承担建筑物的拆除和至中国台湾的运输费用，而中国台湾方面则负责承担从中国台湾港口的运输费用及再建的诸项费用。2005年6月初解体工程开始，当月末承载了建筑材料的两个40英尺高的集装箱到达了台中港。

不过，再建工程完成却已是3年后的2008年9月。廖氏在构想如何发展“新故乡见学园区”时，认为为纸教会增加一个附属的新建筑会更好。于是他委托活跃在中国台湾的建筑家邱文杰进行设计，召集有识之士共召开了7次设计会议，制订出了计划。每一次会议上，他们都会和坂茂交换意见。在此基础上，从重视各自的建筑设计思想角度出发，确定将新、旧建筑物分别作为独立的部分进行建设，也就是我们今天看到的建筑布局。同时，对已经投入使用10年以上的纸管也进行了强度测试，确保了结构上无须再做加固工作，建筑物安全性没有问题。

开园后3年间，访问该地的观光人数达到了100万人以上。当地致力传统文化的振兴并开展相关艺术活动，有效地促进了当地自然环境的保护和地区经济利益平衡发展。中国台湾同样出现了与日本共通的城乡差距扩大的问题，因此该地区作为重振农村活力的模范案例受到瞩目，而重获新生的纸教会作为其象征，散发出新的光辉。

23页为止的照片：颜新珠拍摄
提供：新故乡文教基金会
协助：受灾地市民交流会

紙教堂paper dome祝福禮
paper dome新故鄉見學
園區開園典禮

点燃的蜡烛排列出“921”字样，象征中国台湾集集地震发生的时间1999年9月21日

1996年

访谈01

『为普通大众工作是提升自我的锻炼』

——摸索无国界时代建筑家的生存方式

NA1996年4月22日号刊载

『对建筑家而言，仅仅按照客户的要求完成作品是远远不够的，为一般大众进行工作也非常必要。』坂茂语气坚定地说道。在世界面临着环境问题的背景下，坂茂从10年前开始自主研发的纸建筑，在各地开始逐渐得到认可。坂茂在非洲卢旺达提议用纸管建设难民避难所，在地震受灾地神户建设了纸教堂和纸屋。对摸索无国界时代建筑家生存方式的坂茂来说，两者的差异仅仅是空间上距离的不同而已。

——坂茂先生在神户建设的纸建筑受到好评，1996年1月荣获『关西建筑家』大奖。在获奖感言中坂茂先生说道：『医生和律师等职业都在尽职尽责地对社会做出着贡献，我一直都在思考，我作为一个建筑师，能够为社会做些什么。这一次获奖，对负有建筑家使命感并在摸索前进方向的我来说，是一种肯定与鼓励。』对坂茂先生来说，建筑家的社会贡献究竟是什么呢？

我虽然没有高调地考虑『社会贡献』这么大的概念，但是我从美国的学校回到日本以后，深切感受到日本建筑家的社会地位是如此之低。

为什么会这样呢？一开始我认为是因为『在日本，建筑家这一提法的历史还很短，一般人并没有意识到建筑物是由建筑家设计建造的』。

但是再仔细一想却并非如此，与医生和律师等相比，建筑师并没有为普通民众直接做出有益的帮助。

我们建筑家一般很容易投入到作品的创作当中去，总想要建造出丰碑式的建筑。这并不

［照片：藤野兼次拍摄］

是一件坏事。建筑史上留下的具有丰碑式纪念意义的建筑已成为当地的重要遗产。但是，我认为仅仅如此是不够的。

在医生和律师群体中，有像坂本堤先生那样为社会正义呐喊的律师，也有许多无私奉献的好医生。于是我想，建筑家应该怎么做才能给予普通人帮助呢？

向建筑家委托设计业务的人，通常都是相对比较富裕的人士。而除此以外的大多数人，都跟建筑家没有什么交往，也不了解建筑家可以做什么。

原来建筑家在19世纪之前是为贵族或者有钱人等特权阶级工作的。但是进入20世纪以后，伴随着产业革命的兴起，许多人定居城市，因战争而失去家园的人们也来到城市。由此建筑家开始了集体住宅的设计和工业化住宅的开发。

柯布西耶和密斯这样的巨匠，除了确立近代建筑形式这样的功绩以外，还积极地提议为一般民众建设低成本的住宅。在设计具有纪念意义的建筑的同时，还要开展集体住宅、工业住宅的工作，这是近代建筑的一个侧面。

所以我认为，我们不应当仅仅止步于创造作品，而同时应当开展为一般大众服务的工作。

——在神户建设纸建筑也是出于同样的想法吗？

是的。在神户之前，我们已经在非洲的卢旺达难民营开始了类似的工作。

1994年夏天，我看到了卢旺达难民营中肺炎开始蔓延的新闻，于是向日内瓦的联合国难民事务高级专员办事处提议建设运用了纸管的性能更优的难民避难所。最初由于成本问题而遭到拒绝，但是从另一个角度出发，他们对我的提议很感兴趣。

为了给难民建立避难所，需要砍伐树木制作框架，外加联合国提供的覆盖物。仅仅在卢旺达附近就有200万以上的难民涌至森林大举砍伐树木。这一森林砍伐行为造成了严重的环境问题，联合国感到非常苦恼，因此他们认为用纸管来作为木头的替代材料是一个不错的想法。

我多次自费前往欧洲，寻找愿意与我们合作的工厂。1995年3月，开发纸管紧急避难所的想法正式被难民项目所采纳，我也成了联合国难民事务高级专员办事处的顾问。

接着就发生了神户大地震。我当时想在神户也出一份自己的力量。很偶然，我在电视上看到长田区鹰取教会里聚集了当年越南乘船外逃的信徒，于是我去实地看了看。虽然最初我向神父提出纸教堂的提议被拒绝了，但是随着我们彼此逐渐熟悉起来，这个想法最终还是得到了实现。

——您平时就想过要按照这个方向发展吗？

我意识到了问题的存在，但是当时并不清楚具体该怎样去做。不过，当遇到像卢旺达和神户这样的情况时，我是可以具体做些事情的，每次去到现场，我都会发现那些地方是需要我的，同时也会发现各种各样的问题。

我认为，建筑师与普通大众之间的最大联系在于住宅问题。为了大众，不仅在数量上而且在质量上，我们都应该在解决相关问题的同时进行住宅建筑，这是只有建筑师才能胜任的工作。

我认为建筑师与普通大众之间的联系在于住宅问题

在卢旺达和神户，当饮水、衣物和食物问题得到解决以后，接下来需要解决的就是住房问题。而针对这个问题，世界上提供援助的机构是极少的。即便有提供医疗救助的志愿者机构NGO(非政府组织)，却没有与建筑相关的NGO。所以我认为行政手段所不能涉及的地方，建筑师应当伸出援手，这一点非常重要。

——也就是说从建筑家独特的视角出发捕捉问题，而这一点又为建筑家提供了新的机会对吧。

是的。作为援助活动的第二批，我们在神户开始开发脱离临时住宅后的低成本公寓。通过行政手段建立再多的公共住宅、文化住宅——也就是过去的廉价公寓，它们的数量仍然是远远不够的。如果不建造这样的公寓，住在临时住所里的人们就无法回到原址居住。

因此，我们这次打算开发『家具之家』，即以家具为主体结构的装配式建筑，来建造低成本的文化住宅。

我去见了过去经营公寓的房东们，告诉他们『我们不需要设计费用，只要您拿出公共拨款来，我们就来低成本建造新公寓』，与此相应，房东要给出一个低廉的房租，并允许原来住在此地的人以及住在临时住宅里的人们优先入住。

总之先建起一座来，再慢慢普及

有一位房东同意了我们的提议，于是我们着手开始进行具体的设计。纸屋也是一样，我们想姑且先建立起一座建筑来，让大家来看一看，然后再慢慢将其普及开来。

——有些人会认为『建筑家无须如此，只要进行正常的设计业务，通过为客户提供服务来为社会做出贡献就行了』，您怎么看？

在日常性的业务中为客户提供优质的服务是必需的。但是如我刚才提到的，能够向建筑家委托业务的人，通常都是经济上较为宽裕的人士。为这些人士提供服务也应当努力做到物美价廉。但并不能说这样做了便是在为社会做贡献，只能说是在为上流阶层做贡献。

而非上流阶层的人们，并无机会向建筑家委托业务，因而不了解建筑家能够做什么。这些人在权力方面为弱势群体，在数量上却占了人口的大多数。他们也需要服务，怎么办？我认为还是需要我们主动提出建议和方案来。

在地震中失去家园而不知该如何是好时，如果不知道建筑家这一存在，他们只能去到像装配式住宅的样板房一样的地方居住。但是，如果建筑家能够主动提出『我们一起来解决这个问题』，大家便会来听取我们的意见。

我们还是有些怠慢与普通大众的沟通交流，我们仅仅在为上流阶层工作。

——如果为普通大众服务，未必能够获利，这一点您是怎么想的？

从经济上来讲是不会赢利的。不管是作为联合国的顾问还是在神户，从我自己所投入的时间来看，投入与收益不平衡，收入方面反而是负的。

所以我觉得应该把作为商业设计的业务和为一般大众提供的业务分开来考虑。商业设计业务方面处在一定的赢利状态，而为一般大众提供的设计服务利润则处在负值。对建筑师来说，这两方面的工作对自身经验的积累和专业训练都是非常必要的。

如果建筑师只做商业委托业务，相关实务经

验肯定会有所积累，但这些积累只是构成建筑师资质的一个方面而已，除此之外需要进行磨练的素质还有很多。从这个意义上讲，为社会大众工作而自行承担一定的费用，我认为这也是对自己成长的一种投资。

——您认为作为建筑师，哪方面素质的训练最重要？

看是否能够使自己的工作带有客观性和必然性。

单考虑建筑设计水平的高低是不行的。对于历史、文化背景以及趣味完全不同的人，你跟他讲『这个人的设计不错』，对他来说是没有任何说服力的。如果要在任何场合都能够让人认同你的工作，你就必须要让自己的工作体现出必然性和客观性。

我从十年前开始纸建筑的设计，当时没有一个人探讨环境问题。我当时也只是出于兴趣，认为脆弱的材料相应地也是经济型的，所以着手研发，并没有在意这是不是顺应潮流。而今天全世界都面临着环境问题，我做的工作也开始受到重视和认同。

直到两年前在卢旺达提出纸避难所的设想之前，我并没有刻意去推动这项事业。不过，在人力与技术交流的层面，我的确感到总有一天国界不再是问题。即使不能在自己周边发挥作用，我也可以去其他地方发挥自己的作用。恰好，我在卢旺达实现了这个想法。

我想我们这一代，在日常工作中已经不可避免地要涉及海外的工作。我们上一辈的建筑家都是首先在日本成名，然后去到海外开展会，这样逐渐地便会有海外的项目找上门来。在海外展会上也主要强调的是日本风格的作品。

但是自我们这一代以后，日本风格已经不是卖点。我们需要平等看待海外市场和日本市场，并主动地去推介自己。

——今后您的活动方向将是怎样的呢？

我在考虑是不是可以成立一个灾害救援的建筑家或者是工程师志愿组织。

英国有一个叫作REDR（Registerd Engineer for Disaster Relief）的灾害救援技术人员团体。发生灾害时，这个组织会派出当地所需的技术人员。而这些技术人员在救援期间仍可以得到所在公司的带薪休假。我现在力量虽然不够，但我希望有一天自己能够创立这样一个团体。

希望在任何地方都能得到所有人对我工作的认同

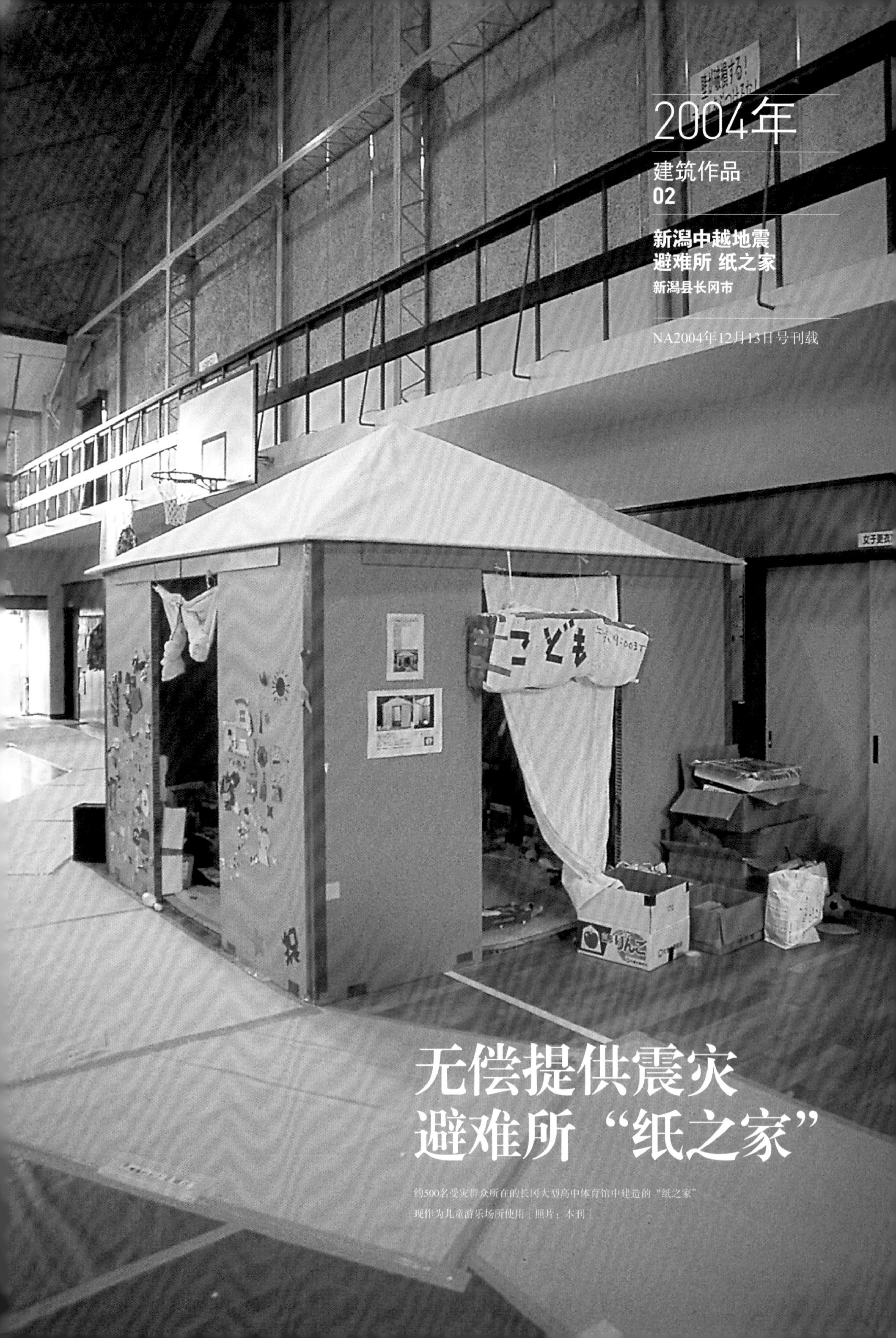

2004年

建筑作品

02

新潟中越地震
避难所 纸之家

新潟县长冈市

NA2004年12月13日号刊载

无偿提供震灾避难所“纸之家”

约500名受灾群众所在的长冈大型高中体育馆中建造的“纸之家”。
现作为儿童游乐场所使用［照片：本刊］

2004年10月23日新潟县中越地震发生后，许多受灾民众不得不在避难所生活。庆应义塾大学和长冈造形大学等建筑研究室机构共同协作，在避难所内为受灾民众建造纸房子。11月8日，在避难所的所在地长冈市长冈大型高中体育馆里建造了第一栋纸房子。

这个『纸之家』是建筑家兼庆应义塾大学教授的坂茂提议，通过庆应义塾大学研究室呼吁受灾地附近的长冈造形大学等提供帮助而共同协作完成的。坂茂在阪神淡路大地震时期，设计了供受灾的外国人士使用的临时住宅『纸屋』及神户鹰取教会的集会场所『纸教会』等以纸为原材料的建筑，广为人知。

—在避难所内设置7.3平方米的小房间—

长冈造形大学环境设计学科的新海俊一研究室、山下秀之研究室等对在避难所生活的受灾民众进行了实地调查，受灾民众表示长期生活在较大的空间中，感到很有压力，『希望能够有个空间可以保护隐私』『希望能有夜间照明的房间以便学习』『希望能有女性专用的更衣室和晾晒衣服的地方』『希望孩子能有玩耍游戏的空间』。根据这些调查结果，避难所内的构成确定为以7.3平方米左右的小房间进行安排。

地板和墙壁使用厚度为45毫米的蜂窝纸板，小屋骨架和过梁则使用45毫米×95毫米、厚度3毫米的护角纸管。屋顶使用较厚的卷筒纸。建筑开口垂挂棉布，可以隔断外部视线。

每栋房子的材料费约为3万日元。材料的购买、运送等建设相关费用使用捐款，在避难所的搭建工作为无偿提供。

11月21日，在长冈高中与长冈明德高中的避难所中新建成两栋纸房子。同时，坂茂团队在长冈市民中心的『地球广场』也进行了纸屋的展示，呼吁市民将纸制建筑更多地应用到救灾工作中去。

长冈造形大学的新海俊一助教授说：『现在由于避难所内密度较大，大量运用纸屋比较困难，不过随着临时住宅的建设，在避难所生活的人数逐渐减少，空间比较充足以后，建设一定数量的小纸屋可以说还是比较现实的。』

长冈大型高中体育馆中的第一栋纸屋，是作为提供给受灾民众子女的玩耍空间来使用的，通称『儿童城』。从搭建完成到现在过去了一个月，小纸屋的外墙贴上了折纸装饰，室内也布满了小朋友们的涂鸦，『纸』房子由此更加彰显了它的特长。

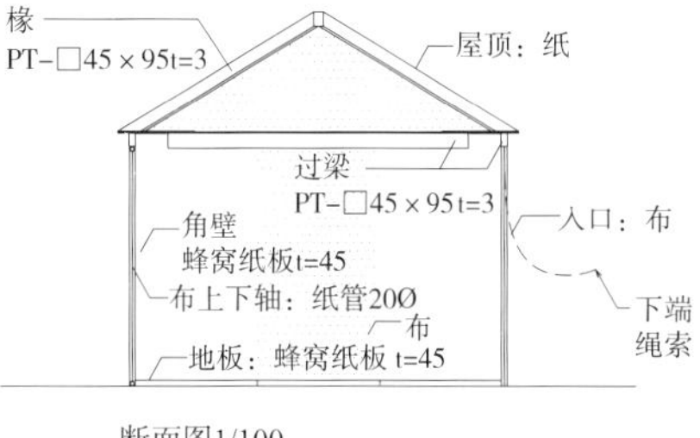

断面图1/100

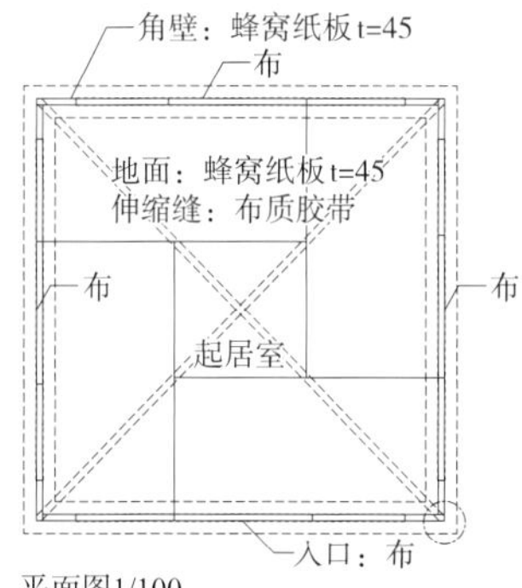

平面图1/100

图为在作为避难所的长冈大型高中体育馆内纸屋的搭建过程。将事先切割好的材料搬入现场，搭建所需时间大约为1小时，6个人共同作业。担任搭建作业任务的是建筑系的学生，不过据说没有专业知识背景的人也可以简单地完成搭建工作。单栋房子所用的蜂窝纸板，单个面积与日式榻榻米的单张面积同样大小，共计使用这样的纸板12.5个，而房子拆除之后这些材料可以回收利用。
［照片：庆应义塾大学SFC坂茂研究室提供］

2008年

建筑作品
03

四川5·12汶川地震灾后重建援助 成都市华林小学纸管临时校舍·临时住宅

中国四川

NA2008年8月11日号刊载

建设纸管临时校舍
并提出临时住宅方案

成都市华林小学纸管临时校舍的工程现场。
纸管拱结构的搭建状态［照片：除特别标记的以外，均为坂茂建筑设计提供］

以试验制作完成的临时住宅为例，坂茂为群众解答问题。其右侧的松原弘典在演讲中向大家介绍了日本的防灾对策

［照片：本刊拍摄］

2008年5月12日四川汶川发生了大地震。由于房屋的倒塌，居民失去了生活的家园。

地震发生后，有两位日本建筑设计师立刻奔赴现场，进行救援活动。他们就是坂茂和松原弘典。坂茂作为教授，松原弘典作为副教授，两人均在庆应义塾大学执教。地震发生后，他们与研究室的学生共同开发了使用纸管建造临时住宅的项目。

与西南交通大学通力协作

坂茂在世界各国的受灾地区进行着临时住宅的建设工作。四川汶川大地震发生后，在北京负责管理设计事务所的松原弘典开始负责与受灾地的联络工作。

6月26日这一天，坂茂与松原弘典在位于受灾地区成都市的西南交通大学召开了关于临时建筑项目的演讲会。演讲会结束后，研究室的学生与西南交通大学的学生以设置在校园内实物大小的临时住宅为例，为听众答疑解惑。

在西南交通大学召开演讲会的坂茂与松原弘典
［照片：本刊拍摄］

临时住宅的施工现场。中日两国的学生组成队伍互相合作，用5天时间建成。从日本飞到当地的学生共有4名。涂装了聚氨酯的纸管也是从日本运送到震灾地的。墙壁材料为胶合板。这些临时住宅与迄今为止坂茂设计的临时住宅项目相比，可谓相当坚固。

以此项目为契机，成都市教育局又委托他们为成都市华林小学建设临时校舍。据松原先生讲，政府对受灾严重的地区优先照顾，而看起来受灾情况不太严重的成都的学校的重建工作就排到了后面。从8月3日开始两个研究室和当地的学生即开始合作建设该小学，完成目标时间定于9月1日。

成都市华林小学纸管临时校舍工程现场情况。在屋顶固定了带孔胶合板

从主入口看到的纸管临时校舍的全景。建设校舍共3栋［照片：与下页照片同为Li Jun拍摄］

纸管临时校舍的外观。走廊里的纸管柱子一字排列

纸管临时校舍内上课的情景。每栋校舍含三个教室。

2011年

建筑作品
04

东日本大地震 海啸援助项目 避难所空间分隔系统

山形市／岩手县大槌町及其他地区

NA2011年5月10日号刊载

由纸管和棉布 打造的避难所之家

图为设置在岩手县立大槌高中体育馆中的纸管空间分隔装置［照片：坂茂建筑设计提供］

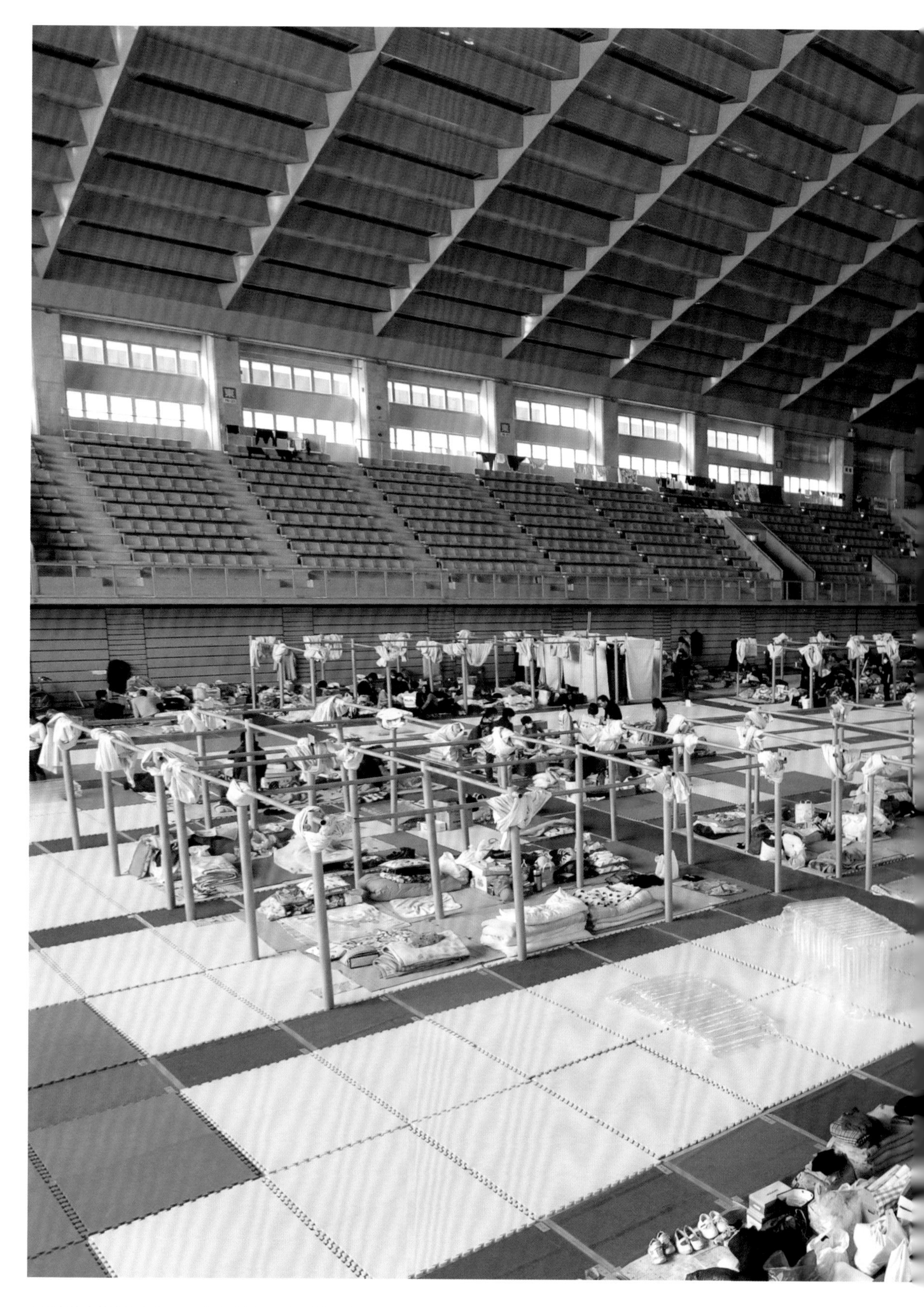

山形市综合体育中心第一体育区内的纸管空间分隔装置

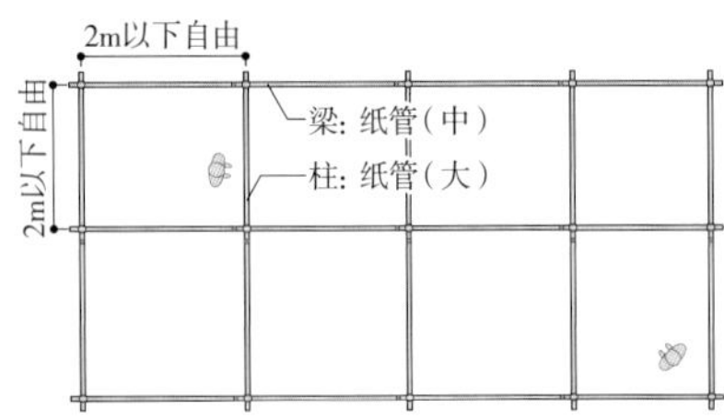

平面图1/200

图为山形市综合体育中心设置的临时空间分隔系统的情况（2011年4月3日）。掀开布帘，即成开放空间。该空间分隔系统以纸管作为柱和梁，分隔则使用棉布。如此一来，可以确保各个受灾家庭的隐私。这一方案是由坂茂提出的。2004年新潟县中越地震及2005年福冈县西方冲地震也使用了同样的系统，不过这次更进一步简化了接合部分。梁的部分还可用作衣架晾杆。下图为纸管分隔组装方法。

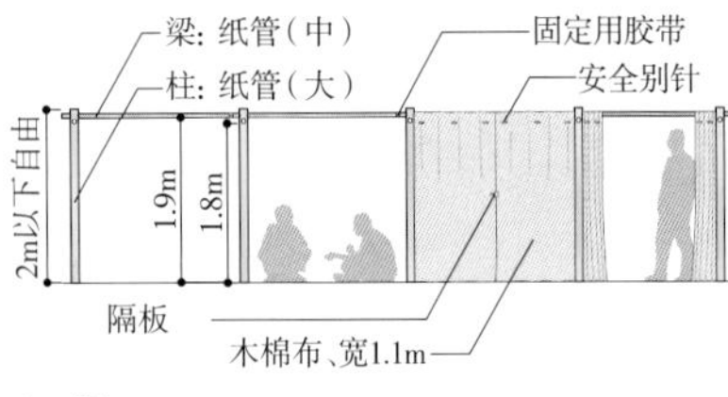

立面图 1/200

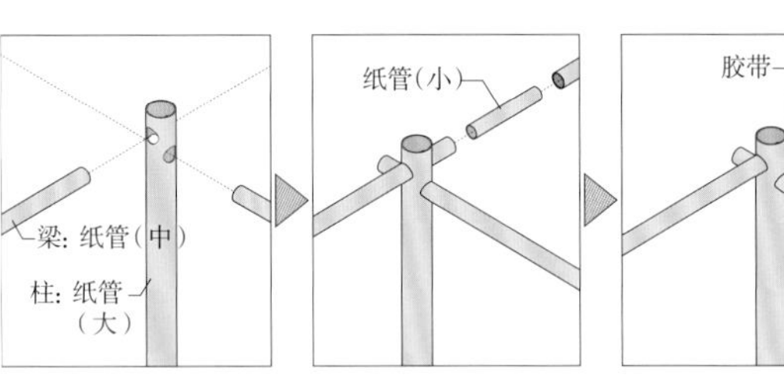

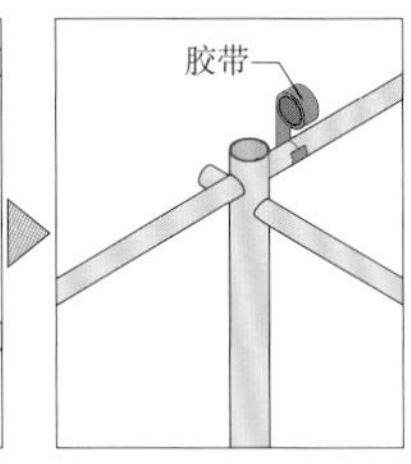

东日本大地震发生之后，约有40万人以上的受灾民众进入学校及体育馆等公共设施内避难。直到2011年4月20日为止，全国仍在公共设施内避难的人数依旧超过10万人。

给长时间在避难所生活的人们提供这样舒适环境的，是坂茂带领的建筑师志愿者组织（VAN）。他们使用的材料主要是纸筒、棉布、胶带等。以2米长的纸管制作柱和梁，在梁上挂棉布来做挡帘。1平方米的成本约为1500日元。

纸管接合只需插入孔内

坂茂在2004年的新潟县中越地震和2005年的福冈县西方冲地震的时候，也使用了这种空间分隔系统。而这一次为了更加简化，取消了原来使用的合板接合和绳索斜撑，而只通过插孔来接合部件。这样一来，非专业人士也可以简单操作。

东日本大地震发生以后，坂茂带领他的团队从3月24日起开始

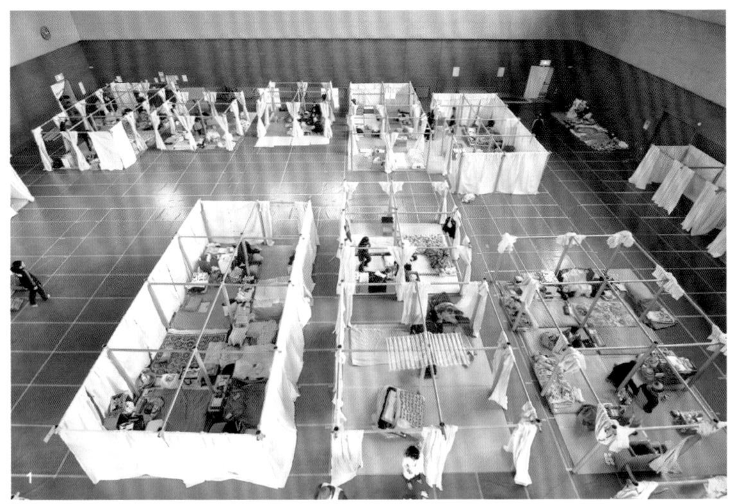

1. 图为山形市综合体育中心刚刚搭建好的分隔区域。该中心集合了来自福岛县等地的大约1086名受灾民众。截至4月20日，仍有293名灾民在此继续生活。

2. 图为岩手县立大槌高中体育馆夏季的情况。夏季隔间均搭配蚊帐，对预防大量苍蝇的侵袭起到了非常好的效果，受到了群众的好评。

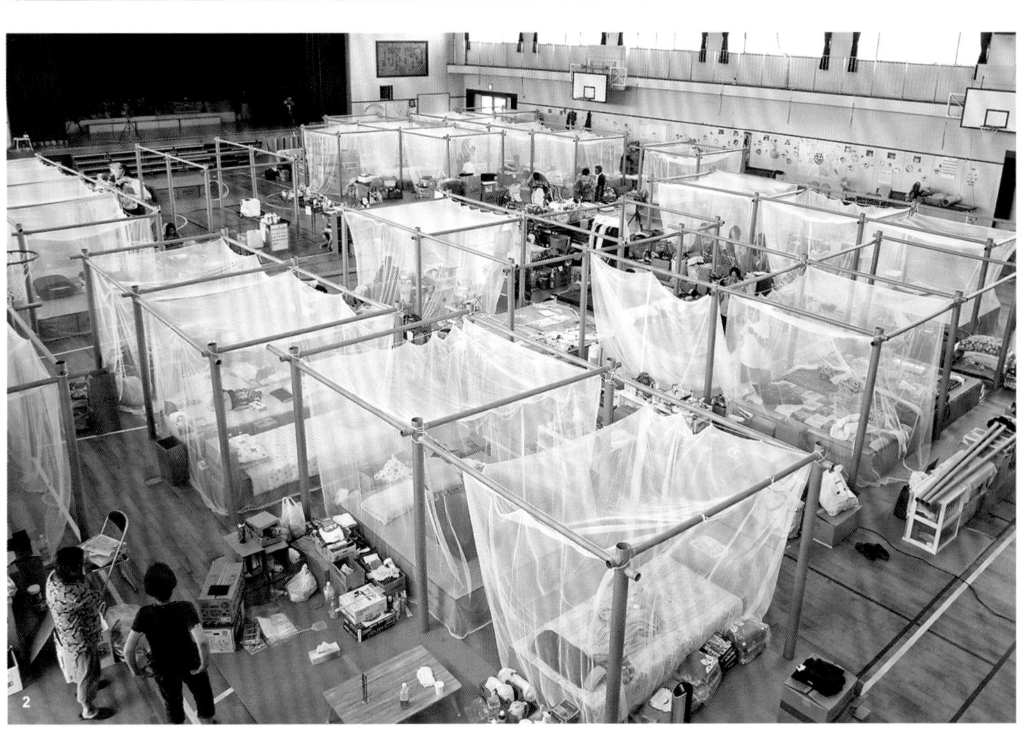

在宇都宫市开展活动。截至4月20日，其在新潟县长冈市、山形市、岩手县的大槌町等8个以上的避难所内设置了这一系统。相关费用出自『VAN』等处筹集的善款。

4月3日，曾在山形市综合体育中心协助搭建该分隔系统的东北艺术工科大学副教授和田菜穗子，她这样说道：『有了这样一个空间分隔系统以后，灾民各自的隐私得以保证，会觉得比较安心。通过调整垂帘的长度还能达到御寒的效果，很多人对这一点评价也非常好。』

搭建完成数日后，和田等再度访问现场时，有的家庭已经灵活地将几个分隔区域使用起来，就像一栋具有综合功能的房子一样。『田』字隔间一般被用来铺设床铺，作为卧室使用，剩下的隔间则一般用于餐厅及其他日常起居活动。还有一些家庭在最开始时虽然没有申请隔间，但是后来他们利用支援队伍留下来的用于调整支架的材料，自己动手搭建了新的隔间。

『从失败的教训中学习灾后重建』

——在世界各国的救灾活动中的体会

NA2011年10月10日号刊载

照片中是正在为新西兰南部地震中受损的教会进行重建设计的坂茂。与此同时，他还兼顾东日本大地震避难所空间分隔系统及临时住宅的支援工作。坂茂说，过去工作中的失败教训，在今天的工作中给了他不少帮助。

——东日本大地震发生后您积极参加救灾活动，而在2011年2月新西兰南部地震发生之后，您也迅速赶往受灾现场积极地对当地进行支援，您现在一定非常忙碌吧？

基督城教会跟我联系是在2011年4月。当时我们正在东北地区的灾区忙碌着，教会告知我们当地的受灾情况也非常严重。基督城市内有一个红色警戒区禁止人们入内，因为那里受损的建筑物每当余震时仍然可能会倒塌。当地的大教堂本

［照片：都筑雅人拍摄］

来是在2月份地震结束之后马上进行了修理并准备重新投入使用，但是在几个月之后又发生了余震，教堂再次受到重创，因此不得不放弃了教堂的使用。

教会给我发来邮件，咨询如果请我们重修教堂，工程及其他相关费用大概是多少。我对受灾地区的支援一直都是以志愿者活动的形式进行的，因此我告诉对方，我们不是要求工程费达到一定数目才进行建设，而是在既定的预算范围内进行符合预算范围的设计。教会得到我的答复以后，表示希望我们能够立刻伸出援手。

——由于东日本大地震的发生，在日本国内对新西兰受灾地区情况的报道也相对减少了啊。

地震所造成的危害，是不能够仅仅通过伤亡人数和建筑物损坏数量来衡量的。从经济损失的角度来看，东日本大地震给日本经济带来的损失达到了GNP的6%，而新西兰据说已经超过了其GNP的8%。东日本大地震已经让我们深切体会到了灾害的惨痛，而新西兰这里遭受的灾难可能更加严重。而且，包括28名日本人在内的许多外

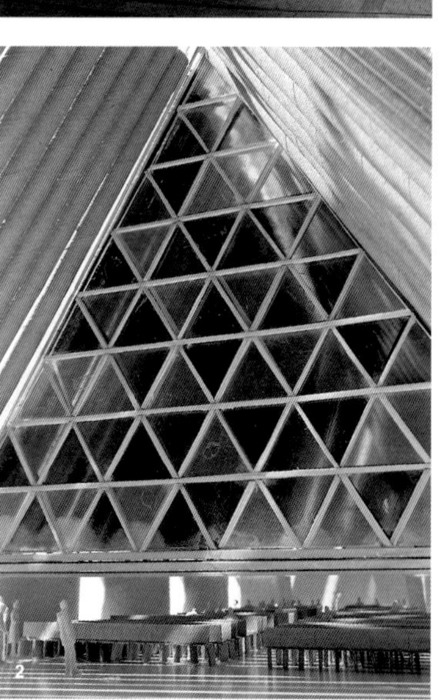

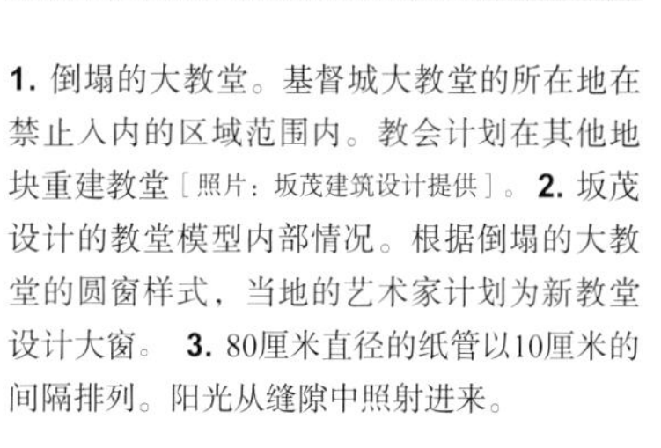

1. 倒塌的大教堂。基督城大教堂的所在地在禁止入内的区域范围内。教会计划在其他地块重建教堂［照片：坂茂建筑设计提供］。**2.** 坂茂设计的教堂模型内部情况。根据倒塌的大教堂的圆窗样式，当地的艺术家计划为新教堂设计大窗。 **3.** 80厘米直径的纸管以10厘米的间隔排列。阳光从缝隙中照射进来。

国人士在新西兰的这场灾难中遇难，教会也感到十分沉痛。

地震发生1年以后的2012年2月之前，教会的重建工作将会完成。据说很多日本遇难者家属将会去参加落成仪式。

——请您详细介绍一下这个教会建筑物的情况。

虽说这个建筑物我们是按照临时建筑来设计的，但是教会方面说想使用10年左右。我刚才说过的那个红色警戒区域如果安全了，他们会考虑将这个临时建筑转移到里面去，所以要我把它设计成便于移动的形式。

因此，这个建筑物的基础，我们采用预制混凝土板铺设于地面，然后在上面放置货物集装箱。在其上再竖立纸管，最高的部分高度是24米。光可以透过纸管之间的空隙照入室内。过去的大教堂用的是著名的圆花窗，我打算给临时建筑也安装类似的窗子。

发生灾害时纸管也不会涨价

——在新西兰建设纸质建筑，相关法规认可吗？

他们告诉我如果是临时建筑，使用纸管是没有问题的。但是毕竟在新西兰这也是头一遭，所以我们还是被要求进行了强度试验。

很偶然的是，世界上最大的纸管制造工厂就在基督城，所以我们可以就地取材。纸管这个东西在全世界的任何地方都可以容易地找到，因为它不是建材，所以即便发生什么灾害，它也不会因此而涨价。

现在法国和德国也在建设纸建筑，不过其实现在在日本是不可以建的。过去我们是根据建筑基准法第38条（特殊材料及工艺的认定）获取许可进行建设，但是现在这个许可制度已经没有了。在新制度下，重新获取材料许可是需要制造商协助的。对制造商而言，这对他们的销售似乎并没有益处，所以现实中，进行纸建筑设计还是比较困难的。

——在日本进行灾后救援的时候，我知道您在避难所的空间分隔上使用的材料也是纸管。东日本大地震以后，我们知道您也向许多避难所提供了这种空间分隔系统。

2011年3月11日那天，我在巴黎。当时我马上开始着手准备避难所里可保护隐私的空间分隔系统，因为我可以想象到避难所一定无法保护隐私，情况会比较糟糕。

我最初注意到分隔装置的现实必要性是在阪神淡路大地震（1995年）的时候。实际开始制造

新潟县中越地震避难所中，坂茂设计的分隔空间。当时被作为哺乳室、更衣室和孩子玩耍的地方使用。

避难民众可以自己动手组装的分隔装置

这个系统装置则是在新潟县中越地震（2004年）时。当时我们在避难所里建了纸之家（参看第28页），但是这种做法并不符合实际，所以只建了几间。

——怎么不符合实际呢？

每个家庭的人数都不一样，而避难所里这些家庭混杂在一起，比较混乱，我们也不可能逐一重新整理安排这么多人。所以我们必须使分隔装置能够实现制作方法简单、大小可以灵活调整的功能。

另外，当时已经把它设计成房子的形状，但很快我们就明白没有必要把空间限定得如此封闭，因为白天大家还是想要在一起看看电视，聊聊天之类的。

不久又发生了福冈县西方冲地震（2005年），这一次我们在之前的基础上用胶带粘连了蜂窝板，地面也铺设了蜂窝板，工程还是比较简洁。

——大家的评价怎么样？

从结果来看，这样的装置是不能完全地保证隐私的。这个装置高1米左右，避难的民众自己也动手制作过。有隔挡总比没有强。对隐私方面的强烈需求也是我去避难所查看这些装置的使用情况时才听到看到的。

吸取这两次的经验，我又设计了用纸管搭建柱梁垂挂布帘的空间分隔装置。这么一来开关自由。纸管的长度是可以调节的，所以根据家庭规模可以自由调节空间大小。这个想法是我在东日本大地震发生前产生的。

地震发生以后，我想马上开始动手，于是召集了我在庆应义塾大学任教时研究室的毕业学生。

纸管的规格限定于一种的话造价会比较低廉，但是我特意选定了两种纸管，因为这样可以在粗管上开孔，直接将细管插进去。因为是刚性接缝，所以不需要斜撑。

体育馆的空间分隔装置用了三个小时就装好了，因为组装方法简单，避难民众也跟着一起动手，他们还彼此沟通来确定界线。

——看来这一次非常成功啊。

这一次的确比较顺利。到夏天我们又加了蚊帐。当时闹蝇灾，一打开饭盒，就有一批苍蝇来抢食，没有蚊帐连饭也吃不成。最一开始有些人不想要帘子，但是看到蚊帐就举手申请了。蚊帐真是非常受欢迎。

——这个空间分隔装置的材料费等费用都是从哪里筹措的？

全部都是捐款。我感觉越来越多的人愿意捐钱给这种利益公众的用途。我向世界各地的客户发送了募集捐款的邮件，我还去参加平时从来没有参加过的电视或者广播节目，尽可能地募集捐款。

我不考虑请求地方政府来筹款，我们没有时间等他们申请行政许可或者议会讨论。

——许多建筑界专业人士也表达过对受灾地进行支援的意愿，也有不少建

筑家献计献策，不过似乎最终有结果的并不多。您认为怎么做才能有实际成果呢？

我跑过几十个避难所，几乎没有一个避难所立即同意我做这些工作。我一直在遭到拒绝。管理避难所的一般是自治体的行政官员或者是志愿者团体的领导，他们大多数人都不愿意使自己的管理工作变得复杂。

所以我首先在现场制作一个平台来进行演示。有些戒备心比较强的避难所甚至不让我进去，有的时候我不得不在外面的停车场做演示。

有的管理人员还会直接跟我讲，不希望避难所里的民众看到这种东西。我就会尽量要这些管理者听我讲解，让他们了解情况以后改变想法，让他们认为这样的装置应该有。然后当我再去的时候，就可以动手为大家安装搭建了。

我其实并不了解其他建筑家在受灾地的具体活动。有时我会在杂志上看到一些相关的报道，不过还没有在受灾现场见到过他们的身影。

如果不去现场光是开会，这种方式并不好。我认为应该先去现场亲自查看，先动手做做看，失败了以后再加以思考，便会产生新想法、好方法。

——坂茂先生，您执着于改善避难所的隐私保护措施，理由是什么呢？

在避难所的民众会有『已经是寄人篱下了，实在不好意思再多要求什么』的想法，所以有些需求很难说出口。

我想女性会有很多不便的地方。她们比较受罪，得蒙在被子里换衣服。因为免不了要担心别人会看到自己，精神上会非常焦虑不安。她们坚强地忍耐着，而管理人员完全意识不到她们的辛苦与不便。

避难所里女性尤为辛苦和不便

每次发生地震，新闻都会报道避难所里隐私保护的问题，这个问题该解决了。

——您认为改善这种状况的突破口在哪里？

当遇到有改善意愿的人士时，工作就会比较容易推进。有一次，某市的相关管理人员不愿意采用空间分隔装置，我就拿方案去给市长看，市长说：『如果居民有这个愿望，那就应该向所有的家庭提供这个服务。』于是这个市里的所有避难所都引进了空间分隔装置。

临时住宅也一样。现在我们在宫城县女川町建造了一个3层的临时住宅。女川町沿海，建造临时住宅的土地十分有限，所以3层的建筑物使用效率更高一些。因为尚无前例，这个项目的行政许可手续非常烦琐，不过女川町的行政负责人十分善解人意，手续还是进行得很顺利。项目如果效果不错，我想以后再建3层的建筑就会水到渠成了。

——您在海外的受灾地区做过许多贡献，您觉得其中有哪些经验值得日本学习呢？

2009年意大利中部拉奎拉发生地震以后，我去当地参加救援，看到他们的救援方式我吃了一惊。在日本，首先要为受灾民众准备公共避难所，在拉奎拉却不是这样，他们会非常迅速地搭起与受灾民众户数相应数量的帐篷。

西方人对个人隐私的重视远远超过日本人。即使天气炎热，他们也会全家在单独的帐篷里生活。西方人是绝不会在日本那样的公共避难所里待几个月的。

拉起帐篷后，我以为他们会着手建设临时住宅，结果他们没有。他们用半年时间迅速地建起了可永久使用的公寓。

与此相对，市内街道的废墟瓦砾没有被运走，清理工作完全没有进行。他们的灾后重建工作流程与日本完全不同。

我感到两国的巨大差异的同时，认为这也是一个可借鉴的思路。临时住宅确实可以低成本地建设起来，却存在使用不久后就拆迁废弃的问题。我们也可以选择多投入一点成本，请受灾民众多等待一段时间，而建设可永久使用的住宅。

另外说到垃圾问题，阪神淡路大地震之后，临时住宅要被作为垃圾处理掉，大家认为有些可惜，于是运到了土耳其。我想知道这些临时住宅如何被使用，于是去了土耳其考察。

结果，日本的临时住宅比当地的建筑设计规格好很多，为避免不公平，当地政府并没有将它开放给一般市民居住，而是给了小部分特权阶层使用。

因为相关部门不进行实地调查，一时兴起地做出决定，就这样耗费了日本国民的税金。国外的灾后重建中有很多值得我们学习的地方。

——今后您会如何继续开展救灾工作呢？

我不想今后一直为毫无隐私的日本式避难所制作这种空间分隔装置。但是，我会把救灾工作作为一项终身事业继续下去，因为自然灾害不可避免。

1. 女川町建设中的临时住宅模型。这是日本首座3层临时住宅。**2.** 使用改造后的20英尺海上运输集装箱累搭。集装箱是从中国运来的。

2011年

建筑作品 05

女川町临时住宅

宫城县女川町

NA2012年1月10日号刊载

三层住宅。用表面铺有壁板的运输用途ISO集装箱呈棋盘格状搭建，并用集装箱挂锁进行固定。集装箱之间被称为“框架集装箱”的空间里设置了大落地窗。［照片：除特别标记以外均为安川千秋提供］

三层的集装箱临建楼间距宽裕

利用棒球场的场地，建起了一排排的临时住宅，共计入住189户460人。右侧远端可以看到球场的记分牌。考虑到该场地将来的恢复原状，为了不损伤埋在地下的透水管，将集装箱运输挂锁焊接在铁板上，再将集装箱置于铁板上。外墙铺设两层石膏板，以达到三层建筑的准防火构造标准。

2011年11月6日，宫城县女川町的3层应急临时住宅开始入住。包括2层建筑在内的9栋住宅均为累搭集装箱而成。这是由坂茂带领的义务建筑师网络发起的方案。

『现在居住性较低的临时住宅的存在依赖于日本人的隐忍和温顺。事实上就算不能保证有充足的使用面积，我们还是可以使建筑物住起来更为舒心。这一次的设计包含了我们的这一想法，即提高可居住性，灵活运用高密度化的空间使之成为社区诞生之地，借此来改善受灾群众的生活环境。』坂茂说道。

建筑占地是位于女川町综合运动公园一角的棒球场，面积为12320平方米。建筑物是将长20英尺的海运集装箱以棋盘格形式累搭而成。单层建筑无法容纳189户居民的居住问题，通过该复数层住宅得到了解决。同时，『因为这一设计，原定用于临时住宅建设用地的原学校的三处操场未遭到破坏，得以保留』（据女川町复兴策略室城市计划科的小林贞二科长）。集装箱还有使用后可以迁移或另作他用的优点。

——得到了许多的捐赠与协助

根据临时住宅的标准，设计的房间分为3种：20平方米单间、30平方米1LDK、40平方米3LDK。这些户型在同一栋楼中混合存在。

住宅楼共9栋，其中6栋为3层建筑，与其他2层建筑相比，空间安排相对宽松。『居民之间不需要再担心对方的视线，可以安心生活。楼前每个住户均配有一个停车位』，小林科长说道。在地块的中央部分又建设了市场、工作室、集会场所等公共交流设施。

呈棋盘格式累搭的集装箱之间装设的是集装箱框架，这个空间上配置了落地推拉窗。落地窗可以有良好的采光和通风，推拉形式允许住户走到窗外，加强了与外部空间的联系。

我们也注意了一下室内的使用情况。悬挂杆和收纳箱等都是各个房间的标配。『一般的临时住宅里

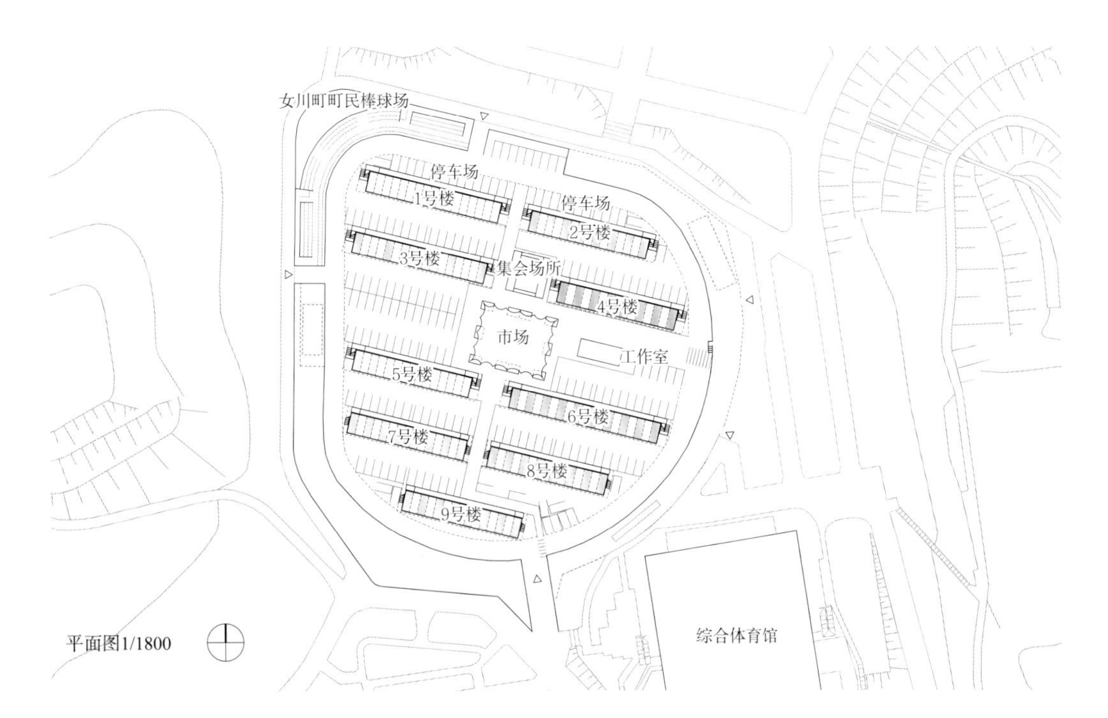

平面图1/1800

北侧的1号楼至6号楼为3层建筑，南侧7号楼至9号楼为2层建筑。楼之间配备了停车场

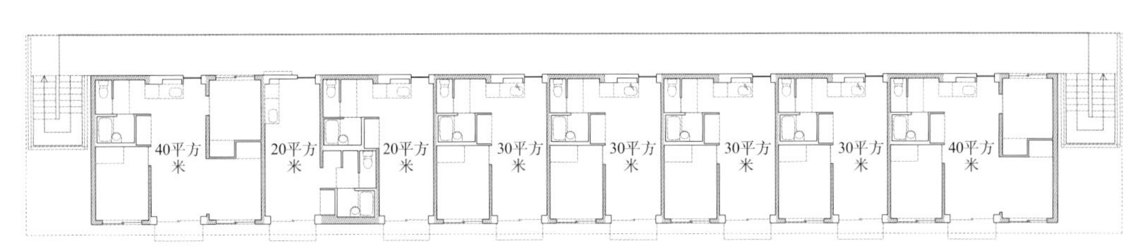

3层平面图

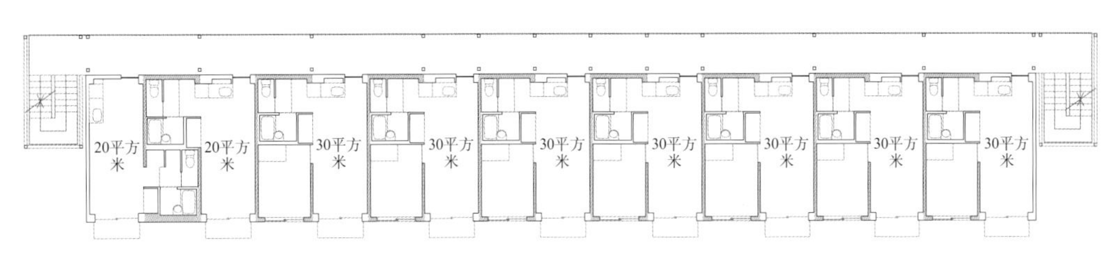

2层平面图

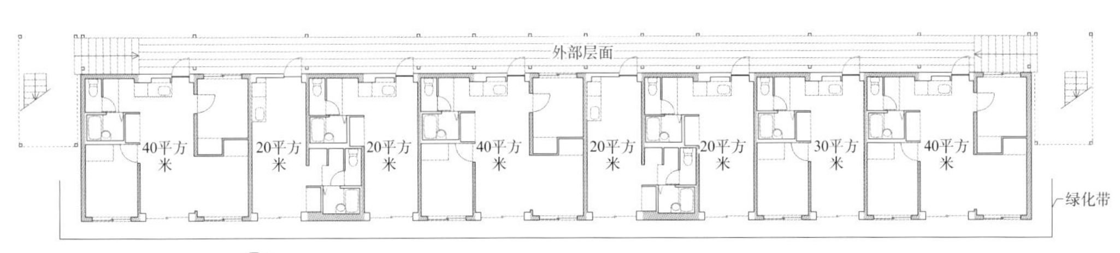

3号楼1层平面图1/350 

3种户型混合分布。单间20平方米的房间为1.5柱距的两单间嵌合在一起。1LDK30平方米的房间为2柱距，2LDK40平方米的房间为3个柱距。

没有像样的收纳空间，居民就在杂乱的收纳用具和物品的空隙中生活。在这个临时住宅里我们预先设计了收纳空间，一入住就可以开始舒适地生活』（坂茂）。

市场由坂本龙一、长廊由千住博捐赠建成。房间内的收纳空间由路易威登日本公司捐款，More Trees提供树木并经过志愿者的加工完成。这些附加值并不包含在临时住宅的预算中，整个项目是在外部力量的帮助之下共同完成的。

——万事尚未俱备也启动项目

到开工前经过了这么一个过程。2011年4月19日，宫城县开始实行这样一个制度，即当地的各级行政机关参考宫城县内的施工单位及从事进口材料的房产公司清单，对临时住宅的施工单位等进行筛选。坂茂得知了这个公开招募的消息以后马上与施工单位TSP太阳合作，4月28日进行了投标，并最终中标。在这个阶段，并不等于合同关系已经成立，但是这个手续是建设临时住宅所必需的。

5月28日，坂茂向当地时任行政长官安住宣孝进行了项目演示介绍。小林科长回忆道：『在那之前，坂茂就已经多次来过我们这里提出他的方案。』

之后，VAN与女川町多次提前商讨斟酌方案，终于在6月30日得到了行政长官的首肯。经过7月20日的女川町议会审议，县里对3层建筑认可，最终确定在8月初正式开工。

多层建筑比起平房会多出一笔外部走廊及楼梯的工程费，但是每户对应的外体工程费会减少。建筑物及外体的每户工程费约为700万日元，这笔工程费与通常情况下临时住宅的『建筑物500万日元+外体150万日元+隔热相关工程追加费用』结果是一样的。

在计划的过程中，坂茂向行政长官提出，如果等待议会通过方案再开始工作，那么对集装箱的预订就太迟了，希望可以得到一个非正式的许可，让团队先运转起来。就这样，在万事尚未俱备的情况下坂茂的团队开出了先头部队。『多亏了这位行政长官的决断，我们的工作才得以开展』，坂茂说。3层建筑的临时住宅之所以能够实现，坂茂的不辞辛劳和当地行政长官的果敢决断功不可没。

1

2

3

1. 从外廊下方可以看到隔壁的居民楼。客厅所在的落地窗部分和厨房、浴室以及卧室所在的集装箱部分互相嵌合，尽可能地减少住户之间的噪音影响。**2.** 中央部分设置了市场和长廊。空闲的地方用来做停车场。［照片：平井广行拍摄］ **3.** 撑起以集装箱作为支撑的帐篷便建成了“坂本龙一市场”，临时住宅居民和当地群众可以在这里开店。坂本龙一捐赠［照片：坂茂建筑设计提供］ **4.** 利用纸管制造出的倾斜屋顶空间，形成艺术工作室，计划用来做研讨会和培训班。由千住博捐赠［照片：平井广行拍摄］

1

3

2

30平方米户型平面图1/150

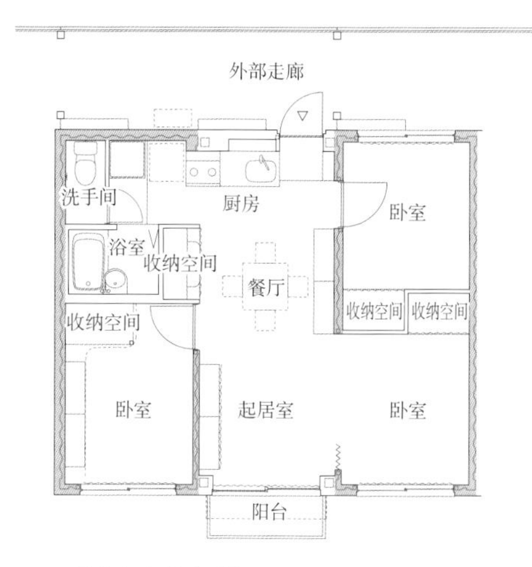

40平方米户型平面图1/150

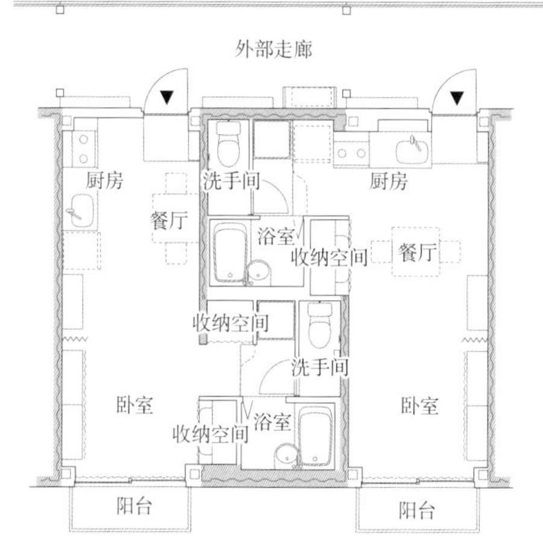

20平方米户型平面图1/150

1. 30平方米1LDK户型住宅。通常的临时住宅里并没有收纳空间和悬挂杆，而在这里都是标配。住户不需要专门购买收纳用具，房间使用起来更加简洁。义务建筑师网络募集的捐款作为资金，再加上185个援助者的手工制作全部配置完成。照明与窗帘由良品计划提供。可以支撑纸管的桌子在森林保护团体More Trees和路易威登日本公司的支持下制作完成。环境室温根据早稻田大学田边研究室的实际测量分析，1月底至2月初的三天中，外部气温的最低温度为零下4.8℃至零下4.2℃，集装箱临时住宅的最低室内温度为3.5℃至7.7℃，与近处的装配式临时住宅的0.2℃至0.3℃相比要高出一些（均打开窗户的情况下）。**2–4.** 入住者房间内的情况。可以看到房间自带的收纳箱已经在发挥作用。**5.** 房间自带的收纳箱［照片：平井广行拍摄］

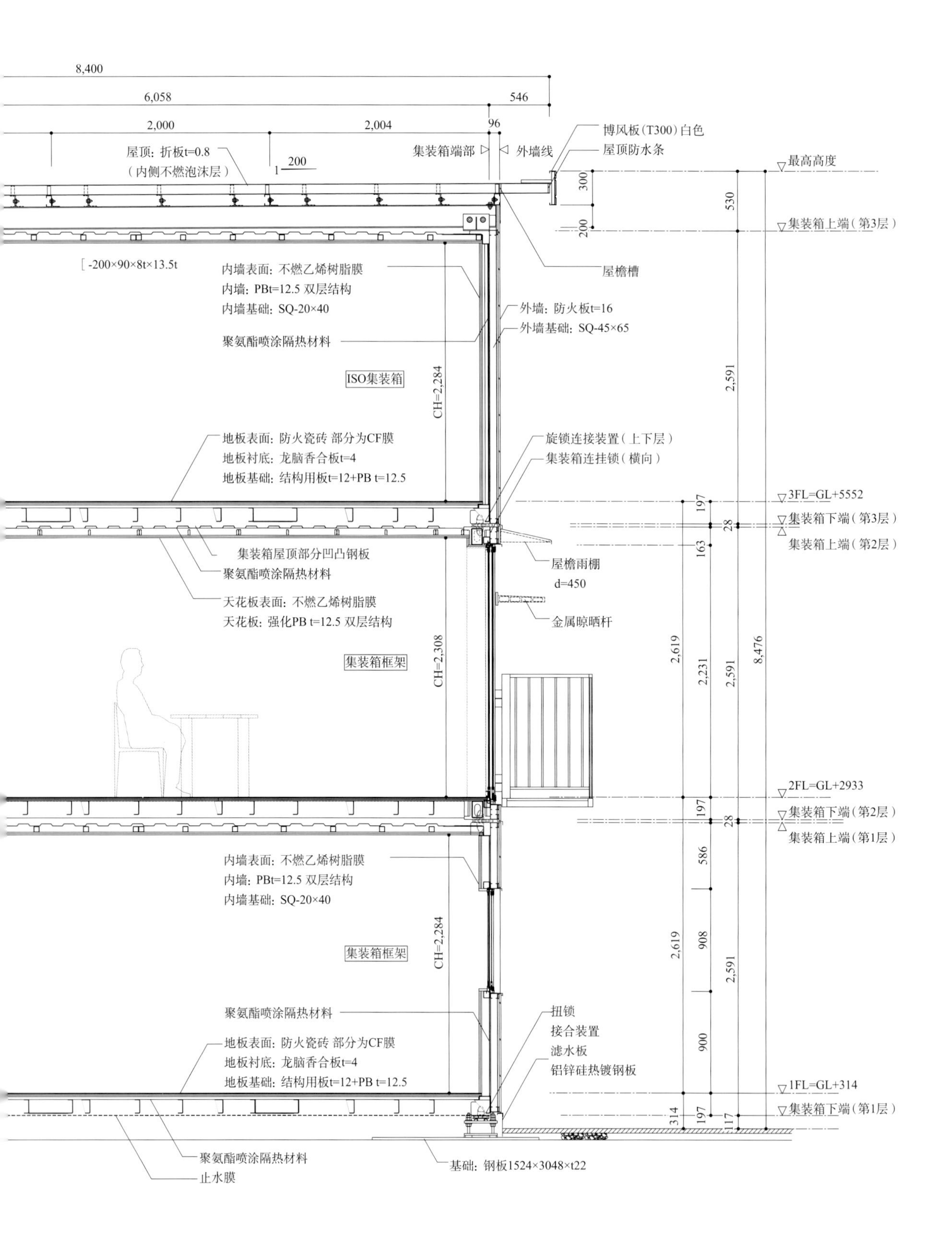
8,400
6,058
546
2,000
2,004
96
屋顶：折板t=0.8
（内侧不燃泡沫层）
1 200
集装箱端部
外墙线
博风板（T300）白色
屋顶防水条
最高高度
300
200
530
集装箱上端（第3层）
[-200×90×8t×13.5t
屋檐槽
内墙表面：不燃乙烯树脂膜
内墙：PBt=12.5 双层结构
内墙基础：SQ-20×40
聚氨酯喷涂隔热材料
外墙：防火板t=16
外墙基础：SQ-45×65
ISO集装箱
CH=2,284
2,591
地板表面：防火瓷砖 部分为CF膜
地板衬底：龙脑香合板t=4
地板基础：结构用板t=12+PB t=12.5
旋锁连接装置（上下层）
集装箱连挂锁（横向）
3FL=GL+5552
197
28
集装箱下端（第3层）
集装箱上端（第2层）
163
集装箱屋顶部分凹凸钢板
聚氨酯喷涂隔热材料
屋檐雨棚
d=450
天花板表面：不燃乙烯树脂膜
天花板：强化PB t=12.5 双层结构
金属晾晒杆
集装箱框架
CH=2,308
2,619
2,231
2,591
8,476
2FL=GL+2933
197
28
集装箱下端（第2层）
集装箱上端（第1层）
内墙表面：不燃乙烯树脂膜
内墙：PBt=12.5 双层结构
内墙基础：SQ-20×40
586
集装箱框架
CH=2,284
2,619
908
2,591
聚氨酯喷涂隔热材料
扭锁
接合装置
滤水板
铝锌硅热镀钢板
900
地板表面：防火瓷砖 部分为CF膜
地板衬底：龙脑香合板t=4
地板基础：结构用板t=12+PB t=12.5
1FL=GL+314
314
197
117
集装箱下端（第1层）
聚氨酯喷涂隔热材料
止水膜
基础：钢板1524×3048×t22

剖面图 1/50

建筑项目数据：

所在地——宫城县女川町[女川町町民棒球场内]
地区——城市公园
占地面积——12320平方米
建筑面积——3284.04平方米（仅居民楼）
使用面积——5671.35平方米（仅居民楼）
结构层数——钢筋结构（集装箱搭建构造） 地上2层、3层

委托人——女川町
设计——义务建筑师网络（VAN）
建筑：坂茂建筑设计、TSP太阳
设计协助——构造：Arup 设备：TSP太阳
监理——坂茂建筑设计
施工——TSP太阳

施工协助——集装箱：加濑仓库 空调：大金
卫生：东京设备 电气：旭电业
收纳家具等安装：义务建筑师网络+志愿者
施工期——2011年8月—11月
总工程费——13亿日元（包括外体、集会场所）

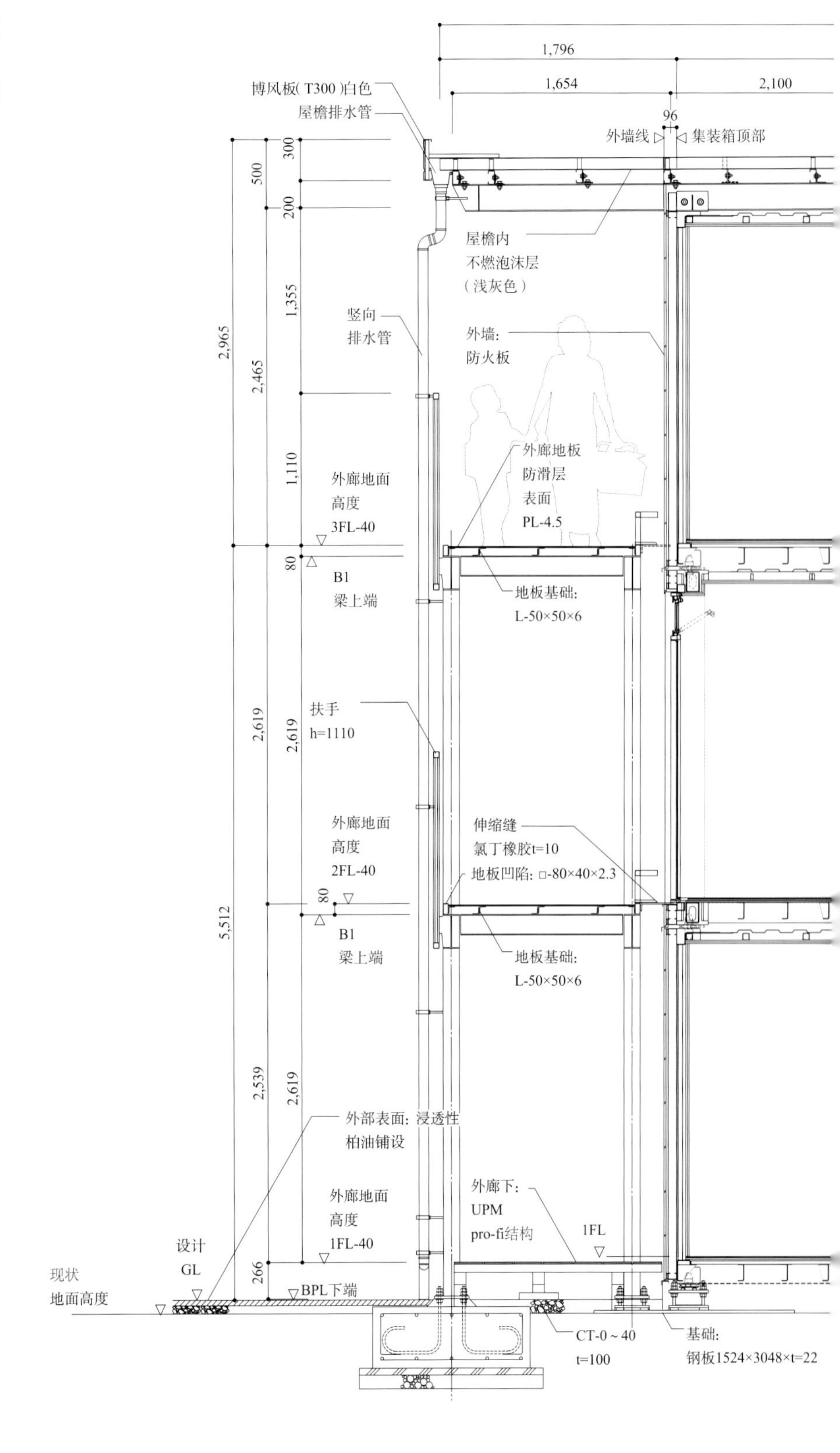

1995—2013年

阅读 01

受灾地区·战乱地区活动地图

——辗转世界各地为灾后重建援助工作尽心尽力

本刊按照区域总结了坂茂自1995年以来在NGO义务建筑师网络（VAN）中进行的受灾地或战乱地区的支援活动，可以看到其建筑项目点状分布于世界各地。

日本国内的活动

1	兵库县	纸教会
2	兵库县	纸屋
3	新潟县	避难所纸之家 空间分隔系统1
4	福冈县	避难所空间分隔系统2
5	神奈川县	避难所空间分隔系统3
6	岩手县、宫城县、山形县、福岛县、枥木县、新潟县	避难所空间分隔系统4
7	宫城县	女川町临时住宅

1995年

志愿者用双手完成

阪神淡路大地震

1｜纸教会［兵库县］

2｜纸屋［兵库县］

Ⅰ是在1995年1月阪神淡路大地震中烧毁的教会原址上建起的纸交流大厅（参看第10页）。该建筑为企业捐款，并由160名以上的志愿者用双手花了5周时间完成。Ⅱ是为受灾民众建设的纸屋。详细请参看第122页内容［照片：平井广行拍摄］

2004年

避难所里保护隐私

新潟中越地震

3 | 避难所纸之家 空间分隔系统1 [新潟县]

图为2004年新潟县中越地震发生后，坂茂为避难所的受灾民众提供的空间分隔系统。为了能够在避难所内做到一定程度的隐私保护而修建了纸之家。小屋骨架和过梁使用的是护角纸。详细内容请参看第28页［照片：庆应义塾大学SFC坂茂研究室提供］

2005年

进化中的空间分隔系统

福冈县西方冲地震

5 | 避难所空间分隔系统3 [神奈川县]

图为2006年设计的避难所空间分隔系统，是新潟县中越地震与福冈县西方冲地震时使用方案的改良版。用纸管搭建起框架，墙面部分使用布料。2007年9月神奈川县藤泽市实施的防灾训练中对这一方案进行了演示。［照片：庆应义塾大学SFC坂茂研究室提供］

4 | 避难所空间分隔系统2 [福冈县]

2005年3月福冈县西方冲地震发生后，坂茂为受灾民众提供的空间分隔系统。地震后志愿者马上投入工作，仅在地面铺设蜂窝板，之后随着避难群众的减少，相应地将不再使用的地面材料改为立体腰墙，确保最低限度地保护灾民隐私。［照片：庆应义塾大学SFC坂茂研究室提供］

2011年

在各地避难所中积极支援

东日本大地震 海啸灾后支援项目

7 | 女川町临时住宅 [宫城县]

6 | 避难所空间分隔系统4 [岩手县等]

图为东日本大地震后的重建支援项目。**6.** 是岩手县大槌町避难所中设置的最新的空间分隔系统（详细请参看第36页）。除这里之外在其他许多避难所里也设置了该装置。**7.** 是宫城县女川町的3层临时住宅中的咖啡厅。详细内容请参看第48页［照片：义务建筑师网络提供］

海外（亚欧、非洲、澳大利亚）的活动

8	卢旺达	联合国难民事务高级专员办事处纸避难所
9	土耳其	纸屋 土耳其
10	印度	纸屋 印度
11	中国台湾	纸教会的移建
12	斯里兰卡	海啸后重建住宅 Kirinda House
13		斯里兰卡国内难民避难所
14	中国四川	临时住宅
15		成都市华林小学纸管临时校舍
16	意大利	拉奎拉临时音乐厅
17	新西兰	纸大教堂

1999年

面向难民的纸管避难所

卢旺达争端

8 | **联合国难民事务高级专员办事处纸避难所**［卢旺达］

卢旺达的胡图族与图西族之间的内战导致200万以上的难民流离失所，图为为难民修建的避难所。坂茂自1995年起加入联合国难民事务高级专员办事处（UNHCR）组织，并提出了为全部难民提供使用标准4米×6米的塑料膜纸管搭建避难所的方案［照片：坂茂建筑设计提供］

2000年

提高纸管隔热性能

土耳其西北部地震重建支援

9 | **纸屋**［土耳其］

为了1999年土耳其西北部地震中失去家园的人们，坂茂与当地的志愿者团体合作共同搭建了纸屋。这一版本是在1995年的神户版的基础之上，根据受灾地的天气及生活方式进行了改良。为适应寒冷天气，在纸管中加入了纸屑，提高了其隔热性能［照片：坂茂建筑设计提供］

2001年

利用半圆形山墙自然换气

印度西部地震重建支援

10 | **纸屋** [印度]

图为向2001年印度西部普杰市大地震灾民提供的纸屋。这是对2000年土耳其版（请参看上一页内容）进行改良后的版本。屋顶覆盖2层藤条垫，中间夹入塑料薄膜并固定在竹制的小屋骨架上。通过使用了藤条垫的半圆形山墙可实现自然换气。［照片：Kartikeya Shodhan拍摄］

2005年

从神户搬家到中国台湾

中国台湾大地震

11 | **纸教会的移建** [中国台湾]

在1995年阪神淡路大地震中烧毁的教会旧址上新建的纸教会（第10页）。建成10年后的2005年，它被移建至与神户同样遭受了地震灾害（中国台湾大地震，1999年）的中国台湾，现在被作为社区中心使用。详细内容请参看第20页［照片：Yen Hsin-Chu拍摄］

2005年8月

土亦作为材料，共建房屋45座

苏门答腊岛海上地震／斯里兰卡内战

12 | **海啸后重建住宅 Kirinda House** [斯里兰卡]

2004年12月发生苏门答腊岛海上地震后，由于海啸的侵袭，斯里兰卡东南部渔村Kirinda受到了毁灭性打击。图为在该地建设的45座房屋。将土、石、水泥混合压缩成石块堆砌而成主体墙，在起居室与厨房、卫生间之间以屋顶覆盖，内部是宽敞的空间。［照片：Eresh Weerasuriya拍摄］

13 | **斯里兰卡国内难民避难所**

2008年，坂茂为斯里兰卡内战产生的难民提议修建纸管避难所（在提供避难所前内战结束）。这一次改良了卢旺达的避难所（请参看前一页）版本，将塑料接合零件改为合板材料，这一材料可在当地生产，价格低廉。［照片：坂茂建筑设计提供］

2008年

为受灾小学建设校舍

四川汶川大地震灾后重建支援

15 | **成都市华林小学纸管临时校舍**［中国四川］

14 | **临时住宅**［中国四川］

2008年5月中国四川爆发大地震，许多群众失去了家园，中日两国大学共同合作，尝试制作了临时住宅（图14）。同时有120名志愿者参与为受灾小学建设以纸管为结构的3座临时校舍（图15）。详细内容请参看第30页［照片：坂茂建筑设计提供］

2011年

音乐大厅——心灵的支撑

拉奎拉地震重建支援

16 | **拉奎拉临时音乐厅**［意大利］

2009年4月，意大利中部城市拉奎拉发生地震。为了支援以音乐之城而闻名的拉奎拉的灾后重建工作，坂茂提议建设能够给予灾民心灵支撑的音乐大厅。纸临时音乐厅组装简单，性能优良，于2011年5月完工［照片：Fabio Mantovani提供］

2013年

用纸重建城市的象征

坎特伯雷地震重建支援

17 | **纸大教堂**［新西兰］

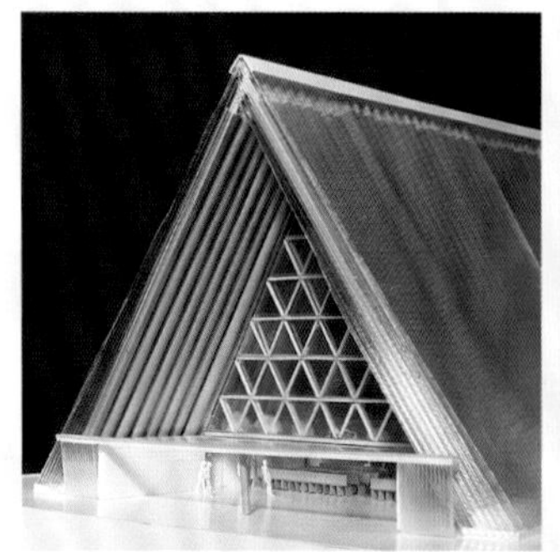

2011年2月新西兰坎特伯雷发生了大地震（M6.3），作为城市象征的基督城大教堂崩塌。坂茂为之设计了纸的临时教堂，利用当地生产的纸管和集装箱，形成了三角形断面建筑。详细内容请参看第64页［照片：坂茂建筑设计提供］

海外（美洲大陆）的活动

18	美国	飓风灾后重建住宅
19	海地	应急避难所

2009年

为飓风受灾者提供的空中住宅

飓风『卡特里娜』

18｜飓风灾后重建住宅［美国］

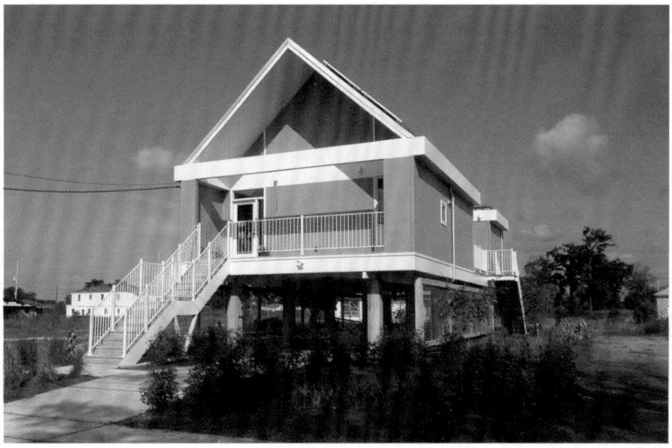

2005年8月，大型飓风『卡特里娜』袭击美国东南部。图为灾后当地建设的住宅。2007年12月，演员布拉德·皮特等设立财团，出资委托以坂茂为首的多位建筑家进行住宅设计，向飓风受灾地提供住宅。［照片：Rafael Longoria提供］

2010年

多次改良后的纸管避难所

海地地震灾后重建支援

19｜应急避难所［海地］

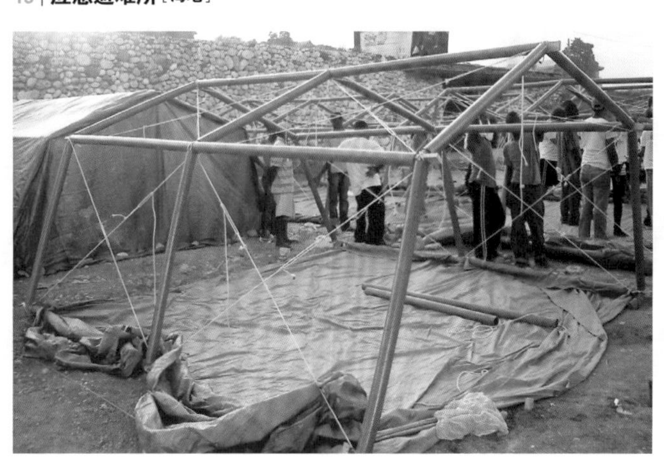

2010年1月海地遭遇地震(M7)袭击，图为为受灾者提供的纸管避难所。这是斯里兰卡版本（第61页）的改良版，增强了合板接合，并研究了接合嵌入的新方法。在其邻国多米尼加共和国学生的协助之下，该避难所使用当地采集的材料制作而成。［照片：坂茂建筑设计提供］

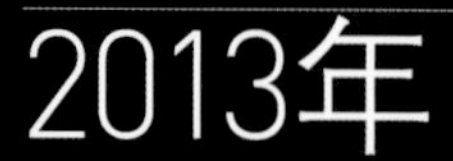

纸大教堂

新西兰 基督城

台型平面上A型框架双曲抛物面屋顶屋根

纸大教堂模型［照片：坂茂建筑设计提供］

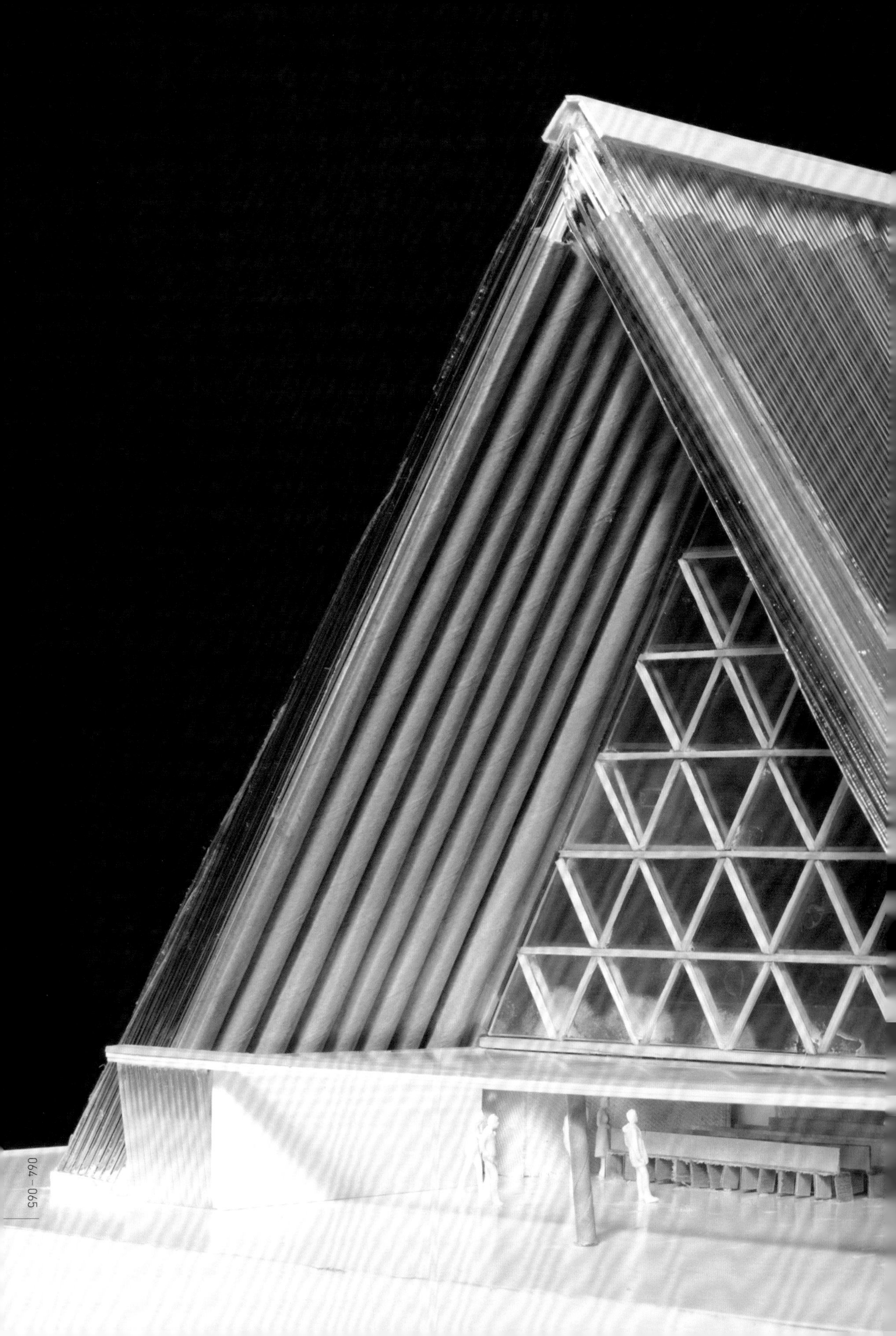

透过纸管间隙，阳光投入教堂内部

2012年2月22日，新西兰坎特伯雷发生了里氏6.3级的地震，作为当地城市象征的基督城大教堂遭受了严重的损害，坂茂接受了设计新的临时大教堂的任务。

对原有的教会进行几何学分析

新西兰方面跟坂茂联系时，当时坂茂团队正在东日本大地震现场忙碌着。坂茂考虑利用当地可以方便取材的纸管和集装箱，搭建形成一个三角形断面的空间。坂茂通过对原来教堂进行的几何分析，从中得出了平面和立面的几何结论。平面使用梯形，因为其后侧会逐渐变得狭窄，如果使用同样长度的纸管，那么屋顶的高度会渐渐上升，祭坛的上方将成为最高点。屋顶的墙面使用HP（双曲抛物面）屋顶的曲面。

入口处的三角形玻璃面，使用原来教堂圆花窗上的颜色和花样，

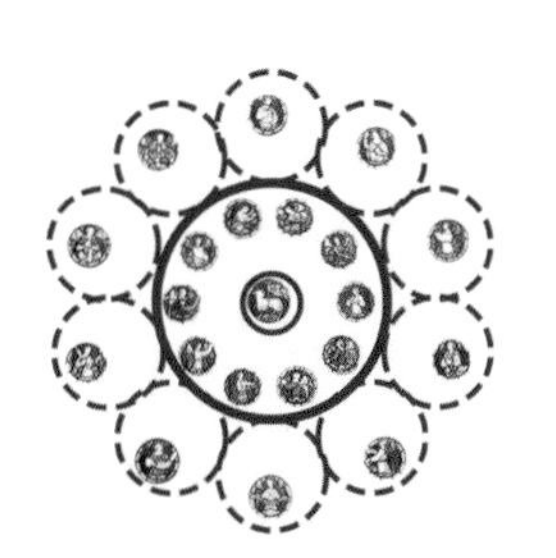

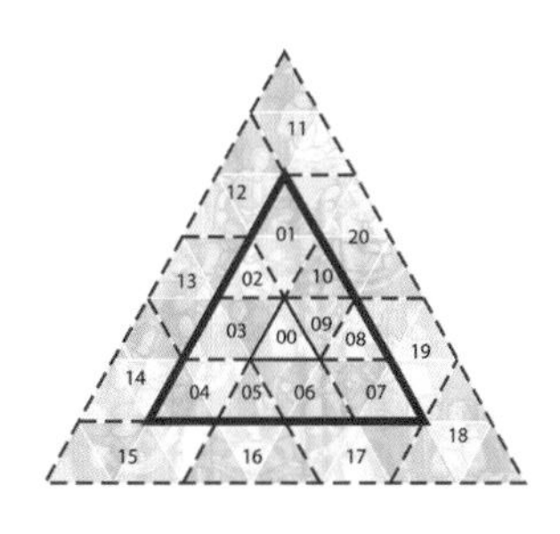

入口处的玻璃面使用原来教堂的圆花窗（左上图）上的颜色和花样，重新进行了组合。

工厂的作业情况。当地的志愿者给纸管做了防水涂层，并在纸管中加入集成材料提高其强度。

将其打印到玻璃上。

使用集成材料增强纸管强度

基督城和奥克兰均有纸管制造商的工厂，但是工厂规模很小，无法造出有足够长度和作为结构材料所需厚度的纸管。因此这一次坂茂决定采用当地的材料，使用他们工厂里制造出的纸管，其中加入集成材料提高其强度。

客户指定了大教堂内的座位数量。一开始是500人，后来又增加了200人，我们不得不在原来设计好的雨棚下多加一道门，在这个空间里追加了200人的座位。这座建筑物除了作为教堂外，设计时还考虑可以把它作为其他活动举办场所。

建筑用地一直都定不下来，变化了两三次，所以开工受到影响而延迟，计划要在2013年4月完工。

（坂茂谈话内容）

新教堂

立面（正面）

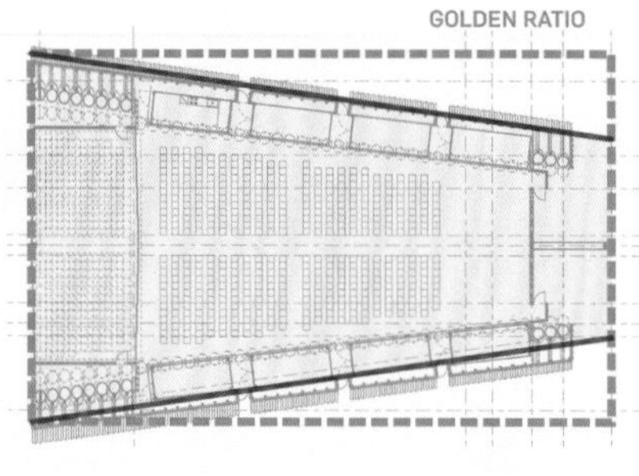

平面

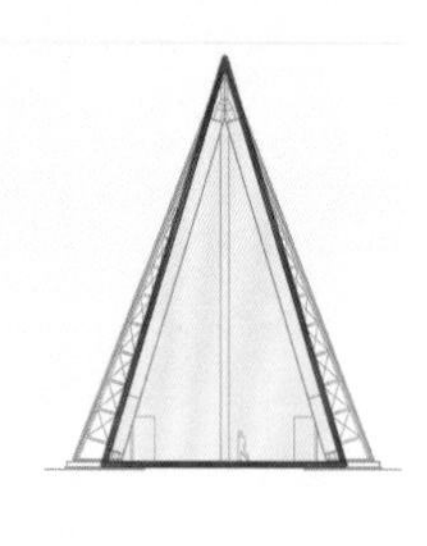

立面（背面）

旧教堂

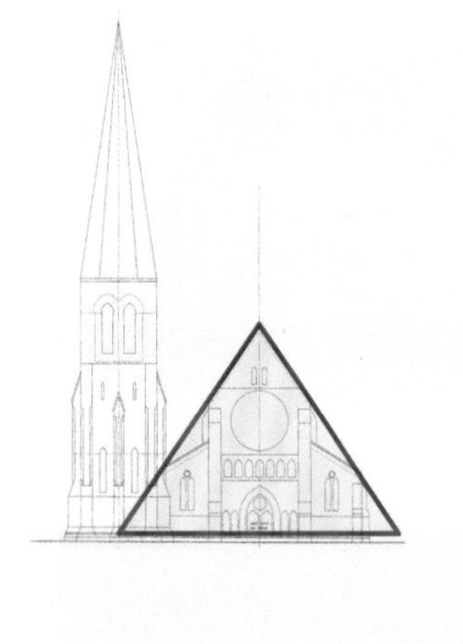

立面（正面）

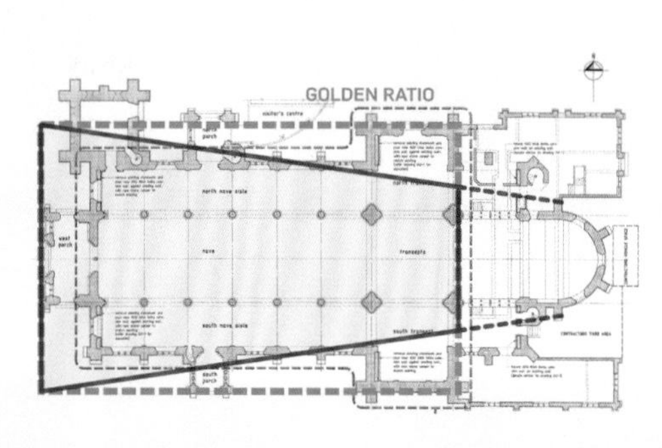

平面

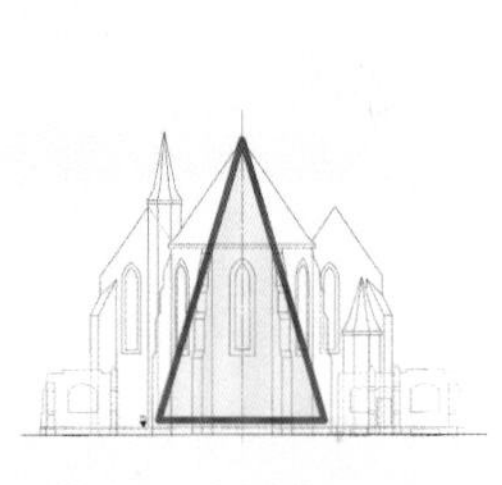

立面（背面）

对旧教堂的平面和立面（下侧三图）进行分析，将其作为新教堂的几何基础（上侧三图）

建筑项目数据：

所在地——新西兰 基督城
占地面积——4915平方米
建筑面积——880平方米
使用面积——880平方米
结构层数——木质结构 部分钢筋结构 地上一层
委托人——ChristChurch Cathedral
设计——坂茂建筑设计
　　　义务建筑师网络（VAN）
设计协助——Warren and Mahoney
结构——手塚结构研究室（基本设计）
　　　Holmes Consulting Group（施工设计）
设备——Powell Fenwick
监理——坂茂建筑设计
施工——Naylor Love
设计期——2011年7月—2012年6月
施工期——2012年7月—2013年4月（计划）

在地震中坍塌的旧教堂。
新教堂在距离此处400米的地方重建。

第二章

建筑家坂茂的实像

在海外及受灾地之间不停奔波。
不拘泥于固有的素材与结构，
追求新思路。
坂茂的活动不分国界。
因此我们难以掌握其全景。
通过回顾其少年时代、事业起步时期的故事及工作方式，
以及相关人士的讲述，
我们一起来了解真实的坂茂。

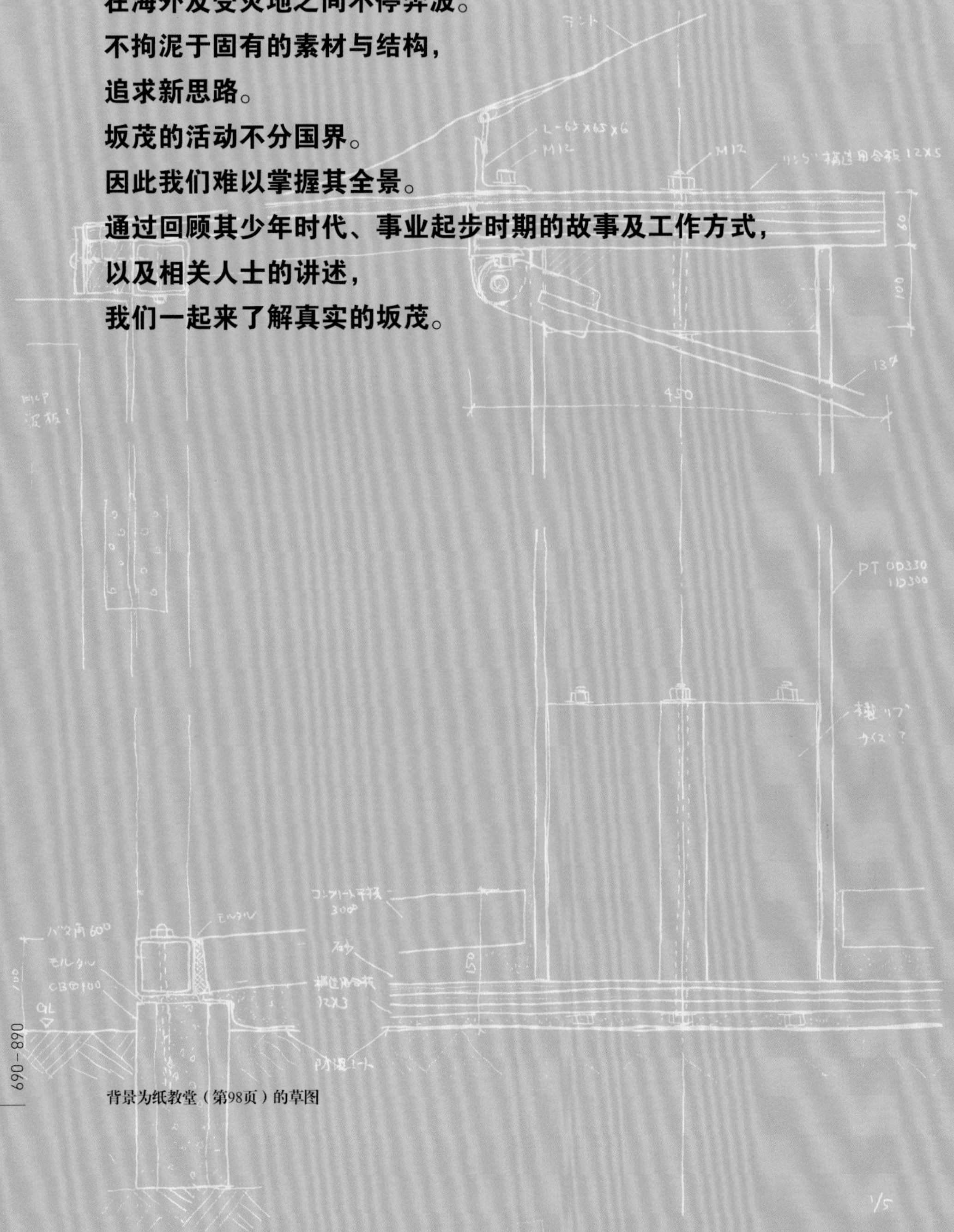

背景为纸教堂（第98页）的草图

1957—1987年

阅读
02

从橄榄球少年到建筑家

——回顾应试的挫折、留学的苦恼、起步阶段的奋斗

不擅长英语也要放眼海外。向未曾会面的人写信，并去见面结识。跨越年龄、社会地位和国籍，与他人成为朋友——坂茂的行动力是如何养成的？下面我们来回顾其少年时代至独立起步阶段的故事。

1 沉迷于橄榄球

1957年，在丰田工作的父亲和作为服装设计师的母亲迎来了新生儿坂茂。由于母亲工作的关系，家里房屋的扩建改建工程曾频繁进行。那时候看着身边施工人员工作而慢慢成长，坂茂耳濡目染，到小学时非常向往施工工作。进入小学高年级以后，坂茂开始沉浸在学校的橄榄球活动中。

我的母亲是一名服装设计师。在我小的时候，当时的成衣质量并不是非常好，选择也很少，所以经济上相对宽裕一些的家庭中，女性都会选择定做衣服。母亲的工作比较顺利，总是能够收到新的订单，每年都会从乡下雇用新的人手。

当时并没有像现在这样的公寓单间，所以为了给女工们提供住处，我们家多次扩建改建，成了女工们的宿舍。那个时候我天天都看到施工人员工作。那时候不像现在这样会动用机械设备，施工现场有浓浓的木料的味道，施工人员的技术活在我看来如同鬼斧神工，我当时特别希望将来能成为他们中的一员。

我后来知道有建筑师这样一个职业应该是在上中学的时候。中学二年级有一门技术家庭课，当时的课题是做一个简单的住宅设计，老师留了一项暑假作业，要我们设计自己家的房

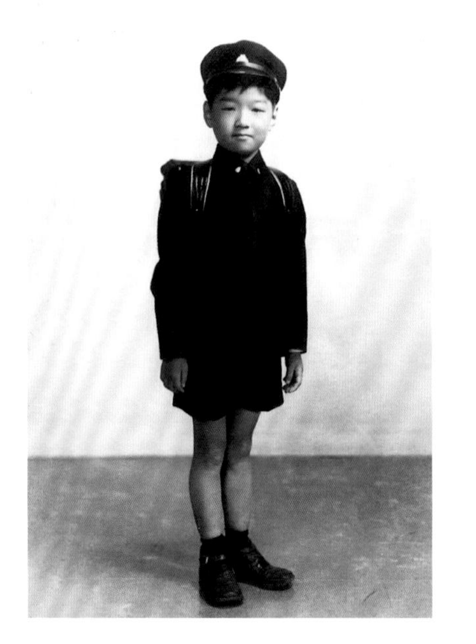

小学入学时的坂茂［照片：坂茂建筑设计提供］

子，并做一个模型出来。暑假结束后我交了作业，老师把它在学校里挂出来展示。当时我觉得自己好像很适合做建筑师，于是决定要走这个方向。

不过，当时我已经深深地喜欢上了橄榄球运动。小学我上的是成蹊学园，从五年级开始就加入了橄榄球部。最初选择橄榄球的原因很单纯，就是觉得帅（笑）。后来上中学时做球队队长，被选拔出来代表东京参加国际比赛，后来非常认真地以成为国家队队员为目标而刻苦地训练。所以考大学选择学校时，我决定去橄榄球和建筑两方面都很好的早稻田大学。

刚刚开始橄榄球运动的时代。后排左侧为坂茂

我看了早稻田大学的入学考试题集，里面有素描试题。我一看，心想得赶紧开始练习，于是去一个熟人开的画廊开始每周一次的素描学习。素描越学越有意思，在老师的建议下，我进入高中以后，每天下午3点到6点完成橄榄球的训练后，再去阿佐谷美术学院的夜间培训班学习素描课程。

高二时我在橄榄球队的位置是支柱前锋，高三时是八号球员。高二时在东京大赛上获胜，又在花园橄榄球场举办的全国大赛上作为正式出场选手参加比赛。常常能进入东京花园球场的是目黑学院和国学院久我山，前一年因为目黑获胜，于是东京可以有3所学校参加全国大赛，成蹊也入围了。我们斗志昂扬地去参赛，结果在与全国首屈一指的强校大工大附属高中对决的第一场比赛中就输了。

那个时候我痛切地感受到与高水平球队的差距，既然不能在橄榄球上做到日本最高水平，我决定转而奋战建筑界，在建筑界争当全日本最高水平。正好那个时候我一直在学习素描，美术相关的内容引起了我极大的兴趣，志愿大学从早稻田改为了东京艺大。于是进入高三以后我就开始去御茶水美术学院的美大建筑考试预备科上课。

2 在预备科的领悟

为应付考试，坂茂开始去御茶水美术学院学习，在那里他遇到了讲师真壁智治，他们的相遇改变了坂茂后来的人生。坂茂由此强烈希望离开日本去海外求学，活跃于世界舞台。

御茶水美术学院要求学生每周完成一件作品，我当时是每周完成2个设计课题。我自己这么说可能不够谦虚，不过我认为自己当时的作品很出色，已经超过了艺大和美大的考试要求。但是艺大的第一次考试是学科考试，实际的技术再出色，像我这样对学科考试并不擅长的学生是无法进入第二轮考试的。我也是因为自己没能考上而心里不舒服才会跟你讲这些事情（笑）。

在御茶水美术学院我认识了一位叫真壁智治的老师（请参看第100页的相关报道）。真壁老师十分有个性，我受到了他很大的影响。我常常去他的公寓玩，在那儿我第一次看到《a+u》约翰·海杜克的特集和白与灰特集，而那也是我后来选择纽约库伯联盟学院的一个契机。包括海杜克在内，杂志里介绍了理查德·迈耶、彼得·艾森曼、查尔斯·格瓦德梅等七八名建筑家，其中有三名都是这所大学的毕业生或是教授。我那个时候想这个学校一定非常有意思，我一定要去。

真壁老师也建议我考虑去国外读大学。本来从中学时代起我就憧憬国外的生活，希望有机会可以去留学。我母亲每年都会去参观巴黎和米兰的时装秀，所以我当时觉得海外的世界离我并不遥远。

成蹊高中与澳大利亚有交换留学制度，我当时真的非常不擅长英语，但是一心想去澳大利亚打橄榄球，于是报了名。到最后阶段剩下两个人竞争，其中一个是我，但到底我还是因为不擅长英语而没有被选中。从那时起一直心有不甘。有了这么一件事以后，我一直都在想大学一定要去国外读。我的母亲非常理解我的想法，父亲却极力反对。这个时候真壁老师来到我家，给我的父亲做思想工作。

意大利曾是我留学地点的选项之一。因为喜欢做工艺设计，我觉得做家具设计师也不错。我问真壁老师的意见，他说：『有历史性意义的家具大多是建筑家设计的。如果做家具设计师，那么你只能设计家具，如果学习建筑设计，同样也可以做出好的家具，所以你还是学建筑好。』

3 进入美国大学

坂茂高三时参加艺大的考试，没有成功。那之后他没有再考虑日本的大学，一心只想去留学。1977年，坂茂在留学的学校还没有定下来的情况下只身前往美国。

我想去库伯联盟学院留学，可是找不到相关的任何信息。我写信索取相关信息，没有得到任何回复。去美国以后我做了很多调查才知道库伯是免学费的，所以不接受留学生，但如果参加入学考试，外国人也可以入校学习。

我19岁那年去的美国。我想无论如何找个学校进去读书，去加州的几所大学看了看，其中有一所洛杉矶的SCI-ARC（美国南加州建筑学院）。学校创立不久，由工厂改建而成的校舍洋溢着非常活跃的氛围，我感受到了它的魅力，于是参加了这个学校的面试。

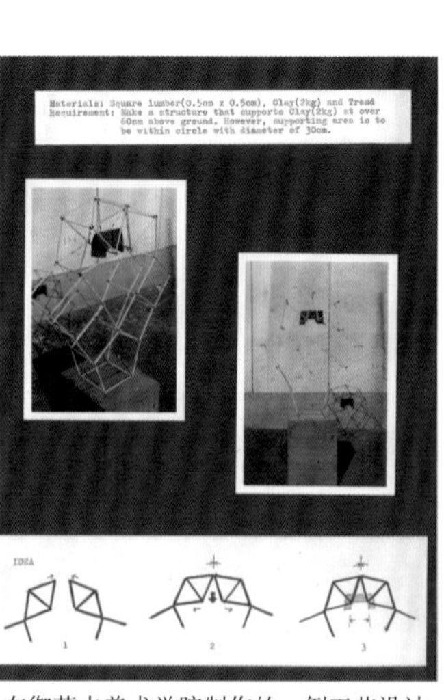

在御茶水美术学院制作的一例工艺设计课题

我把自己在御茶水美术学院制作的作品集展示给该大学的创始人兼校长的建筑家Ray Kappe，他让我直接跳过一年级进入二年级学习。而且我英语不怎么好，他当时对我直接免除了托福考试要求。

入学以后我发现，弗兰克·盖里、Morphosis建筑事务所的汤姆·梅恩等代表加州的很多建筑家都在这个大学教书，在这里的学习更加有趣，我最初只是将这里作为临时中转站，后来却在这里愉快地学习了2年半。

在美国的大学获得学位需要花5年的时间。我在暑假期间也拼命地学习获取学分，用2年半的时间学完了4年的课程。我只要再多待一年就可以顺利毕业，但我无论如何都想去库伯联盟学院，于是去参加了库伯的考试，成绩合格，我就搬到了纽约。

库伯联盟学院由工程师彼得·库伯于1895年创立。彼得·库伯到晚年经济上才富裕起来，他早年出身于贫苦家庭，苦学成才。为了能够让贫困家庭的孩子也能有条件学习，他创立了这所免交学费的学校。他的艺术造诣深厚，在大学里设立了融合美术与工程的建筑学系、理工学系以及美术学系三个专业院系。建筑学系5个年级共75名学生，他们从早到晚都在伏案学习，投入到课题制作中。

坂茂留学洛杉矶时，其弟（中间）来访。右侧为坂茂

库伯联盟学院有自己独特的一套课程系统，因此对其他大学的学分基本不予承认。我虽然有四年的学分，但是插班生都得从二年级开始学习。因为我的成绩还不错，所以三年级和四年级的课程都得以缩减到半个学期，在还有一年就要毕业的时候，我开始考虑毕业后的出路。出路有三条：继续在美国读研究生，在美国就业，回日本就业。

刚到美国时，我的想法是将来要将美国作为我活动的根据地。当时我在心中把西萨·佩里作为外国人在美国成功确立其社会地位的典范。他从阿根廷来到美国的研究生院，辗转于美国的若干大型设计事务所并且最终成为领袖人物，赢得了很高的社会评价，最后还成立了自己的事务所。还有赫尔穆特·扬。他从德国来到美国，成为C. F. 墨菲事务所的领袖，最后成立了仅冠有自己姓名的事务所。

外国人的营销能力比较弱，在美国活动需要灵活利用大组织的力量提高自己的实力和外界评价。我当时在自己脑海中已经开始描绘与这些典范类似的前景。

我还大概定下了想去的美国研究生院，同时又觉得自己没有在日本学习过建筑，对日本的情况一无所知。于是我决定先回日本工作一年，之后再决定下一步怎么走。我带着我的作品集去访问了矶崎新的工作室。我在高中时听说过矶崎先生。真壁老师带着我去群马县立美术馆，第一次看到了真正的建筑家的作品。接触到有内涵的建筑令人非常感动，我当时就希望将来有机会能在矶崎先生的手下工作。

我回国还有另外一个原因，我在库伯联盟学院吃了不少苦头。学校的方针不是很适合我，我还遭到了几名老师的排挤，精神上非常疲劳。

国外的老师不像日本的老师那样对学生的想法大多加以肯定，他们会把自己的想法强加给你。有时候我从早到晚一刻不停地研究课题，做出自认为还不错的作品，老师们还是会给予很严苛的评价。这种情况反复出现，我有些承受不了。正好我非常希望了解日本的情况，很想积累实务经验，趁寒假回日本接受了矶崎先生的面试，我们签订了一年的雇用合同。

4 暂时回国，其后大学毕业

时值『筑波中心大楼』竣工前的1982年。矶崎工作室里聚集了八束一、渡边真理、渡边诚、牛田英作、青木淳等众多著名建筑师，每一天的工作都充满刺激。

在矶崎工作室，与其说是在积累实务经验，不如说我更多的是在每天制作模型，做演示的准备工作。因为我会讲英语，被安排在了海外项目组，曾经在牛田先生的手下参与过柏林『IBA集体住宅』的模型制作。

当时的矶崎工作室里聚集的都是些任性的人物（笑）。矶崎先生手下的工作人员，大多都仰慕矶崎新这个人、这个建筑家以及他的生存方式，他当时在做的建筑风格是什么对大家来说好像都无所谓（笑）。一般大家都会去追随学习老板的工作方式对吧？但在矶崎工作室却不是这样。大家都在按自己喜欢的方式工作。我感受到了矶崎先生身上所拥有的、接受这样一个团队的宽大胸怀。

通常，很多建筑家会在事务所召开竞赛或者委托主要设计师去做设计，但是矶崎先生都是自己绘制全部的作品。我对他的这种姿态敬佩不已。有时，与矶崎先生有来往的世界各地的建筑师会来事务所做客。我之所以会想向作家型方向发展，其中原因之一便是我在这样的工作环境里受到了熏陶。

在矶崎工作室工作一年以后，我回到库伯开始五年级的学习，即毕业作品的制作。我可以选择花一年的时间制作毕业作品，也可以选择用半年时间去艾森曼工作室实习，半年时间制作毕业作品。我一直向往世界闻名的『纽约五人组』，所以毫不犹豫地选择了彼得·艾森曼工作室。

但是，在前方等待我的是痛苦的命运。因为艾森曼有严重的种族歧视倾向，他看不起亚洲人。他说我名字的日文发音「SHIGERU BAN」太难读，擅自改成了「SUGAR BEAR」。最糟糕的是我们想法完全不合。他提出的题材本身是非常有趣的，比如『grafting』，它的内容是分析两个建筑物并将它们组合在一起。Grafting的意思是嫁接，我们要把这个概念运用到建筑上。

可是我考虑的方向和他的想法完全不同。我画出的作品是将建筑物嫁接以后，逐渐要将原物相互混杂糅合，也就是蒙太奇式手法。而他的想法却是珂拉琪式的拼贴，好比把米老鼠和唐老鸭各分割成两半单纯拼在一起，双方的原型仍然保留。我无法理解他的做法，每周我把自己的图纸和模型展示给他看时，都会发生争论，最后他会撂下一句『你是日本人所以不懂』。

我的毕业设计也被要求重新制作，连毕业典礼都没能参加。半年之后我重新展示毕业设计，这一次只需要展示给海杜克，所以我还是顺利毕业了。

5 边走边看阿尔托

这个时期在建筑的方向性上给予坂茂巨大影响的是阿尔瓦尔·阿尔托。从库伯联盟学院毕业以后，作

为摄影家的助理，坂茂欣赏到了阿尔托的『玛利亚别墅』（芬兰），这为坂茂带来了转机。

这件事我以前没有讲过，从库伯毕业以后，我为GA主办者摄影家二川幸夫先生做过一个月左右的助理。

我在纽约熟识了二川先生的千金，跟二川先生见过几面，他问我是否有兴趣为他在欧洲的摄影工作做一段时间助手。这是求之不得的机会，我当然欣然接受。这对我来说是第一份工作。

其实我对摄影毫无兴趣，现在去观赏建筑时也不会摄影留念，虽然小小的照相机可以收入现场的种种细节。当然学生时代刚刚开始欣赏建筑的时候我也拍了不少的照片。有一天我突然发现自己照相时注意力全在照相这件事情上，而没有认真去观赏建筑，似乎照片拍到了就算是看过了建筑本身，而其实脑子里什么都没有留下。所以从某个时候起，我想看照片的时候就去买书，不再特意拍照。我更愿意把时间花在仔细观赏建筑上，或者用笔把建筑画下来。再说，我也拍不出多么优美的照片。所以，我愿意去做二川先生的助理，仅仅是为了去看好的建筑。

在为二川先生做助理期间，最难忘的是跟随拍摄阿尔瓦尔·阿尔托的『玛利亚别墅』。看到这栋建筑，是我职业生涯的一个巨大转折点。库伯联盟学院走的是勒·柯布西耶和路德维希·密斯·凡德罗派系的国际路线，根本不会安排对阿尔托的学习。所以当我在书上看到阿尔托作品的介绍时，没能理解为什么他会这么有名。

但是当我亲眼见到阿尔托的建筑时，顿时大吃一惊。素材的运用秀美洒脱，环境与建筑绝妙结合，让我有醍醐灌顶之感。多亏了二川先生，我才有这样顿悟的机会。如果当时没有看到这栋建筑，就不会有我现在的风格。

柯布西耶和密斯的大部分作品我在大学时看过，当然也非常的感动。但是阿尔托的作品让我感到惊奇的程度是不一样的。观赏柯布西耶的作品，是对自己至今所学知识的一个再确认的过程，密斯的巴塞罗那展馆也让我非常感动，但是却没有让我感到未曾预料的惊奇。

在那之后我想更多地去欣赏阿尔托的建筑，可是手头没有钱，于是我想了个办法。阿尔托建筑的室内装饰照明已被ALTECH公司商品化，而外部照明却完全没有被商品化。我注意到这一点，认为可以借这个机会做笔买卖。

我曾经跟随二川先生同阿尔托夫人见过面，我写了一封信给她，询问她是否有兴趣将阿尔托建筑的外部照明进行商品化。她回信表示很感兴趣。于是我接着向大光电机公司提交了策划书，谈妥了这件事情。为制作商品目录，我带着大光电机的项目负责人几乎走遍了在芬兰的所有阿尔托建筑。

6 在日本起步

坂茂接到母亲的大楼设计的委托，结束了为期一个月的二川先生的助理工作回到日本。他首先成功实现了在库伯时代做过的三个展览会策划。在展览会上，他与『纸管』邂逅。

我母亲的大楼（B BUILDING，第84页）现在还在京王井头线的松原站前，我的事务所和我

图为阿尔瓦尔·阿尔托展览的会场布置。该展览于1986年在AXIS GALLERY展出。这个展览为坂茂开始使用纸管提供了契机

［照片：清水行雄拍摄］

母亲的工作室就在里面。这座楼是一个占地66平方米左右，总建筑面积200平方米左右的小建筑。这个楼的设计我一定要亲自负责，所以当下就回到了日本。当时的考虑是设计完成以后继续去美国读研究生。结果在设计的过程中工作越来越多，因此没能回美国继续读书，就这样在日本开始了我的设计工作。

刚回到日本的时候，除了这座楼的设计工作外，我还着手制作若干个展览会的策划。在进入矶崎新工作室之前，我协助参与了库伯联盟学院的卡尔德·苏可菲迪奥与托德·威廉姆斯策划制作的『窗户·房间·家具』展览会。

这个策划的内容是给来自世界各地的建筑家、艺术家以及诗人等一个画面，请他们以『窗户』『房间』『家具』三个主题来完成作品。这两位设计师想在日本也举办同样的展览会，我于是一边在矶崎新工作室工作，一边四处奔走帮助他们筹集资金，寻找会场，最终将会场确定在六本木的AXIS GALLERY。

此次展览会受到了好评，AXIS的石桥（宽）社长表示希望我继续在这里兼职做策展人。我回到美国一边继续毕业设计的制作，一边做了三个展览会的策划。第一个是Emilio Ambasz展览。第二个是女性建筑摄影家Judith Turner的展览。第三个是阿尔托的展览。

我在库伯第五个年头时，纽约现代艺术博物馆（MoMA）举办了阿尔托作品展览，我把它搬到了日本。我希望最大限度地在既定的会场结构内表现阿尔托的建筑思想和风格，可惜预算不够，不能使用树木，而为了3周的展会浪费掉木材也不大合适。我正琢磨着还有什么其他可以替代树木的材料，突然看到事务所里四处都是在Ambasz展览中用来卷布料的纸管。我想纸管就可以拿来做树木的替代物，于是马上动身去纸管工厂调研一番，了解到纸管无论直径、厚度和长度有多少，制作都非常简单，而且成本很低廉，同时强度比想象中高不少。我自己开始研究这些纸管是不是可以用到建筑上面。

总之，我策划的展览大获成功，石桥社长希望我能再延长3年的合同。这时我突然想起二川先生的话来，拒绝了石桥社长的好意。

我向二川先生提到策展人工作的时候，他问我为什么要做这样的工作。我告诉他，我没有后台背景，今后要在日本工作首先要建立各种关系。他听了以后很生气，教育我说，如果能够设计出好的建筑作品，工作自然会找上门来。为了获得工作而去建立关系网，这是在走邪路。当时我手头除了我母亲委托给我的大楼设计业务，并没有其他工作，心中正感到不安，不过还是觉得提前为自己准备好逃跑的出口并不好，于是听从了二川先生的话。同时，作为将来的目标，我希望自己能够做出让二川先生来拍摄的高水平作品。

7 设计实务中的奋斗

在为母亲设计大楼的同时，坂茂收到了几个住宅设计的业务委托。对施工设计完全没有经验的坂茂用心钻研后完成了工作，之后就这样留在日本继续活跃。现在坂茂认为，自己的工作在日本起步，『是一个不错的开始』。

为母亲设计的楼房实质上是我的处女作。在这个楼房完工之前，另外的两栋住宅已经先行完工。其中一个是由我在西班牙旅行中认识的一位日本人介绍的别墅项目（VILLA TCG，第82页）。

客户从某个杂志上复印了一张六角形的方案拿给我看，希望我能设计出一个类似的方案来，我拒绝了，虽然当时非常需要工作。后来这位客户说路费他来支付，希望我能到他的地块去实际考察一下，告诉他我的想法。我去现场看了，其实那是一块相当不错的土地。虽然客户没有委托我做具体方案，但我做出了一个将现场既有的砌体结构土窑的石块重新累搭的方案。这个方案不是客户最初希望的六角形，而是一个更加适合周边环境的方案。我将这个模型展示给客户，他马上将这个业务委托给了我。

另外一个项目也是别墅(VILLA K，第82页)。在办Judith Turner展时，我曾到一家叫作《*ZOOM*》的杂志社拜访其总编，询问是否可以合作办一期Turner特辑。他对我的工作很满意，于是交给我一个项目来设计。

基本设计和模型制作环节对我来说跟学生时代做课题没有什么两样，比较容易完成，但是我完全没有实务经验，在施工设计环节花了很大的工夫。我拿来安藤忠雄先生给我的住宅建筑蓝图和『GA』的理查德・迈耶作品详解，对他们的细节进行模仿才终于完成了这两个项目。

B BUILDING完成不久时的坂茂

我在库伯读书的时候安藤先生接受《*SD*》的专访，我读过以后对安藤先生非常感兴趣，后来在矶崎新工作室的那段时间我特意去见了安藤先生。我告诉他我想把在库伯策划的展览会开到大阪来，并请他帮助我。作为谢礼，我帮助安藤先生在美国开办了他的首次个展。

我在准备两个别墅项目的时候，安藤先生来看我，我们俩一起参观了路易斯・卡恩的建筑。安藤先生是一个很懂情理的人，为了感谢我帮助他成功举办个展，他借给我建筑蓝图，还介绍住宅设计的工作给我。

就这样，我虽然原打算回到美国继续读研究生，却错过了时机，回过神来的时候已经以日本为据点开始稳定工作。我觉得这样也很好。中产阶级将面积并不大的住宅设计委托给建筑师，年轻的建筑师也可以施展拳脚，这种机会只有日本才有。不论是在发达国家还是发展中国家，能够向建筑师委托设计业务的只有富裕阶层。因此，年轻的建筑师进行住宅设计的这种机会在国外基本是不会有的，这样好的机会只能在日本找到。

美国现在的大学系统非常出色，但是优秀的建筑家在那个国家恐怕很难成长，也很难再诞生新的优秀建筑。因为美国已经不存在做手艺的工匠了。他们只会生产产品清单上已有的产品。再加上美国是诉讼型社会，客户和施工单位都不会愿意开创新的建筑或者进行试验性建筑。在这个意义上，我认为我没有再回美国是一件好事。

（坂茂访谈内容）

坂茂事务所报告1988
——大谈『设计是件私人性的工作』的个性第四代

这是一个在面积约9万平方米的造船厂旧址上建设大规模休闲娱乐设施的项目，其项目费用预计达300亿—400亿日元。如此巨大的项目设计任务落在了30多岁的年轻建筑师肩上。他们是坂茂建筑设计事务所的代表坂茂、建筑网络的代表平贺信孝、上野武三人。我们尝试从中勾勒出掌舵者坂茂的建筑家形象。

作为事务所代表的坂茂生于1957年。在被称为第四代建筑家的20世纪50年代生人中，他也算非常年轻。坂茂事务所成立于1986年。当时的工作人员除了坂茂，另有1人。另外还有非全日制工作的准员工1名和2名兼职人员。

[公司名称]
坂茂建筑设计
Shigeru Ban Architects

[所在地]
东京都世田谷区松原

[成立时间]
1986年

[资本金]
100万日元

[员工人数]
2人

坂茂 | Shigeru Ban

坂茂建筑设计公司法人代表。
1957年生于东京。
1980年起就读于南加州建筑学院（SCI－ARC），洛杉矶转入库伯联盟学院建筑学系（纽约）。
1982—1983年就职于矶崎工作室，1984年从库伯联盟学院毕业。
回国后1986年创立坂茂建筑设计至今。

NA1988年9月5日号刊载

『我不想增加人手』，坂茂说。他暂时不打算招募新人。理由非常简单，『我还没有能力管理这么多人』。同时，『我需要自己亲自设计，保证细致到位』。因此，坂茂从不放弃自己独立进行设计的态度。『过去的建筑家所有的事情都是自己来做，我希望自己能够回到这种本真的状态。』

对每一个构成元素都赋予独特的个人意义

如果遇到独自一人无法应付的大型项目，我会选择与符合整个项目水平的人做搭档。『这一次A造船厂的项目，我和建筑师网络联手合作，如果换成别的项目，我想我会找别的搭档。』这种情况下坂茂依然保持个人立场。

坂茂的经历比较特别。他完全没有在日本接受建筑教育。在SCI·ARC（南加州建筑学院）学习建筑两年以后，他转至纽约库伯联盟学院师从约翰·海杜克。『海杜克充满童趣的特性让我很受感动』，坂茂回忆道，『对海杜克而言，可以称为建筑作品的只有库伯联盟内部装修的改建，不过他热爱的是建筑物上的每一个建筑元

1. 设计团队围绕A造船厂项目模型进行讨论的情景。从左至右为坂茂、平贺信孝、上野武。**2.** A造船厂项目配置图（※该项目未能实现）

素。而且，他在每一个元素上都赋予其建筑意义和个人意义。』海杜克的这种姿态，毫无疑问对坂茂面对建筑时的纯粹与投入产生了很大的影响。

今后十年定胜负

坂茂对许多第四代建筑家急于给自己在建筑界定位的姿态持批判态度。『我完全没有考虑这些事情。作为一个建筑家，对这种事情做考虑本身就很奇怪』。

当被问到『现在的目标是什么』时，坂茂如此答道：『我希望能尽快确立自己的建筑风格。我希望把自己的个性体现在建筑物上。许多著名的建筑家在30多岁的时候就做出了这样的作品。所以，对我来说接下来的10年是决定胜负的关键时期。』

建筑作品 | PROJECT

挑战纸管建筑

在A造船厂的协助下，除主要项目以外还有一个项目也在进行中。这个项目目的在于将迄今为止作为圆柱体混凝土框架材料使用的纸管开发成为建筑物的内外装修材料，并进一步使其成为结构材料。根据用缆绳连接纸管的（Paper Tube Structure）建造方法，今后的目标是获取临时建筑的新构造评定。该项目除了坂茂建筑设计、建筑师网络以外，结构专家坪井善昭和松本年史、乃村工艺社、藤森工业也参加了。

照片1为现在计划中的PTS实验住宅。计划该住宅将建设在造船厂的地块中（※未能实现）。照片2、照片3为广岛“海与岛博览会”（1989年召开）上的亚洲俱乐部展馆，是坂茂过去提出的方案。

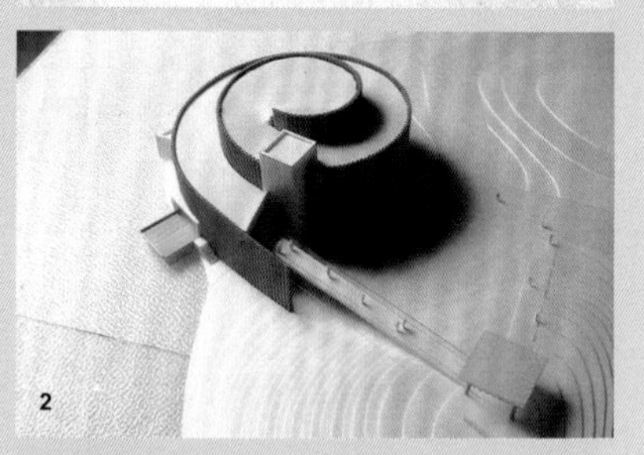

1. A造船厂内计划建设的PTS实验住宅模型［照片：坂茂建筑设计提供］。**2.** 亚洲贵宾房·项目模型。**3.** 亚洲贵宾房·项目内装模型。纸管间由半透明合成树脂接缝装置连接，可防止雨水的侵入，同时引入光源。

VILLA TCG［长野县茅野市］

［照片：平井广行拍摄］

建筑项目数据：

所在地——— 长野县茅野市
总建筑面积— 150平方米
结构・层数— 木质结构，地上2层

委托方—— 东京咨询集团
施工——— SHELTER HOME
施工期—— 1986年8月—12月

VILLA K［长野县茅野市］

［照片：平井广行拍摄］

建筑项目数据：

所在地——— 长野县茅野市
总建筑面积— 115平方米
结构・层数— 木质结构，地上3层

委托方—— 个人
施工——— 平林工务店
施工期—— 1987年4月—8月

B BUILDING 三层墙

［东京都世田谷区］

作为服装设计师的坂茂母亲所有的URBAN SMALL BUILDING。

该楼竣工于1988年7月，是坂茂从库伯联盟学院毕业回国后的第一部设计作品。

一层为坂茂建筑设计与建筑师网络事务所，2层为坂茂母亲的工作室与事务所，3层、4层为住宅。

1. 建筑物由三层墙构成。蓝灰色日文“コ”字形墙壁是为了勾勒出空间界限。黑色墙壁支持着循环结构部分。另外，其后可见的拱形粉色墙壁对主要空间和次要空间做出了划分［照片：与下一页照片同为平井广行拍摄］。**2.** 外观夜景。建筑物西侧墙壁上嵌入了玻璃块。**3.** 设计室（1层）。室内地面低于道路地面约1.5米。坂茂建筑设计与建筑师网络办公室即设在此地。**4.** 客厅兼食堂（3层）和书房（4层）通过中庭连为了一个整体空间。

4

3

建筑项目数据：

所在地——东京都世田谷区松原
占地面积——71平方米
建筑面积——54平方米
使用面积——195平方米
结构层数——RC构造 地上4层

设计单位——建筑：坂茂建筑设计
结构：形象社
设备：川口设备研究所
施工单位——MATSUMOTO CORPORATION
施工期——1987年8月—1988年7月

书房
卧室

4层平面图

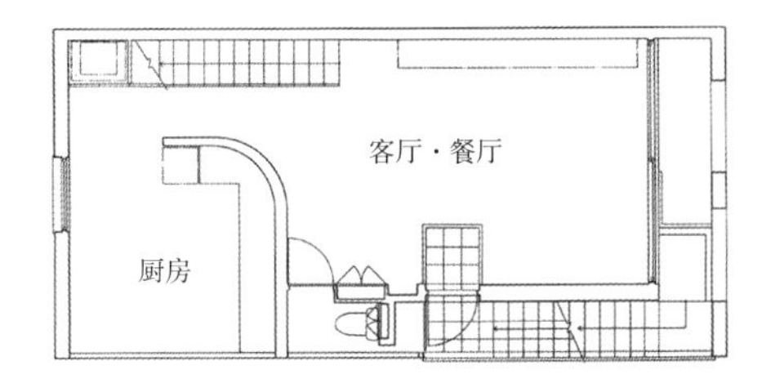

3层平面图

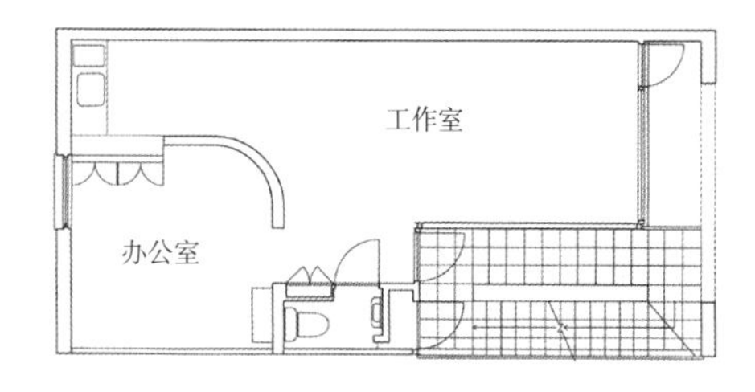

2层平面图

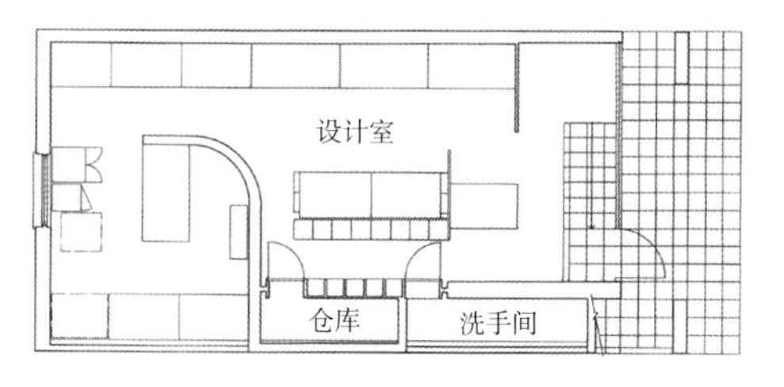

1层平面图 1/200

繁忙日程安排的对策

——『一个月飞行15次』背后的付出与动力

如今在海外舞台活跃的日本建筑家越来越多，但恐怕没有人像坂茂如此频繁地往来于世界各地。他每个月平均乘坐航班飞行15次以上。与此同时他还在日本的大学里执教。我们向坂茂讨教超级繁忙的日程安排秘诀，以及选择这种工作方式的原因。

—

坂茂现在在东京、巴黎、纽约三地均开设了事务所。2003年在『蓬皮杜中心梅斯分馆』竞标中胜出以后，坂茂借机在巴黎开办了事务所。在此5年以前的1999年，坂茂在纽约开设了事务所。

『近年来我主要以巴黎为中心进行活动。在日本没什么业务。』坂茂苦笑道。他在2012年春天就任京都造形艺术大学的教授，每两周需要回国一次，去京都授课。而纽约事务所他每个月仅去露一次面。

事务所的工作人员东京19人，巴黎21人，纽约9人。各个事务所都有自己信赖的合作伙伴。东京的合作伙伴是平贺信孝，巴黎是Jean de Gastines，纽约是Dean Maltz。

项目的管理和人员调配都是在和合作伙伴商讨之后确定的。东京事务所负责亚洲区域业务；巴黎主要负责推进欧洲的业务；由于事务所人数的关系，美国的业务大多是先在东京或者巴黎进行基本设计后，再由纽约事务所承接。另外，比如莫斯科的项目本来应当由巴黎事务所接管，因为韩国的高尔夫俱乐部设计经验值得借鉴，就由东京事务所来接手。中东近东的业务由东京和巴黎共同分担。

2012年6月3日—9月1日的日程

DATE		TIME · TO DO
6/3	sun	**0100 东京羽田→0700 巴厘［印度尼西亚］** Ristia演示
6/4	mon	Ristia演示
6/5	tue	**0030 巴厘［印度尼西亚］→0850 东京成田** **1100 东京成田→1045 纽约［美国］** Broadway会议
6/6	wed	**1652 纽约［美国］→1955 洛杉矶［美国］** **2230 洛杉矶［美国］→**
6/8	fri	**0630 奥克兰［NZ］** **0900 奥克兰［NZ］→1020 基督城［NZ］** CCC会议
6/9	sat	**1335 基督城［NZ］→1455 奥克兰［NZ］** CCC会议
6/10	sun	**0825 奥克兰［NZ］→1650 东京成田**
6/11	mon	1230–1800京都造形艺术大学研究生院特别讲座
6/12	tue	0733京都→0946品川 1030– 大和租赁会议

Option 1 ANA
CDG 14 SEP FRI 20:00 NH206 07D 11H40 1/1 MD:TOKYO
NRT 15 SEP SAT 14:40 (空席待ち 25 名/ビジネス残 4 席) NH ビジネス往復残り/
CDG 14 SEP FRI 20:00 NH206 座席指定中 11H40 1/1 LS:TOKYO
NRT 15 SEP SAT 14:40 SA 世界一周残り
==16 SEP SUN 女川町== MK:PARIS
NH ビジネス往復
Option 1 JAL
NRT 18 SEP TUE or 19 SEP WED 11:10 JL405 12H35
CDG 16:45 (9/18 空席待ち 24 名...)
Option 2 ANA
NRT 18 SEP WED 11:20
CDG
<OR>

AUG 27 2012
CITY DATE TIME AIRLINE STATUS SEAT FLIGHT TIME TERMINAL
NRT 27 AUG MON 19:00 NZ090/D 02B 11H00 1/1 MA:TOKYO NZ ビジネス片道
AUCKLAND 28 AUG TUE 09:00
==10:00 Meeting with Mr Sam Elworthy (Auckland Uniiversity Press)==
AUKLAND 28 AUG TUE 12:35 NZ527/Y 04C 01H20 D/ MA:TOKYO NZ ビジネス片道
CHRISTCHURCH 13:55
CHRISTCHURCH 30 AUG THU 06:00 NZ891/Y 02C 03H45 /2 MA:TOKYO NZ エコノミー片道
MELBOURNE 07:45
MELBOURNE 30 AUG THU 10:05 DJ219(Virgin Australia)/Y 05C 01H25 3/1 MB:TOKYO DJ エコノミーFLEX 片道
ADELAIDE 11:00
== 8/30 Lecture in Adelaide==
ADELAIDE 31 AUG FRI 06:00 DJ401/Y 05C 01H55 1/2 MB:TOKYO DJ エコノミーFLEX 片道
SYDNEY 08:25
SYDNEY 31 AUG FRI 09:30 OZ602(Asiana)/D 04G 10H30 1/1 MC:TOKYO OZ ビジネス片道
INCHON(SEOUL) 19:00
INCHON 31 AUG FRI 21:20 OZ178/D 01B 02H10 1/1 MC:TOKYO OZ ビジネス片道
HANEDA 23:30
Option 1 JAL 4 SEP TUE 11:10 JL405 12H35 2/2E LQ:TOKYO JL エコノミー往復残り
NRT 16:45 (空席待ち 10 名/ビジネス残 8 席)
CDG
Option 2 ANA 4 SEP TUE 11:20 NH205/D 12H20 1/1 MD:TOKYO NH エコノミーUG 往復
NRT 16:40 (空席待ち 10 名/ビジネス残 6 席)
CDG
<OR> 4 SEP TUE 11:20 NH205/D 07H 12H20 1/1 MD:TOKYO NH ビジネス往復
NRT 16:40
CDG
Option 3 AF 午前発 4 SEP TUE 11:55 AF275/Z 73F 12H20 1/2E MD:TOKYO AF ビジネス往復
NRT 17:15
CDG
Option 4 AF 夜発 4 SEP TUE 21:55 AF277/Y 13H20 1/2E MD:TOKYO AF エコノミーUG 往復
NRT 5 SEP WED 04:15
CDG
CDG 10 SEP MON 07:15 AF1000 02H05 2F/2 MP:PARIS AF エコノミーUG 往復
MADRID 09:20
==10 SEP MON MADRID==
MADRID 11 SEP TUE 07:10 AF2101 02H05 2/2F MP:PARIS AF エコノミーUG 往復
CDG 09:15
CDG 11 SEP TUE 10:35 AF1620 04H25 2E/3 MJ:PARIS AF エコノミーUG 往復
TEL AVIV 16:00
==12 SEP WED 7:00- NLI Interview in Tel Aviv==
Option1 9/12Tel Aviv 発 CDG 着 AF 便 05H00 3/2E MJ:PARIS AF エコノミーUG 往復
TEL AVIV 12 SEP WED 17:20 AF162
CDG 21:20
Option2 9/12Tel Aviv 泊・9/13 朝 Tel Aviv 発 CDG 着 AF 便 05H00 3/2E MJ:PARIS AF エコノミーUG 往復
TEL AVIV 13 SEP THU 08:10 AF2221
CDG 12:10

坂茂东京事务所的助理将部分出差日程的航程表展示给记者，可以看出坂茂综合利用折扣往返机票、世界环游机票以及普通的单程机票往来于世界各地。时间安排会不断更新，助理丝毫不能大意。

每月乘坐15次以上航班

以下记载的是坂茂2012年6月3日至9月1日三个月间在国内外的紧密日程。清点飞行次数后发现，6月份飞行17次，7月份飞行14次，8月飞行18次。每月平均飞行15次以上，这就是坂茂的日常行程。除航班以外，坂茂有时还会选择铁路出行。

坂茂处在连续出差的状态，如何安排旅程便成为推进工作时非常重要的一部分。『当然要避免浪费时间，同时还要控制经费』，坂茂说。志愿者活动的交通费等有时需要自己承担，因此他会尽量避免不必要的支出。

6/13 wed	**0040 东京羽田→0620 巴黎**［法国］
6/17 sun	**2330 巴黎**［法国］→
6/18 mon	**0535 里约热内卢**［巴西］ 1830–2200 小组讨论会
6/19 tue	**1903 里约热内卢**［巴西］**→2240 贝伦**［巴西］ **2340 贝伦**［巴西］→
6/20 wed	**0059 圣塔伦**［巴西］
6/21 thu	**0710 圣塔伦**［巴西］**→0830 贝伦**［巴西］ **0940 贝伦**［巴西］**→1550 圣保罗**［巴西］ **1825 圣保罗**［巴西］→
6/22 fri	**1105 苏黎世**［瑞士］ 1204 苏黎世［瑞士］→1324 巴塞尔［瑞士］※电车 1400–1800 会议 **1945 巴塞尔**［瑞士］**→2050 巴黎**［法国］
6/27 wed	**1930 巴黎**［法国］→
6/28 thu	**1420 东京成田**
6/29 fri	大和租赁会议／京都造形艺术大学授课
6/30 sat	0846 京都→1035 小田原 ※新干线 1200–1300 坂本府邸镇祭
7/3 tue	**1120 东京成田→1640 巴黎**［法国］
7/11 wed	**1930 巴黎**［法国］→
7/12 thu	**1420 东京成田** **1740 东京羽田→1915 大分**
7/13 fri	大分县立美术馆会议 **1135 大分→1235 大阪伊丹** 京都造形艺术大学授课
7/14 sat	1036 京都→1249 品川 ※新干线
7/15 sun	水户艺术馆会议

利用航班出行时，积累的里程也被拿来购买机票。往返机票相对便宜，只买单程会贵一些，但也不能为了便宜浪费时间。坂茂会综合利用便宜的往返机票和世界环游机票（使用这种机票可以从起点城市出发以后环绕地球一周再次回到出发地）以及普通的单程机票，以『一直不停地绕下去』的方式预订机票。『如果没有积累足够的经验，很难去这么操作』，坂茂说。

东京事务所负责为坂茂订机票的助理在刚刚接到这份工作时，坂茂亲自传授了各个机场航站楼的位置等的详细信息、航空公司联盟及机票的各种打折活动、里程使用方法的诀窍，甚至超过了旅行社的专业水准。

——教育工作是社会责任

大部分周末坂茂都在乘坐交通工具奔赴新的工作地点，可以说完全没有休息日。『这么繁忙我都没有感到筋疲力尽，这都是橄榄球的功劳』，坂茂笑道。他回想初高中时代，分析道：『我对残酷条件的忍耐力，我想是在橄榄球运动中培养起来的。』

去各种不同的国家这件事本身非常有意思，而且每到一个地方都会有美酒佳肴来帮助自己调整状态，坂茂从来没有为倒不过时差而烦恼过。『常常这样飞来飞去，我的生物钟可能已经没有标准了』，坂茂说，『也许身体在这个过程中进化了，我的睡眠欲望高峰被分散成一天两次。在飞机里稍微睡一会儿，醒来的时候到达目的地，身体已经自动调节适应了当地时间，可以马上投入工作。』

在已经如此繁忙的情况下，坂茂2012年再次接受了日本大学的工作，这是因为他深切感受到了教育的重要性。坂茂认为『自己能够成为建筑家，得益于在美国受到的非常好的教育』。他希望通过教书育人来回报社会，同时也承担起作为建筑家的社会责任。

——工作不能交给当地建筑师

在巴黎开设事务所并不是因为预期欧洲的工作会有所增加，而是出于想要不留遗憾完美地完成『蓬皮杜中心梅斯分馆』这一作品的初衷。

关于在海外中标的方案，客户和其他相关人员会不断地提出意见。而负责设计、施工的当地建筑单位(协助设计的当地事务所)也绝不是你的

7/16 mon	**1900 东京成田→**
7/17 tue	**0900 奥克兰［NZ］** **1100 奥克兰［NZ］→1220 基督城［NZ］**
7/19 thu	**1630 基督城［NZ］→1750 奥克兰［NZ］** **1915 奥克兰［NZ］→1215 圣弗朗西斯科［美国］** 1415– G社公司会议 **2222 圣弗朗西斯科［美国］→**
7/20 fri	**0654 纽约［美国］**
7/21 sat	**1810 纽约［美国］→**
7/22 sun	**0745 巴黎［法国］**
7/23 mon	**1930 巴黎［法国］→**
7/24 tue	**0130 莫斯科［俄罗斯］** 研讨会／Skolkovo地块视察／Gorky Park会议
7/27 fri	**1945 莫斯科［俄罗斯］→2140 巴黎［法国］** **1245 巴黎［法国］→1405 斯图加特［德国］** **1830 斯图加特［德国］→1925 法兰克福［德国］**
7/28 sat	**2045 法兰克福［德国］→** **1500 东京成田**
7/30 mon	1700– 大和租赁会议［大阪］
7/31 tue	京都造形艺术大学授课
8/2 thu	1900– 五岛绿吟诵会［东京］
8/7 tue	**1120 东京成田→1640 巴黎［法国］**
8/9 thu	**1140 巴黎［法国］→1340 马德里［西班牙］**
8/10 fri	**0845 马德里［西班牙］→1050巴黎［法国］**
8/12 sun	**0925 巴黎［法国］→1200纽约［美国］**
8/14 tue	**1230 纽约［美国］→**
8/15 wed	**1525 东京成田**

同伴。他们不会听取像我们这样偶尔合作的设计师的意见而承担一定的风险，而是更愿意优先考虑今后仍会与之长期往来的客户的利益。对于当地施工单位，你也不能指望得到像日本承建商那样贴心的支持。

『这种情况在法国尤其明显，如果不是抱着进入敌方阵地的心态严肃战斗，自己设计的东西绝对无法实现。在日本，客户及承建商都十分配合建筑师的工作，在这一点上法国与日本情况大不相同』，坂茂说。

另一方面，『对于建筑的理解和兴趣，法国与日本又是云泥之别』。蓬皮杜中心梅斯分馆完成以后，当地市民称赞道：『感谢你为我们的城市设计了如此精彩的建筑。』『听到这些，我会觉得在设计和施工过程中所付出的辛苦都是值得的。』坂茂说。

就是这样，在逐渐明白了欧洲工作的辛苦与乐趣的同时，坂茂在海外的工作有所增加，开始了『空中飞人』的生活。

——不接受不能公开发表的工作

在确定要不要接受某个设计工作的时候，坂茂斩钉截铁地说：『建筑费用的多少没有任何关系。』要说有什么标准的话，那就是『这个作品完成以后一定要可以公开，不然我不会接受』。自己设计的建筑在媒体上公开发表，这样就可以听到大家的肯定与批评，『可以让我保持紧张感』，坂茂如是说。

曾经有一次在一个项目的设计过程中，坂茂和客户意见不同，不得不中途放弃公开发表这个项目的想法，因此他当时动力锐减。当时他想，单纯把项目看成可公开发表和不可公开发表的想法是不可取的。所以现在他对所有手头的工作都抱着要实现公开发表的决心而努力投入，为此维护和客户的关系也是非常重要的。

对于受委托的工作，坂茂总是全力投入。同时，志愿者活动和教育工作也不耽误。坂茂举出一个他理想中的建筑家——路易斯・卡恩。『作品数量虽然不多，但是无论多么偏僻的地方他自己都愿意深入去建造建筑。对此我十分憧憬。就像从印度回家的路上倒在纽约宾夕法尼亚车站而去世的卡恩那样，我希望自己将来离开这个世界的时候，是在某个机场倒下，离开人世的』，坂茂笑道。坂茂的日程表上，现在和将来恐怕都不会有休息日出现了。

8/18 sat
0100 东京羽田→0610 法兰克福［德国］
0805法兰克福［德国］→0845 斯图加特［德国］
1100— 与福莱奥德在新国立竞技场的会议
1320 斯图加特［德国］→1435 汉堡［德国］
Hafen City 地块视察/当地建筑设计公司面谈
1750 汉堡［德国］→1925 巴黎［法国］

8/22 wed
1245 巴黎［法国］→1835 莫斯科［俄罗斯］
与Marat晚餐

8/23 thu
1930 莫斯科［俄罗斯］→2055 苏黎世［瑞士］

8/24 fri
1300 苏黎世［瑞士］→

8/25 sat
0750 东京成田

8/27 mon
1900 东京成田→

8/28 tue
0900 奥克兰［NZ］
1000— 与Sam Elworthy［奥克兰大学媒体］会议
1235 奥克兰［NZ］→1355 基督城［NZ］

8/30 thu
0600 基督城［NZ］→0745 墨尔本［澳大利亚］
1005 墨尔本［澳大利亚］→1100 阿德莱德［澳大利亚］
讲座

8/31 fri
1325 阿德莱德［澳大利亚］→1550 悉尼［澳大利亚］
2130 悉尼［澳大利亚］→

9/1 sat
0605 东京成田
0855 东京羽田→1005 大馆能代
今井医院会议
1815 大馆能代→1925 东京羽田

我的建筑生于草图
——外行也会动心的绘本铅笔画

坂茂用铅笔画的速写，如同绘本的插页。探讨平面的同时，细节也得到研究，既能给工作人员指点方向，又能让人想到具体的制作方式。我们来看一下他主要项目的部分速写吧。

纸屋
［1995年］

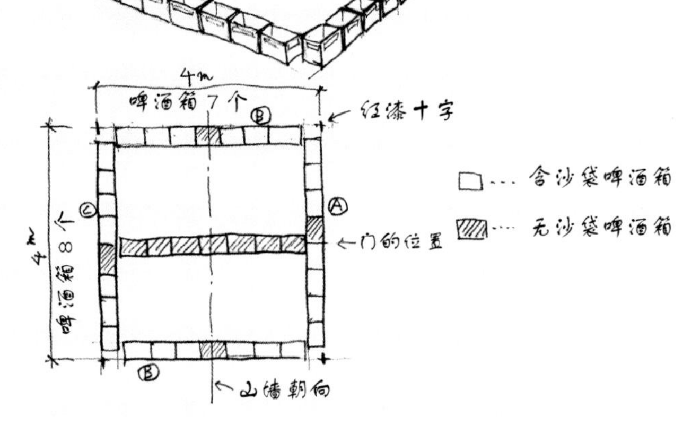

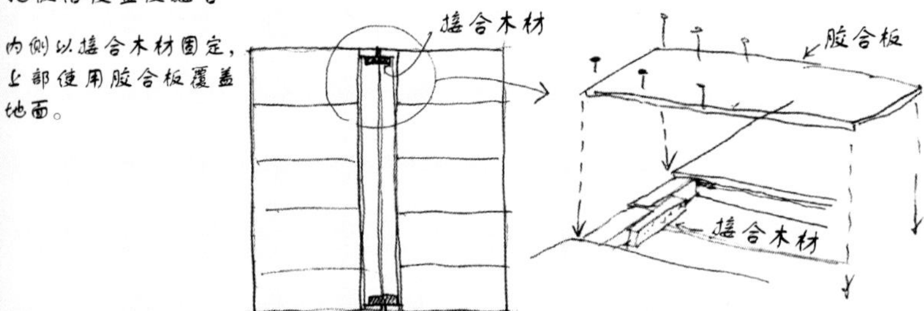

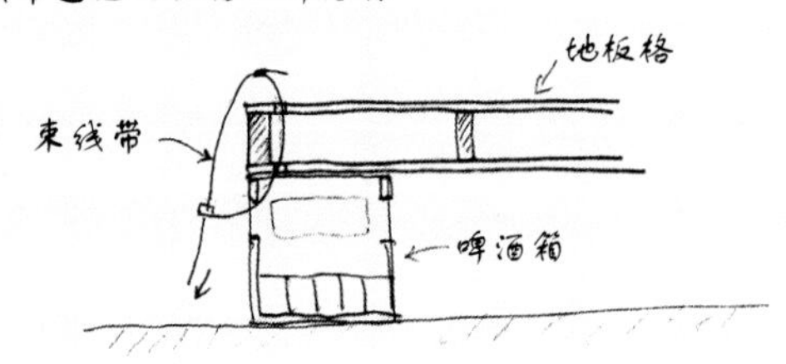

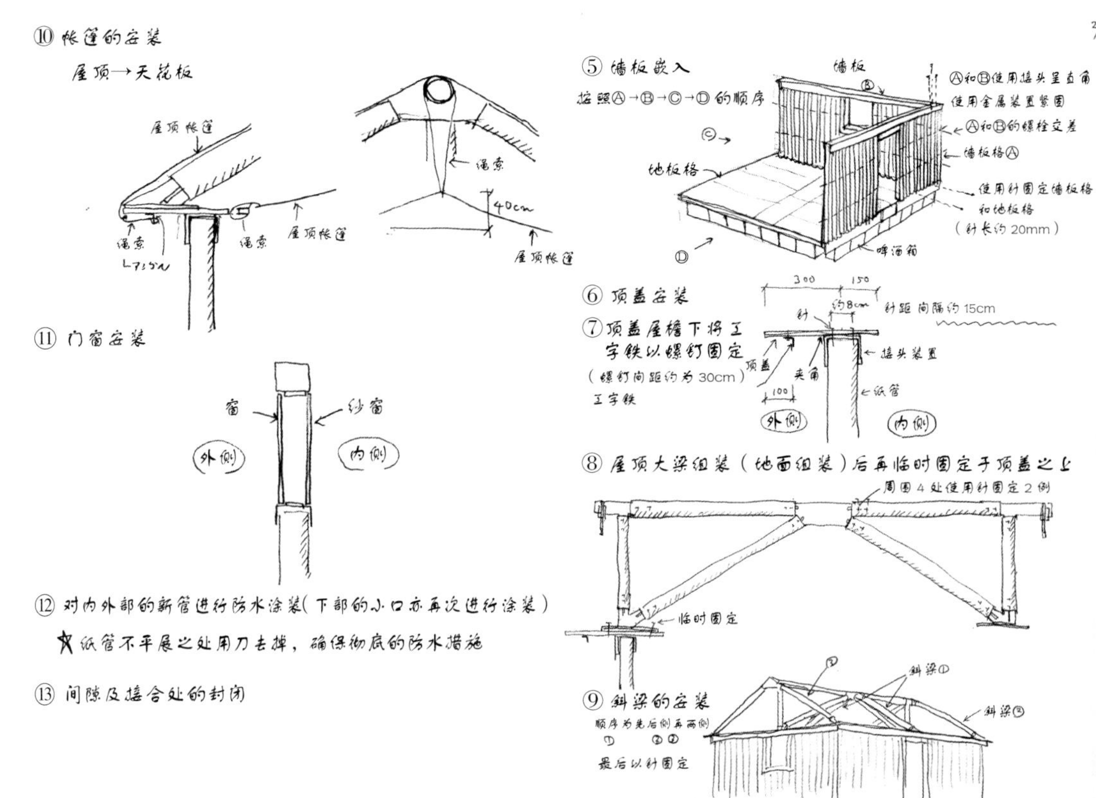
⑩ 帐篷的安装
屋顶→天花板
屋顶帐篷
绳索
L75%
绳索
屋顶帐篷
绳索
40cm
屋顶帐篷
⑪ 门窗安装
窗
纱窗
外侧
内侧
⑫ 对内外部的新管进行防水涂装（下部的小口亦再次进行涂装）
★纸管不平展之处用刀去掉，确保彻底的防水措施
⑬ 间隙及接合处的封闭
⑤ 墙板嵌入
按照Ⓐ→Ⓑ→Ⓒ→Ⓓ的顺序
墙板
Ⓐ和Ⓑ使用接头呈直角
使用金属装置紧固
Ⓐ和Ⓑ的螺栓交差
墙板格Ⓐ
地板格
使用针固定墙板格
和地板格
（针长约 20mm）
啤酒箱
⑥ 顶盖安装
⑦ 顶盖屋檐下将工字铁以螺钉固定
（螺钉间距约为 30cm）
工字铁
300
150
约8cm
针距间隔约 15cm
接头装置
纸管
外侧
内侧
⑧ 屋顶大梁组装（地面组装）后再临时固定于顶盖之上
周围 4 处使用针固定 2 侧
临时固定
⑨ 斜梁的安装
顺序为先后侧再两侧
最后以针固定
斜梁①
斜梁②

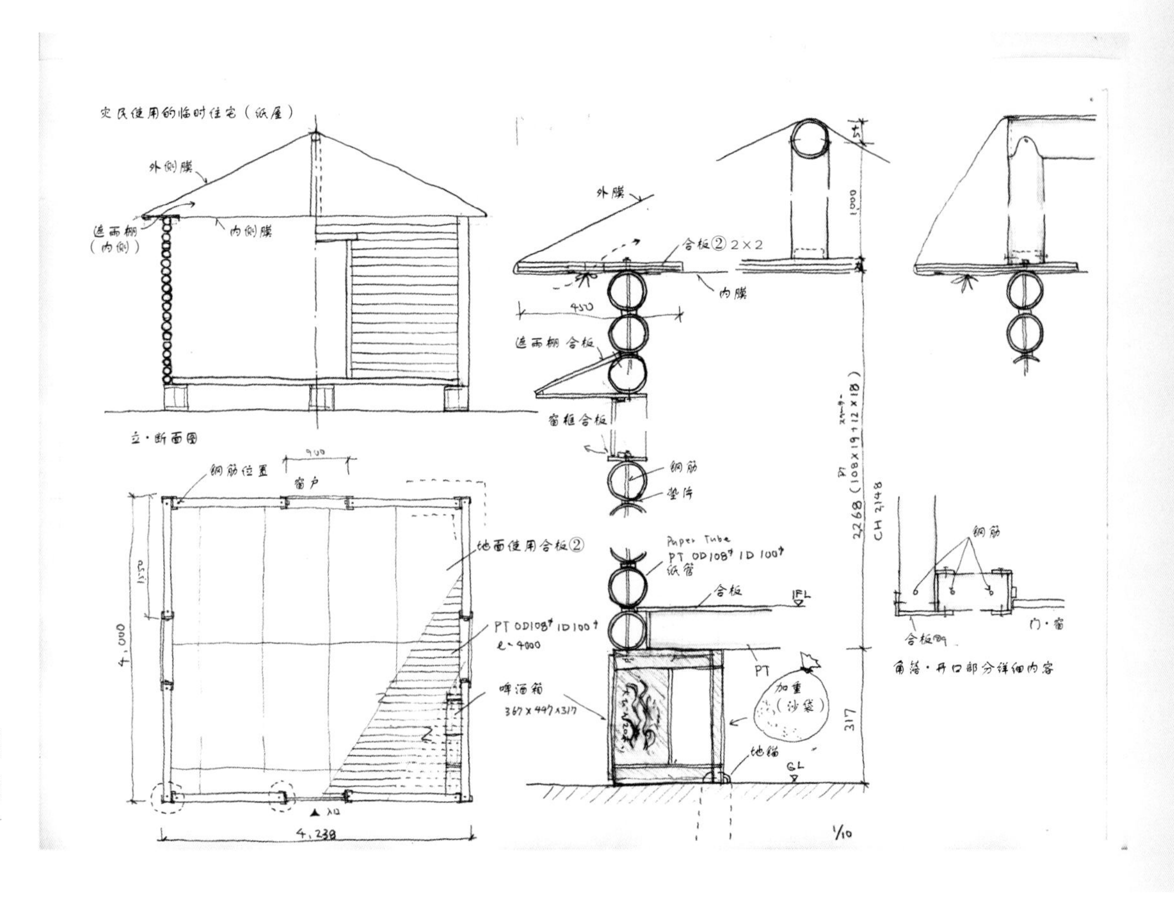
灾民使用的临时住宅（纸屋）
外侧膜
遮雨棚
（内侧）
内侧膜
立・断面图
钢筋位置
窗户
地面使用合板②
PT OD108φ ID100φ
ℓ=4000
啤酒箱
367×447×317
4,000
4,238
外膜
合板② 2×2
内膜
450
遮雨棚 合板
窗框合板
钢筋
垫片
Paper Tube
PT OD108φ ID 100φ
纸管
合板
FL
PT
加重
（沙袋）
地锚
GL
317
2268（108×19+12×18）
CH 2148
1000
钢筋
合板侧
门・窗
角落・开口部分详细内容
1/10

纸教会
［1995年］

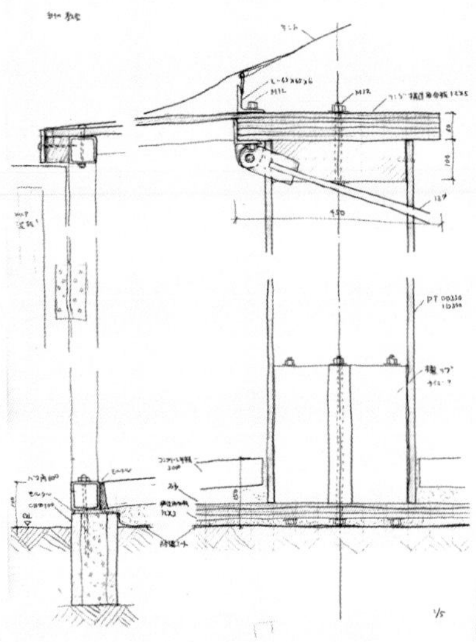

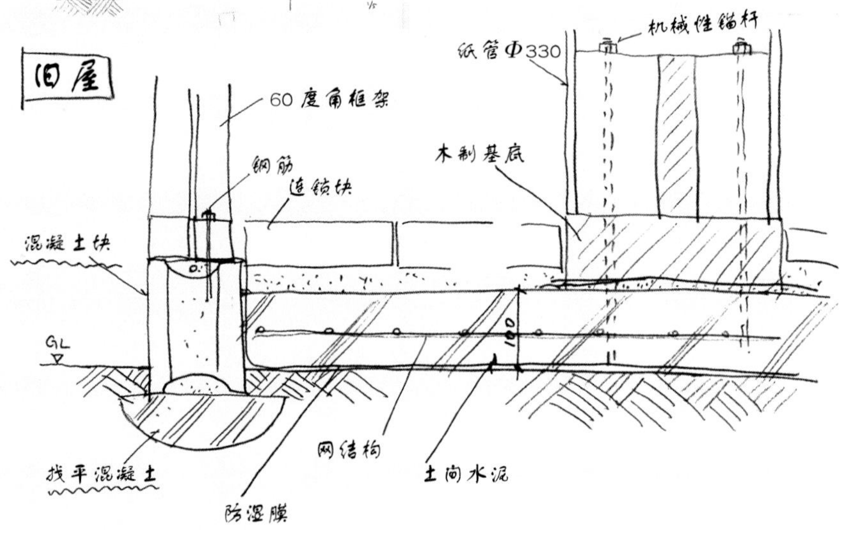

变更方案　中止周围水泥块和找平混凝土的基础施工，取而代之对其周围及椭圆形纸管所在部分打制厚度10厘米的水泥。同时，将网结构的固定从钢筋改为机械性锚杆。

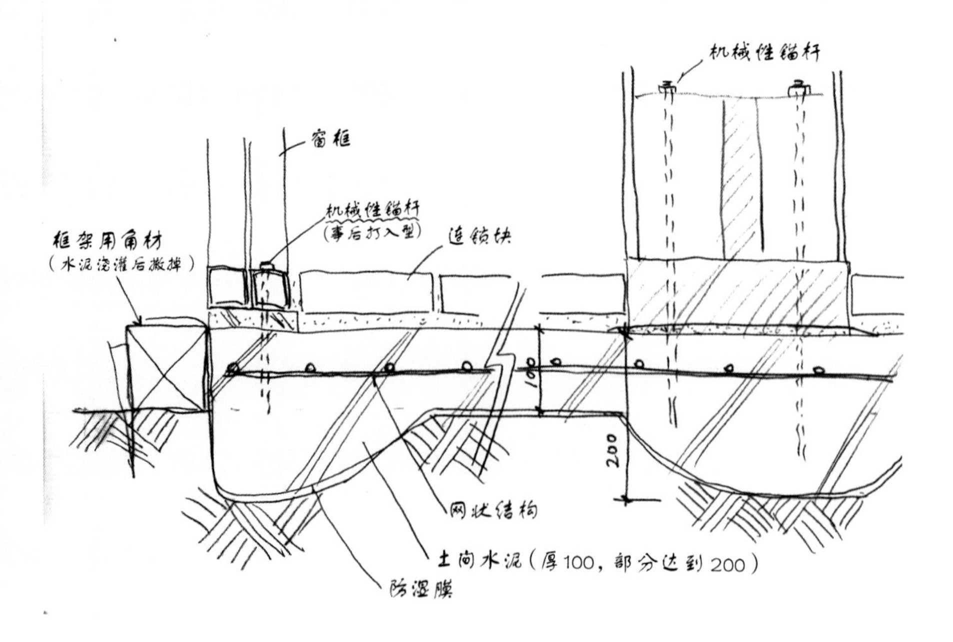

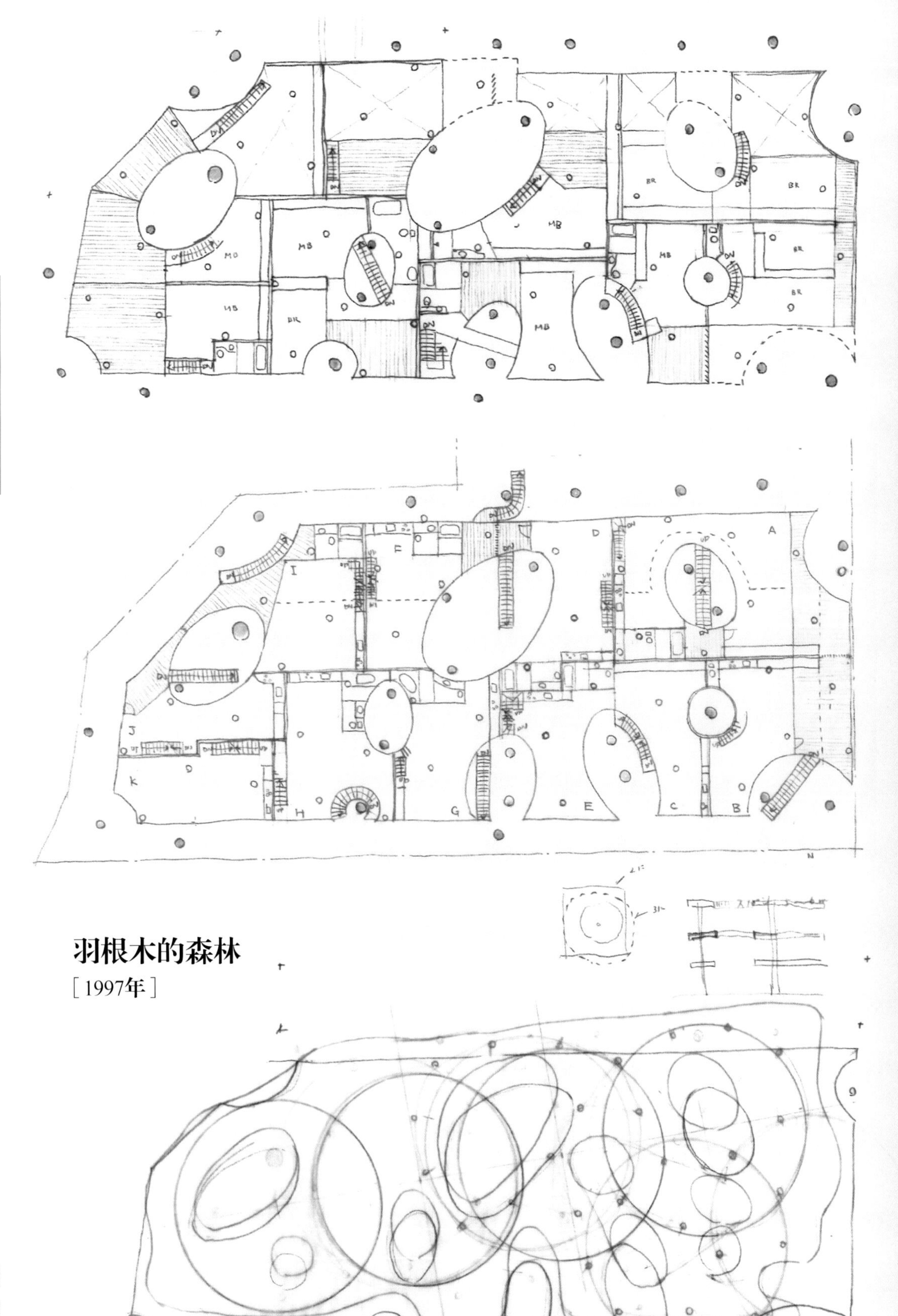

羽根木的森林

[1997年]

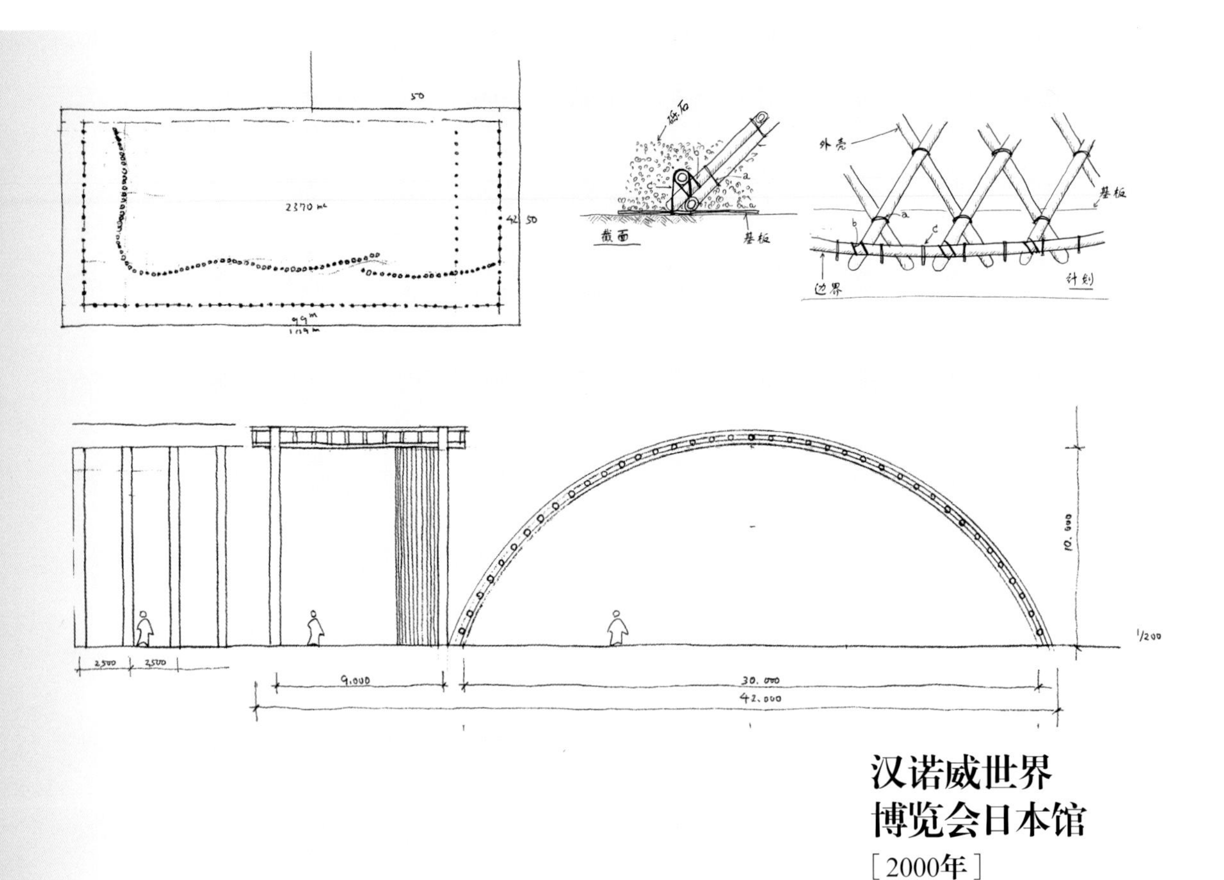

汉诺威世界博览会日本馆

［2000年］

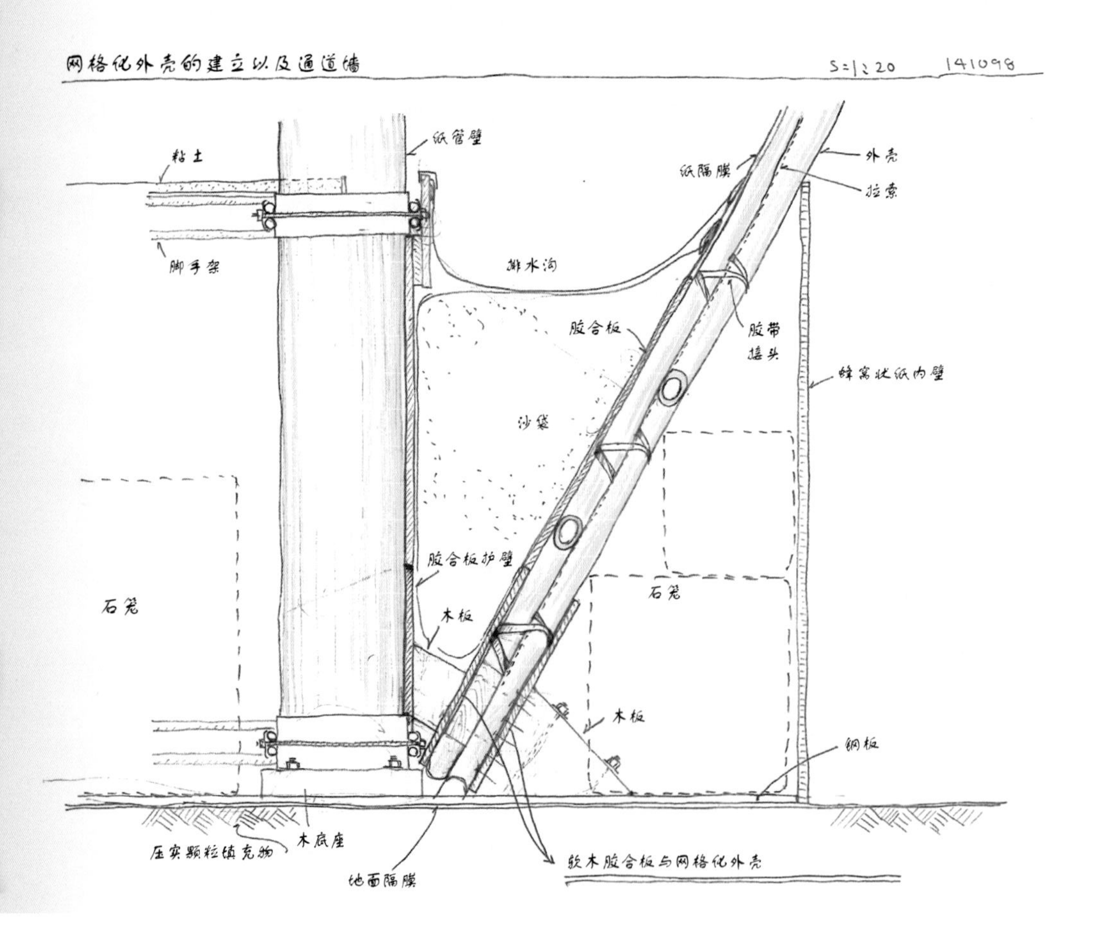

尼古拉·G.海耶克中心

[2007年]

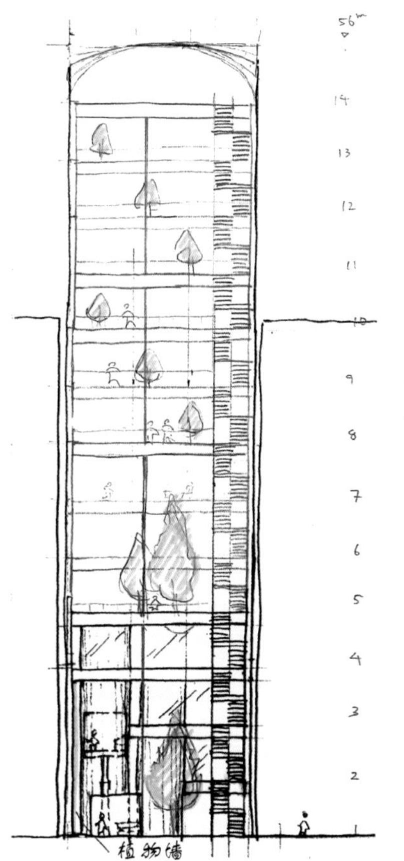

56m
14
13
12
11
10
9
8
7
6
5
4
3
2
植物墙

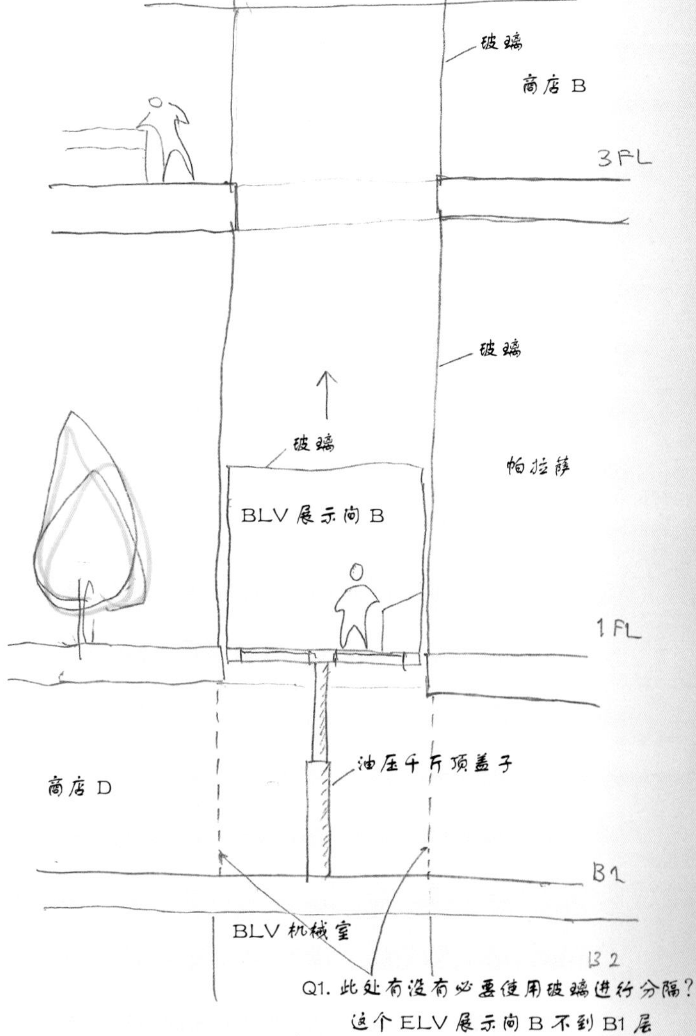

玻璃
商店 B
3FL
玻璃
玻璃
帕拉萨
BLV 展示间 B
1FL
油压千斤顶盖子
商店 D
B1
BLV 机械室
B2
Q1. 此处有没有必要使用玻璃进行分隔?
这个 ELV 展示间 B 不到 B1 层
在油压千斤顶上仅加盖是否可以?
B1 展示间的可使用
面积差距大
样本
问题
10/9/04
SB

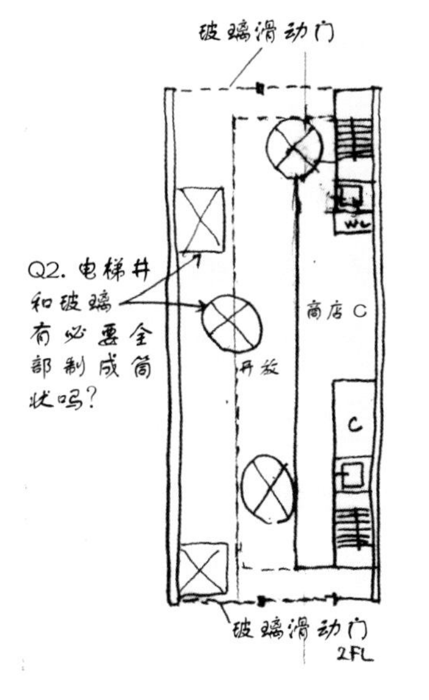

玻璃滑动门
Q2. 电梯井
和玻璃
有必要全
部制成筒
状吗?
商店 C
开放
C
玻璃滑动门
2FL

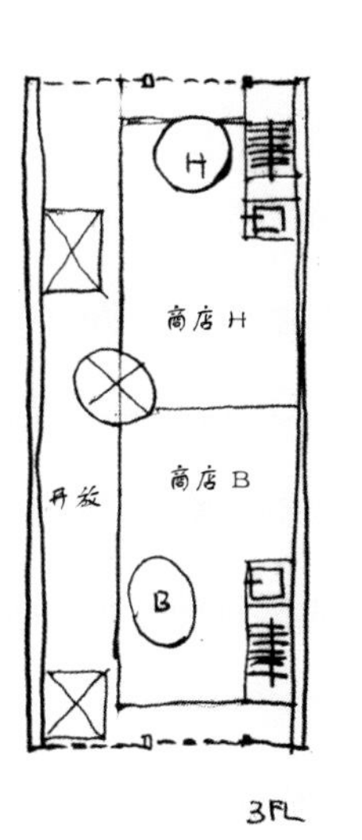

H
商店 H
商店 B
开放
B
3FL

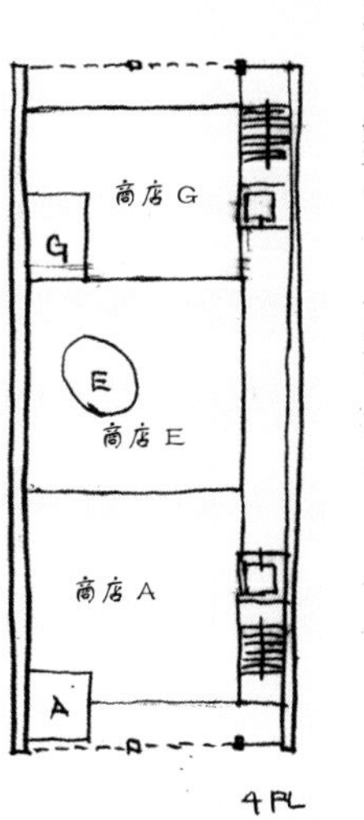

商店 G
G
E
商店 E
商店 A
A
4FL

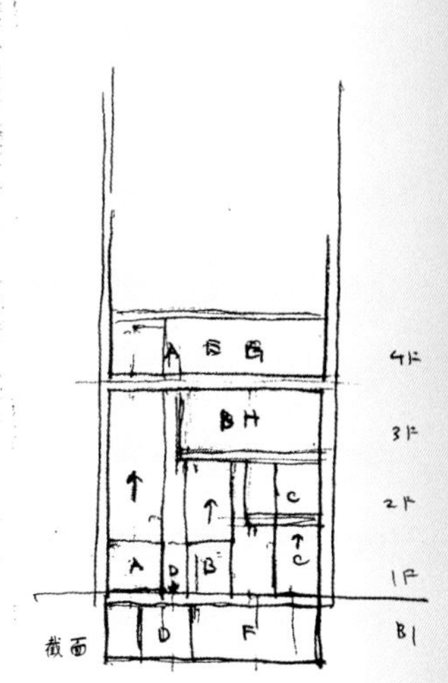

4F
3F
2F
1F
B1
BH
C
A
B
D
F
截面

蓬皮杜中心
梅斯分馆
［2010年］

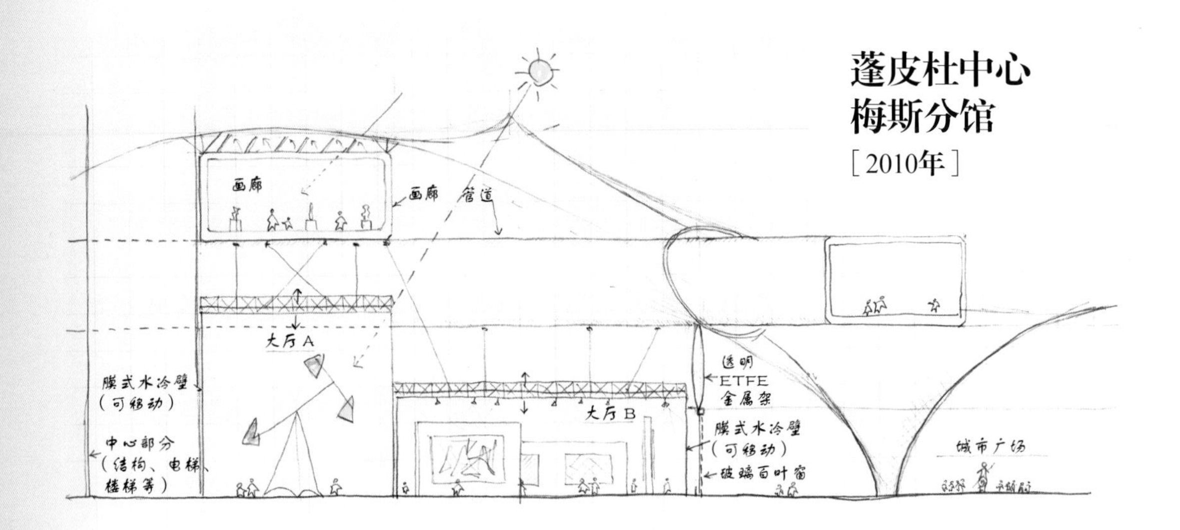

画廊
画廊 管道
大厅A
大厅B
膜式水冷壁
（可移动）
中心部分
（结构、电梯、
楼梯等）
透明
ETFE
金属架
膜式水冷壁
（可移动）
玻璃百叶窗
城市广场

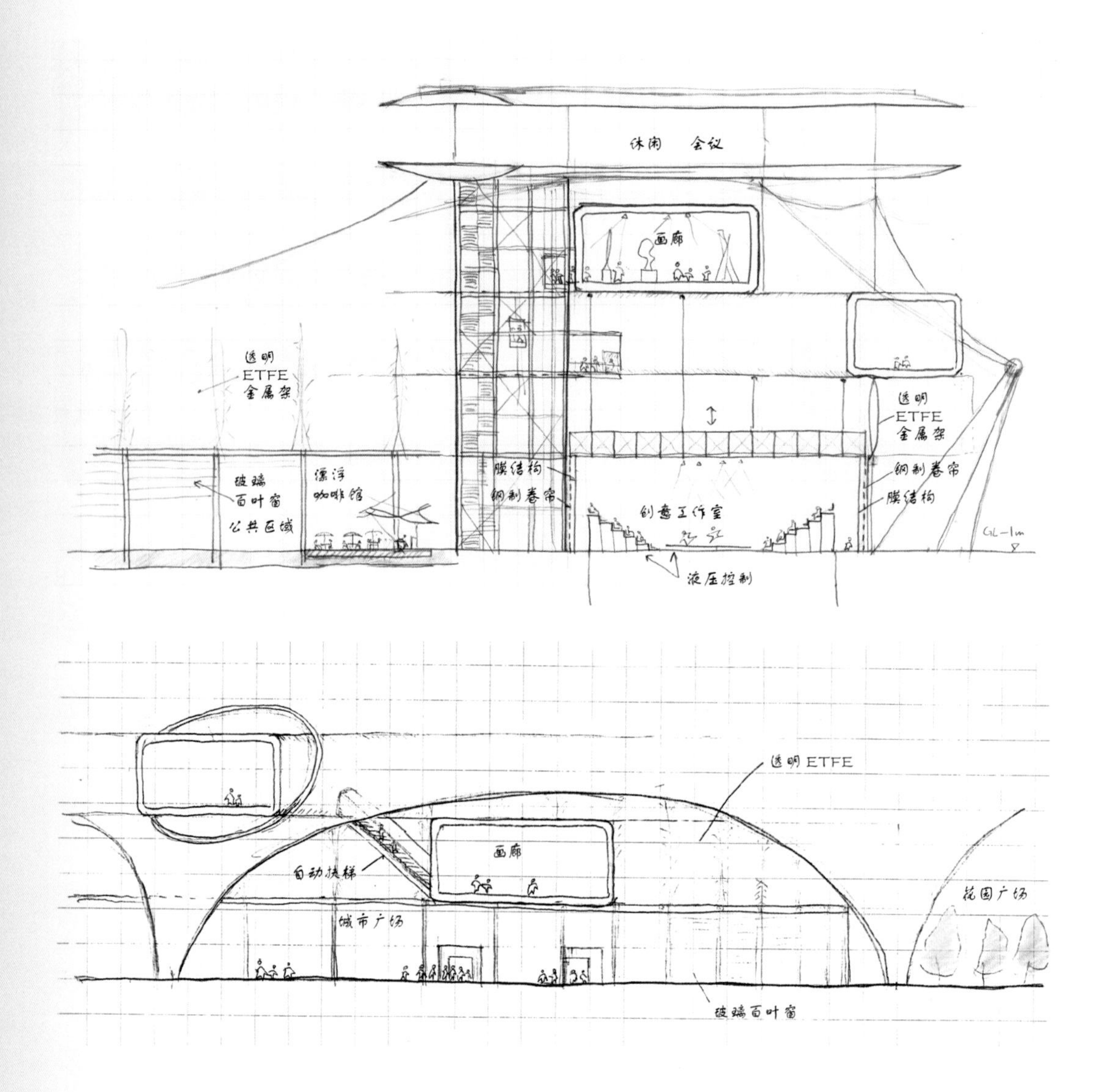

休闲 会议
画廊
透明
ETFE
金属架
玻璃
百叶窗
公共区域
漂浮
咖啡馆
膜结构
钢制卷帘
创意工作室
钢制卷帘
膜结构
GL-1m
液压控制
透明ETFE
画廊
自动扶梯
城市广场
花园广场
玻璃百叶窗

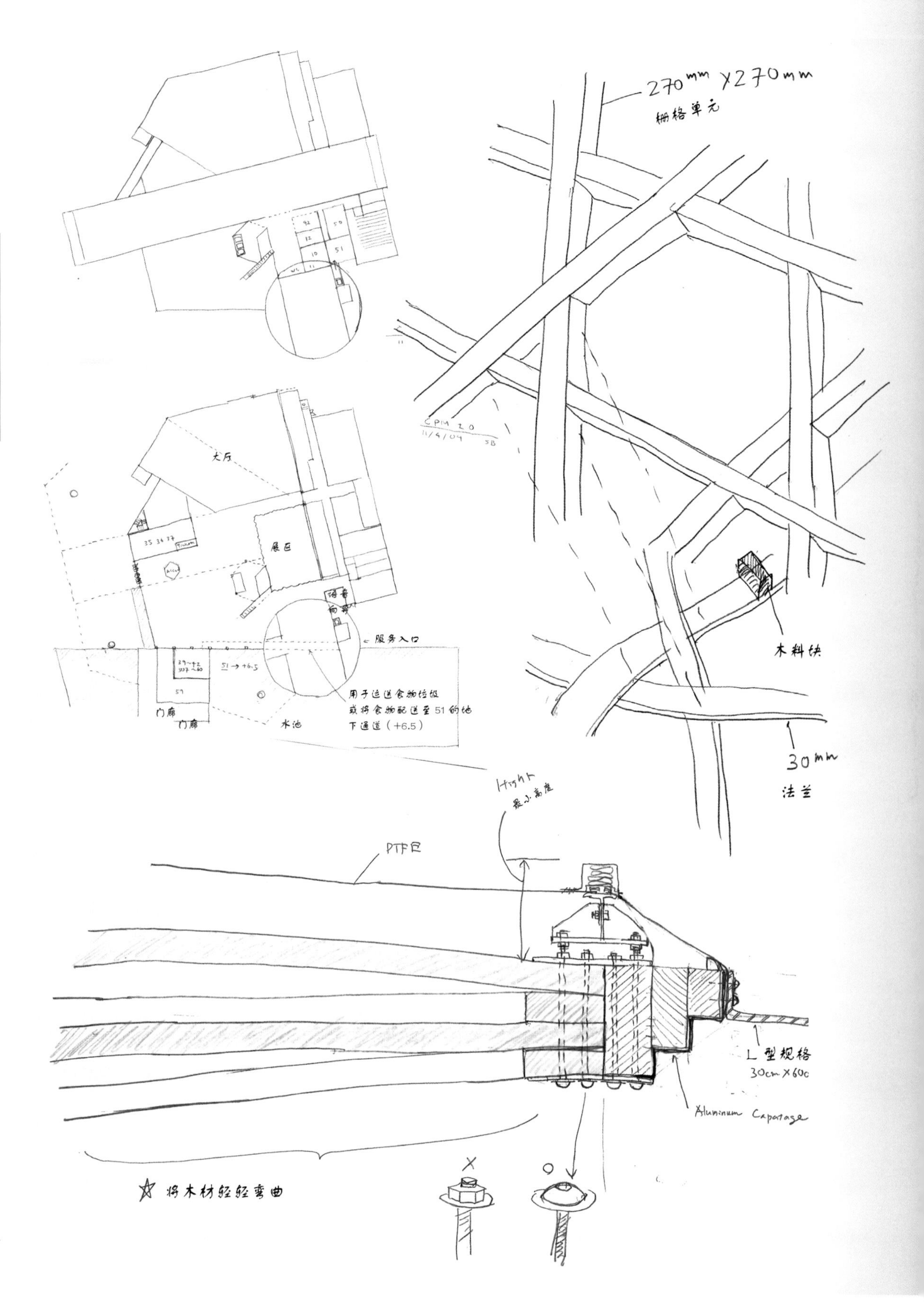

270mm X270mm
栅格单元
大厅
展区
服务入口
门廊
门廊
水池
用于运送食物垃圾
或将食物配送至51的地
下通道（+6.5）
木料块
30mm
法兰
最小高度
PTFE
L型规格
30cm X 60c
将木材轻轻弯曲

专栏
10人访谈

我眼中的坂茂精神

——来自朋友、客户10人的坂茂画像

01 神田裕

神父、鹰取社区中心理事长

神田裕：1958年出生于兵库县尼崎市。在神户市长田区天主教鹰取教会就任期间，遭遇阪神淡路大地震。其后，率先推进地区救援活动及灾后城镇重建工作。［本页至下页的照片：长井美晓拍摄］

纸教堂之梦

我对坂茂的第一印象并不好，当时感觉这个人很难缠，有点麻烦。

1995年1月17日发生阪神淡路大地震以后，鹰取周边是火灾灾情最为严重的一片区域。在地震中倒塌的教会建筑，除了祭司馆还在，其他都被烧毁了。我看着火焰将建筑物吞噬，茫然无措。没有了建筑物，对并不信教的人们来说这个地方的门槛似乎不那么高了，来自全国各地的志愿者们很自然地聚集到这里，使这里成为救灾活动的据点。因此，教堂的重建只能向后推迟，周日的弥撒也不得不在野外进行。坂茂突然出现是在1月下旬，那个时候弥撒正在进行中。

他见到我就问『要不要重新建个纸教堂』。

当时的情况对我们来说还只能将精力都放在如何生存下去这件事上，所以我也没有余力听他多讲。我那时想，在这么个火灾烧掉一切的地方再用纸来盖房子，你开什么玩笑。而且地震发生以后我日渐感到教会的关键不在建筑，只有人与人之间的联系才是教会的核心。当时我还对大家说：『地震以后建筑物被毁、被烧，但我们的教会更加成为一个真正意义上的教会。』

我拒绝了坂茂，但他还是几次来找我。我真是败给他了，最后我跟他建议说，如果这个建筑是提供给当地的人们在今后进行重建工作时使用的集会场所，我同意。这就是纸教会(第10页)的起点。

充分发挥象征作用

纸教会引起了许多人的关注，它作为重建与

交流的象征性建筑，充分发挥了作用。参与纸教会建设的人们的血与汗混合的味道，最后都留在了建筑物上。正因为有这个建筑物，一切才能定格下来。

刚刚开始建设的时候，我们完全没有想象到建筑物是这样一种存在。灾害发生后，发挥草根作用积极进行救灾活动的志愿者们和为了建设纸教会而聚集起来的学生，两者之间的动力不同，刚开始时他们中间存在着很大的壁垒。有的时候你能感觉到救援基地里的气氛是冷漠的。但是，当人和人相遇，并共同开展活动时，这个过程中的冰雪总会消融。

在建筑物完工10年以后到了该拆除的时候，我们才终于意识到这个建筑物的重要象征作用。坂茂也许会说他从一开始就已经预料到了这一点。

体现梦想的艺术

我觉得坂茂与其说是建筑家，不如说他更是位艺术家。因为我觉得他在追求自我的世界，并希望通过表现出这个自我的世界来确认自己。

有的人认为坂茂是在利用灾害来给自己扬名，如果他真是这样一个有心计的人，他不会这么难交往。我觉得他面对建筑时非常的纯粹。但是纯粹这个东西有的时候会给人带来不快甚至伤害。我不知道他是真的对此毫无察觉，还是只是装作没有发觉。

我希望纸教会能作为灾后重建的纪念碑留在神户，可惜没能实现。为促进地震受灾地市民的相互交流，纸教会又去到中国台湾，作为一个新的象征得到新生，现在发挥着比在鹰取时更大的作用（第20页）。神户与中国台湾受灾地交流的种子，又飞到了东日本大地震受灾地。中国台湾的艺术家制作壁画以激励受灾的日本灾民，几个救援项目都收到了不错的效果。之所以会有这样的后续发展，是因为纸教会是一部艺术作品。艺术即梦想。

从支援基地变为城市重建团体据点的『鹰取社区中心』现在与教会建筑物共存，灾后志愿者活动中产生的10个团体在这里各自展开活动，作为一个网络组织灵活运转着。在受灾地这一非日常的生活状态中，没有剧本的志愿者活动也可以说是一项艺术。我们通过纸教会真切地领悟到，只要坚持抱有梦想，总有一天它会以真实具体的形态得以实现。（访谈内容）

图为纸教会移建至中国台湾后，根据坂茂的设计2007年建设的天主教鹰取教会。神田担任理事长的鹰取社区中心就在这个建筑物里。打开大门即与中庭共为一体的这个建筑物，每一天都在热情欢迎着人们的到来。

02 真壁智治

项目策划人

真壁智治：1943年出生。毕业于东京艺术大学研究生院建筑专业。20世纪70年代使用『Urban Frottage』手法进行城市调查。现主导M. T. VISION。

高中时代已出类拔萃

我与坂茂相处大概只有两年时间，是内容密度极大的两年。

他读高中二年级的时候（1975年），开始到我当时授课的御茶水美术学院（御茶美）建筑班来上课。他总是穿着立领的学生装，提着一个大号的运动包来御茶美。因为他都是刚刚完成橄榄球训练，非常疲劳，所以做素描练习的时候常常点头打瞌睡。可是一到做立体手工艺设计的时候他眼睛就突然亮了起来。他通过直觉就可以利用竹签进行附属组合制作出一个空间架构。我从一开始就能感觉到他身上有闪光的地方，常常夸奖他。于是他下次会做得更好，越夸奖越进步。

他对素材、材料的理解能力以及对结构的感性把握能力，在当时所有的学生里是出类拔萃的。他作为建筑家的资质，我想最初是在那个时候就已经形成了。

『日本的大学不适合你』

我给学生授课时，注重突破考试的限制，更多地教给他们什么是建筑，关于建筑有什么思想流派。我还带他们去刚刚开馆不久的群马县立美术馆参观，并向他们讲述了这个美术馆的意义和看点，以及我自己对『风格主义』的理解。后来坂茂会选择矶崎新事务所的工作，我想跟当时的经历不无关系。

有一次几个学生到我家里来玩。当时坂茂在我的书架上翻出一本《a+u》的『白与灰』特辑来。我觉得他当时看过这本杂志以后，确信自己的建筑之路要向『白』派约翰・海杜克以及彼得・艾森曼的方向发展。他从那以后开始认真考虑去美国学习建筑的事情。

美大和艺大的建筑系考试制度不承认学生只展示自己最擅长的一面，只有通过学科考试、实际技能考试两项的全能型学生才会被录取。我对坂茂说：『日本的大学都要求综合能力，并不适合你。』

到高三后半年快要提交大学志愿时，坂茂来找我商量，说想去美国。我告诉他有两件事是必须做的。一个是要把目前为止的作品整理成册，课题用英文书写，让外国人对自己感兴趣很重要。

第二个是要征得父母的同意。他要我帮忙说服家长，于是我去见了他的父母，对他们说：『他这块材料虽然还没有精雕细琢，但是这个孩子有才华，进日本的大学前途就已不可限量，更应该去海外闯荡。』

由于遇到了我，在去美国这件事上他得到了助推力。如果他当时进入了日本的大学，他的建筑一定与现在大不相同。（访谈内容）

Materials: Kent paper and Cement
Requirement: Using More than 3 units, make a structure of more than 80cm. However, supporting area is to be within a circle with diameter of 30cm.
WORK # 1

图为坂茂去美国时制作的作品集，其中总结了真壁老师指导过的御茶水美术学院的立体工艺设计课题。

1

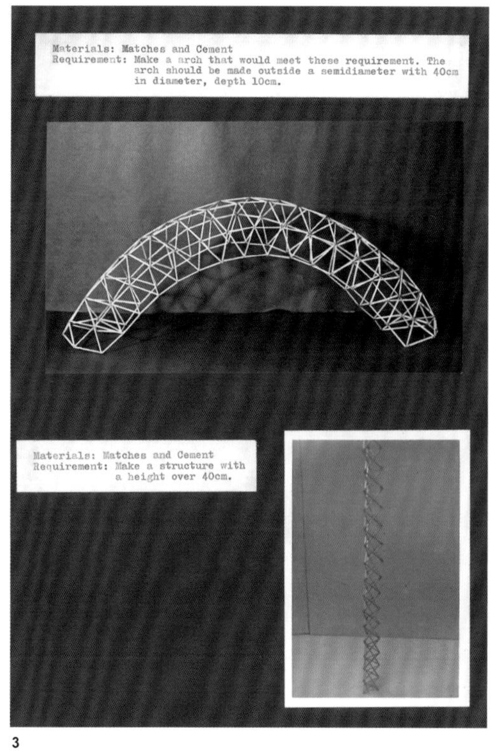

Materials: Matches and Cement
Requirement: Make a arch that would meet these requirement. The arch should be made outside a semidiameter with 40cm in diameter, depth 10cm.
Materials: Matches and Cement
Requirement: Make a structure with a height over 40cm.

3

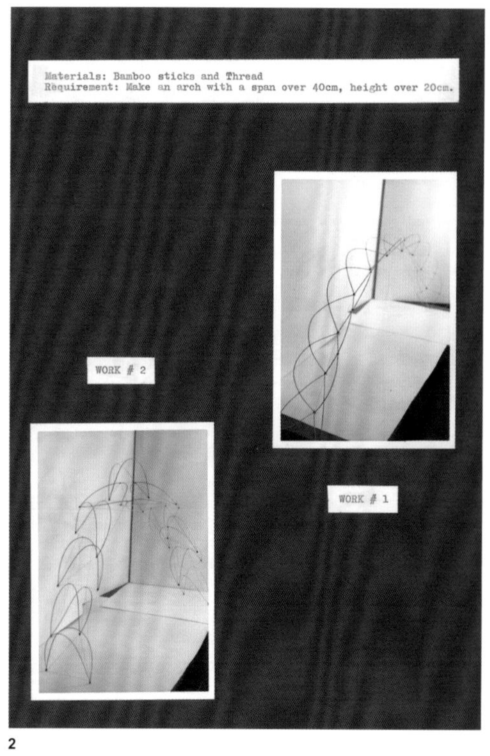

Materials: Bamboo sticks and Thread
Requirement: Make an arch with a span over 40cm, height over 20cm.
WORK # 2
WORK # 1

2

1. 课题为将三个以上的香烟纸单元进行组合，制作直径30厘米、高度80厘米以上的塔，图为坂茂的方案。**2.** 课题为使用竹签与线绳制作柱距30厘米以上、高度20厘米以上的拱，图为坂茂所做的两个方案。**3.** 图为坂茂使用火柴及黏合剂制作的两个方案。现在的坂茂风格略见一斑。

03 平井广行

摄影家　平井摄影事务所

平井广行：1948年生于东京。在小川龙之摄影事务所工作之后，1985年成立平井摄影事务所。拍摄了几乎所有坂茂的国内项目。

跨越差距的拼命精神

初次见到坂茂是在20世纪80年代中期，当时坂茂正在美国库伯联盟学院学习建筑。我为坂茂拍摄了他自己制作的『灯笼』式的照明用具。坂茂通过认识的人找到我，他说：『我没有钱，但是我非常需要专业摄影师帮我拍摄。』

我那时30多岁，正好开始对室内装饰和建筑产生浓厚兴趣，所以没有考虑预算就接受了这个工作。我记得我应该是收了他5000日元。

与他赶超强者的拼命精神产生共鸣

经过这一次机会，我又拍摄了他独立以后设计的住宅。第一次真正的纸管建筑『小田原展览馆』（第116页）落成后，坂茂一定要我去拍摄，当天我已有其他的工作安排，只好重新调整时间，先去为他拍摄。从那时起到现在，我几乎拍摄了所有坂茂的国内建筑。

第一次见到他时，他给我的印象就与其他年轻人不同，我觉得他『一定会变得非常有意思』。我这么想是因为他身上有一种拼命精神，或者说一种强烈的欲望。坂茂没有接受日本的建筑教育，也没有在著名的建筑家手下负责过任何有名的项目。也就是所谓在建筑方面没有什么『背景』。他自己也意识到了这一点，所以为了改变这个情况无比地拼命。

我本来是室内摄影师，建筑摄影这一块是自学的。现在想想，我当时应该是在拼搏向上的坂茂身上看到了自己的影子。

只拍一次是不能完成任务的

坂茂对照片的讲究程度是非同一般的。至今为止我为他拍摄建筑，没有哪次是一次性完工的。我不喜欢采用跟其他摄影师同样的手法拍照，所以会挑战各种新的拍摄方法。看到这些照片，坂茂又会提出新的想法。我又会情不自禁地奋起想要拍出超越他想法的照片。这个过程不断循环。有的时候我也会很生气，同时又常常能从他身上得到不少启发。

我常常跟建筑师们说：『建筑消失了，照片仍在。』坂茂非常明白照片的这点重要性。所以，对我提出的要求他极其配合。

比如『窗帘墙之家』的外观照片（下一页），我让他帮忙在马路对面搭一个2层高的临时脚架，站在上面进行拍摄。如果站在地面上拍照，2层地面的梁板和屋顶会被过分强调，照片整体平衡感比较差。我站在脚架上等待『东风』，窗帘被风刮起的瞬间我拍下了预想的带有动感的照片，这么做非常值得。（访谈内容）

窗帘墙之家（1995年）［照片：平井广行拍摄］

04 中尾真

日本GC公司董事长兼社长

中尾真：1948年生于东京。1983年就任GC第四任社长。创始于1921年的该公司在日本国内拥有多处营业所和工厂，在欧洲及中国亦有网点。

向外界传播企业信息

GC会定期举行自己的产品展示会，并参加在各地举行的牙科展览。展会上使用过的器具等材料很难找到新的回收用途，常常不得不把它们作为垃圾处理掉。1994年我们获得齿科行业的首个ISO9001认证，为了下一步再获得ISO14001认证，我们宣布要挑战成为无垃圾工厂，因此我们希望展会也可以不产生任何垃圾。

正好那个时候，我在自家附近偶然看到某个进口家具公司的临时展厅。那个展厅将集装箱进行排列形成其主体结构，立起钢制框架后以膜制屋顶将其覆盖。设计出这个空间的就是坂茂。于是我马上找到坂茂，请他设计我们展示会的展台。考虑到运输方面的原因，我们组合使用了集装箱与施工用网，同行对这个展台感到十分意外，评价很高。

之后的八年里，我们一直委托坂茂设计我们的展台。他每一次都会提出新锐的想法，我那个时候就强烈地感觉到这个人是要凭借自己的创造力一决胜负，被他的这个姿态所吸引。

为其挑战精神押下赌注

大阪营业所（下一页）就是在这种背景下产生的。创业80周年的2001年，我考虑通过新建的大阪营业所打造出公司的新核心。营业所及工厂的设计30年来我们一直委托给以扎实作风著称的设计事务所。所以，这个项目委托给坂茂来做，对我们来说是一个很大的冒险。尽管如此，我们还是想在坂茂的极富挑战精神的想法上赌一把。

结果是出人意料的。他巧妙地组合了用途所需空间与结构进行设计，利用木材对钢筋骨架进行防火覆盖，低成本又节省资源。因为使用玻璃的面积较大，公司员工持怀疑态度，我还记得坂茂当时的强烈主张——『从外部可以看到建筑物内部，内部会极具美感，这一点非常重要！』

之后，我们又请他设计了名古屋营业所（第178页）和静冈县的富士小山工厂等。建筑家设计的建筑物可以明快地表现公司的主张。大阪营业所大楼建成的时候，我感到这座建筑真正地向社会发出了公司要变革的信息。大楼整体成为一个展示间，来访人士均表示出对建筑的兴趣，谈话自然也丰富愉快起来。特别是从国外来的客人对建筑物都表现出很大的兴趣。

坂茂拥有不屈不挠的挑战精神，同时又拥有一颗在受灾地积极活动的善良之心。通过他多次的志愿者活动，多少可以看出他热爱自然，并追求人与自然的和谐共存。这种对自然的敬畏之心，除了受灾地建筑，也渗透在了他设计的其他建筑物中。（访谈内容）

GC大阪营业所大楼［照片：平井广行拍摄］

05 原研哉

平面设计师

原研哉：1958年出生。日本设计中心董事长，原设计研究室主管。与坂茂合作『JAPAN CAR』等展览。［照片：筒井义昭拍摄］

个体意志推动社会

在2000年的竹尾纸展览会上，我决定制作一直都在计划的『重新设计展』。前一年我在日本设计中心的学习会上认识了坂茂，就请他一起来做这件事，因为由手纸的纸芯联想到了纸管，我就请他以『手纸』为主题帮忙想一个方案。

坂茂提了一个四角芯的手纸方案。这个创意完全出人意料，就像是网球运动里的接发球直接得分。四角形的手纸使用的时候不会那么顺手可以一扯一大把，有节省资源的效果；同时又可以堆起来节省空间。这样的含义小孩子一看也能领会。因为纸芯是四角形的，不能快速将纸卷到上面，在制作原型的时候费了些工夫。由于这个展会的目的比起生产性来更多的在于要让大家注意到设计在生活中无处不在，所以这个作品很有象征性，非常好。

之后，坂茂有一个建设『设计博物馆』的构想，我非常赞同，直到向东京都知事做演示为止，我全面地协助他策划杂志。准备过程中，我们设计象征符号、T恤衫，还有虚构的展览会海报，弄得好像真的有这么一个博物馆似的。最后这件事情没有结果，但是我们没有丧气，继续讨论『美术馆这种形态已经太陈旧』『不如做一个成立展览会的策划引擎之类的东西出来』等。最后我们成立了『设计·平台·日本』。我们走访日本国内的汽车生产商获取他们的理解和支持，跨越了重重困难，终于在2008年于巴黎和伦敦的科学博物馆开办了『JAPAN CAR』的展览。

这个活动现在处于停展状态，为了能够使现在的产业潜力和可能性可视化，我发起了『HOUSE VISION』活动，也请坂茂来参加。现在我们四处访问那些至今尚未造过房子的企业，提议他们考虑建房这个想法。

之所以我能坚持不放弃，我想是因为我看到眼前坂茂不屈不挠的姿态，不知不觉受到了他的影响。他一直勇往直前，遇到障碍也决不屈服。他还教给我一点，那就是在社会里个体是最强大的，集团和组织的意志不是真正的意志，只有个体的意志才是，这是推动社会前进的动力。（访谈内容）

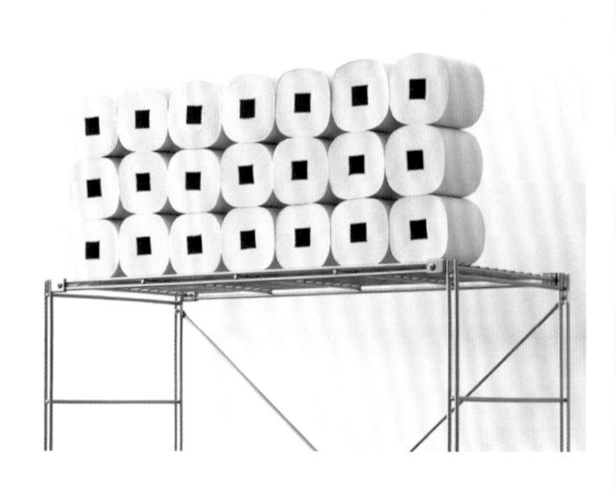

“Takeo纸秀2000-Re设计展”中坂茂展出的卫生纸

06 Martha Thorne

建筑评论家

Martha Thorne：1996年至2005年作为芝加哥艺术大学建筑学系的博物馆馆长策划了诸多关于建筑的展览会。2005年起就任普利兹克奖常务理事。在西班牙马德里及塞戈维亚的IE School of Architecture & Design任副学部长，常年担任建筑相关的多项委员职责。

这种评委非常少见

坂茂2007年到2009年担任了三次普利兹克奖的评委。评委责任重大，必须精通全世界建筑家的工作。在评选获奖者的过程中，评委不仅要多次审议，还要亲自去实地观看建筑。对在我这样位置上的人来说，每次花一周的时间观看建筑这项活动，是了解所有评委的绝佳机会。

比任何人都迅速而准确地分析

坂茂这种类型的评委是模范性的且十分少见的。他总是以献身性的姿态进行评审，建筑相关的知识也非常完备，同时不管在什么情况下都能发挥出类拔萃的集中力。对现场审查看到的建筑，他比所有人都迅速地进行分析，准确地做出评价，我感叹不已。这源于他敏锐的观察力和渊博的专业知识。

另外，我没有见过像他这样精力旺盛积极工作的人。在向目的地转移的过程中，哪怕只有一点时间他也不会浪费，在飞机、轮船、火车上，他也一直在工作。在目的地的宾馆里，他会接到大量的传真，在第二天早上之前，他就完成了所有的回信。

他拥有如此坚韧的精神力量和强大的集中力，同时又很享受与其他委员进餐或寻找发现新地方的时光。坂茂先生不算是一个话多的人，偶尔说几句话总是充满机智，会很好地活跃气氛。

拥有公平客观的『火眼金睛』

坂茂对建筑结构非常了解，并清楚地认识建筑结构的重要程度。每次听他讲建筑是怎样建成的，我都有一种听取出色教授的高级讲座的感觉。

另外，他总能兼顾公平与客观这两点。对于解决眼前出现的问题，什么是必要的、该怎么考虑，他都能明快地表达出自己的意见，从来没有因为无用的或者浅薄的想法把问题搞得复杂化。

他自己设计的建筑也是同样的明快，绝不平庸，总有创新，简洁、讲究、看起来简单，其实却是由常年的积累和对建筑的热爱而得来的升华。

最重要的是，坂茂对在他设计的建筑中生活或使用这些建筑的人们——无论是自然灾害中的灾民，还是打造个人府邸的客户——他总是带着敬意。深思熟虑的计划，功能性的方案，恰当的选材，还有他设计出的丰富空间，都自动地表现出了这一点。

07 Wim van de Camp

Sonoco欧洲技术总监

Wim van de Camp：在纸管制造领域世界最大规模企业美国Sonoco集团，与坂茂开发纸管时，时任Sonoco欧洲技术总监，当时负责运营同集团在法国的欧洲开发中心。

带来新见解的防水纸管

Sonoco欧洲公司大致分为三个部门，其中一个是产业部门，负责制造搬运各种产品使用的纸管。主要的顾客为纺织品制造商，树脂箔、膜制造商，金属产品企业等。

我第一次见到坂茂是1994、1995年。我们共进晚餐，他跟我讲了开发面向世界难民营的避难所这个联合国难民事务高级专员办事处（UNHCR）的项目。他问我能不能开发出低成本的纸管用于帐篷的支柱，这种纸管在避难所关闭以后可以烧掉而不给环境带来任何负担。

我并不是非常了解建筑家和建筑行业的事情，但是我对坂茂的想法和他对纸管的经验之谈很感兴趣，我们就这个问题讨论了很多次。我担心的主要问题是湿气和蠕变问题。纸制品耐不住湿气。在相对湿度50%、温度23℃左右的保存条件下其含水率是8%，这跟强度最高时的含水率4%相比，强度减弱了4成。另外，如果纸管用来做横架或者只使用端部支撑，由于自重，它的中央部分会下凹。根据我的经验，我知道含水率多少的不同会引起纸管强度的变化。

开发耐湿纸制作新型纸管

为了使纸管的强度不受湿气左右，有必要对纸管进行耐湿加工以对其进行保护，而且只在最终产品的表面进行加工是不够的，必须要在纸本身的耐湿性足够好的基础上，再在最终产品的表面覆盖多层保护性涂层。因为不光在出货以及运输过程中，在搭建帐篷时纸管表面也很容易受伤，保护膜很有可能会脱落。

坂茂主张高耐湿性纸管应当由Sonoco来开发。我决定接受这个挑战，并且从Sonoco欧洲社长那里获得了开发许可。我们公司的哲学是，所有的产品在废弃后都可以被再生利用。基于这一点，从开发新耐湿纸开始的这个项目，在诸如表面保护方法、原材料及最终产品的试验方法、制造方法等方面，给我们带来了许多新的认识。

逐一解决了出现的问题之后开发出来的防水纸管现在被用在坂茂的各种建筑当中。营业额虽然不高，但借此机会产生了新的技术和产品。所以我的结论是，与坂茂合作共同开发取得了非常大的成功。

通过项目我从他身上学到了许多的东西。首先一点是要谦虚地听取别人所讲的内容。再一个是要有明确的想法，不管遇到什么困难都不放弃。他的建筑虽然独创而新颖，但他本身是一个谦虚的人，他总是穿着黑色的衣服。他告诉我，他身上的做工精良的衣服，是由和他一样有原创性的母亲亲手制作的。他说这句话时脸上自豪的表情我是不会忘记的。

08 安住宣孝

女川町前町长

安住宣孝：1999年就任宫城县女川町町长。东日本大地震后，他对3层集装箱临时住宅的实现助了一臂之力。2011年退任。

想法总是很灵活

东日本大地震一个月左右以后的4月7日又发生了一场较大的余震。由于这一次的余震，原定建设连式住宅的土地上出现了裂缝。处于最高地点的第一中学的校园也因为地面裂缝而无法使用，在女川高中的操场也发生了同样的问题。在这些地方，地面上已经无法再建设临时住宅。单单结合运动公园内的棒球场场地是不够用的。我当时一筹莫展。接着就想临时住宅可不可以建成2层或者3层的楼房。

第一次见到坂茂是在4月下旬。一位驻扎在女川的电视节目记者跟我说有个人我应该见见。我一直很信赖这位记者，于是决定去见见这位人物。

坂茂带来一本收录了他海外作品的书，向我介绍了他至今为止的活动。我首先对他用纸来做建筑这个想法感到吃惊。据他讲，当时他已经开始在东日本大地震的避难所开始了志愿者活动。女川避难所进入4月以后也开始出现隐私和卫生问题。我想这方面我也可以听听他的建议，就跟他见了几次面。在这个过程中我们谈到了临时住宅的问题。

我问坂茂，能不能建设2层、3层的临时住宅，建设费每户大约能控制在什么范围。一般的临时住宅每户大约花费 500万日元，如果成本要达到700万—800万日元，我们是拿不出来的。坂茂告诉我，如果组合使用集装箱，在预算范围内应该是可以解决的。我当时觉得他头脑非常的灵活。

地震以后，许多人带着高地搬迁、避难大楼、复兴计划的方案来找我。可惜除了坂茂，没有一个人提出过临时住宅的方案。临时住宅一直以固定形式建设为原则，由县里统一委托业务。但当时像坂茂的特殊方案本来是不能建设的。但当时的现实是我们女川町没有足够的土地，我们别无选择。

来自群众的声音——『等待是正确的选择』

行政审批手续花了一些时间，临时住宅的工期比计划的迟了一些。项目整体完工时正是我卸任那一天。建设费比最初预计的高了一点，但结果上来看我们做得不错。

房子住起来是不是舒服，这一点到完工为止我们都不可能清楚地知道，后来听住进去的居民说：『等待是正确的选择。』在町议会上有批评的声音说：『你们打算让老年人爬到2楼、3楼那么高的地方吗？』但也有声音说在2层、3层生活也有好处：不用顾虑别人。认为所有的老年人都喜欢住一层的想法是错误的。

我们从来没有想过这一次的灾害会有这么严重的后果，导致仅凭单层的临时住宅不足以解决问题。因此，为防止以后发生类似的情况，有必要改善制度以便将来建设2层、3层的临时住宅可以顺利进行。（访谈内容）

09 三宅理一

建筑史家、藤女子大学副校长

三宅理一：生于1948年。与坂茂同在庆应义塾大学做教授时（2001—2009），接触较多。2010年起担任现任职务。

志愿者活动与职业功能的统一

在今天的社会对建筑失去兴趣的氛围之下，坂茂向世界发出的信息释放着异样的光彩。从人们开始认识到地球的局限时起，世界的构图已开始呈现出大的变化，信息化及在此基础上产生的『世界是平的』现象，更是加速了这一倾向的发展。作为其结果，各个领域的范式转移得到了促进，对于过去被看作是『善』的建筑建造行为，人们也开始意识到这未必会为地球安宁做出贡献。

为了当今社会的根本性改革，社会对建筑这一存在形式所能发挥的作用并不如想象中大这一点已达成基本共识，很少有人要去颠覆这种认识，建筑家与批评家的言论也只是在原地踏步，这就是建筑界的现状。在这当中，坂茂却毫不犹疑，坚持创造建筑作品，仿佛已成为新范式的代言人。

为『普通人』而建的建筑

那么，为什么是坂茂呢？答案非常简单，因为坂茂的建筑中必然有人的存在，有极其朴素意义上的人与建筑之间的交流。建筑的这种毋庸置疑的内涵，在近20年来的建筑界中不再被广泛承认。现在想想，从声势浩大的全球建筑事业的蓬勃即为世界发展的成就这一错觉开始，经过不断反思却依然无止境地继续喂养『城市怪兽』，所谓20世纪就是这样一个时代。

其结果是，出现了北美、东亚及欧洲以均一的网络连接的『大都市带』世界，由此我们的确获得了安定与和谐的政治经济智慧，但是，资源与能源不平衡，再加上多数人不幸而极少数人幸福这一显著的差距，畸形社会扩大发展。可以说建筑参与解决这一问题的机会十分有限。

坂茂常常会提到『建筑家不是在为王侯贵族便是在为富裕阶层的人们建造建筑』，对于他这句话我们即便不从社会主义的角度进行解读，仅仅从建筑这一生产活动的立足点来看就不言自明。而原本在20世纪中『人类之爱』这一价值观本当更加完善，而事实上社会差距却在不断加大。

支持格罗皮乌斯或者丹下健三的滨口龙一等所倡导的民主主义之建筑理念，随着时代的成熟而渐渐远去。当初看来十分新鲜耀眼的集体住宅及学校建筑，现在连理想主义的影子都未保留。今天看来这一点恰好相反，但在1980年至1990年期间，也就是泡沫经济时期，贪婪地发展新的设计这一强者理论看起来华美而新锐，可以说建筑家在此操控之下华丽地『舞蹈』了一番。我们可以从中看出在20世纪这个时代里诞生的现代人类所先天带有的气质。

其残渣至今依然在建筑与设计的世界中沉淀。嗅出其味道并能感受其诡异和错误的，不是身处其中的职业人士，而恰恰是普通民众。

—

东日本大地震中行动也与他人不同

—

2011年3月11日，伴随东日本大地震发生的大海啸原本应决定性地改变建筑的世界。所有人都这样说，所有人都想为此而做些什么。可是，之后现实的诸多困难摆在面前，当初的理想似乎走向了不同的方向。也许是因为复兴的需求如此巨大，它改变了人们。但陈述这一点并不是这一次讨论的目的，在此我不多讲，但是，面对大地震的受灾情况，许多日本人不得不进行反省与深思，而与此背道而驰，拥有诸多有能力的专业人士的建筑界，似乎却在不知不觉间退回了原来的方向。

在这里我提到坂茂的名字，并不仅仅是因为在大海啸这种前所未有的灾害面前他所采取的行动。

当然，他从1995年的阪神淡路大地震时起，就已经开始了志愿者活动，不曾间断地进行受灾者救援及灾后重建的工作，这些活动都值得最高的赞扬。从打造社会模型的角度来看，他的工作通常都会受到很高的评价，因此而打动人心。但是在这里我想着重谈他在建筑界的功绩。他的功绩最主要在于将志愿者与其专业领域这两个不同的立场相结合，重建了专业人士所应有的姿态。

—

设计与志愿活动是『车的两个轮子』

—

世界上存在许多具有专业背景的志愿者。比如『无国界医生』这一代表性志愿团体，他们奔赴战争或灾害的现场，跨越立场不同的局限性，为了伤病人员建立迅速反应机制。在医疗现场，这样的工作方式易于掌握，其效能也易于评价。如果将主体从医疗转换成建筑，嘴上说说容易，在每个国家都是支柱产业的建筑=建设的领域里，如果不追求利润而以善意成立的志愿者活动将之束缚，并无视上游至下游的工作和资金方面的连锁反应，以及拥有许多高级技术人员的经营环境，将会背负使产业构造逆向发展的风险。

正因如此，提供临时住宅建材的装配建筑协会的会员企业、参与重建计划出谋划策的诸多规划事务所以及设计事务所，有来自国家或自治体的委托才能使这项工作成立，而并不是由志愿者来一手推进的。当然，只要在不违反事务所经营需求的范围内进行活动，事务所人员或者公司职员可以以任何形式从事志愿者活动。

坂茂所构想的灾后重建平面图，与其他人相比是完全不同的。其组织论，或者说经营战略的思想从根本上就是与众不同的。他的特点总结起来就是，在运营自己的设计事务所的同时，建立了重建援助工作的组织，这两项事业就像汽车的两个轮子一样，由他来同时运营，并相互辅助完善。他不是把一个人人格分离为工作时间中追求利润、业余时间进行志愿者活动的两部分，而是从一开始便有效地组织构建了二者同时进行的社会组织，这一点十分特别。

——非不在场证明的『界限设计』

支持着灾后重建支援活动的是被称作VAN（Voluntary Architects' Network）的组织。如字面意思，这是一个志愿者团体，他们运用坂茂发明的纸管结构法进行了临时空间分隔和临时住宅的设置与运营。自从阪神淡路大地震以来，土耳其地震（1999年）、中越地震（2004年）、苏门答腊－安达曼地震（2004年）、海地大地震（2010年）等多次地震灾害发生时，他们集合了众多的志愿者，调动资金与器材来支援震灾地。坂茂经常挂在嘴上的一句话可以说体现了这个组织的基本理念：没有人因地震而亡，却有人因建筑物的崩塌而亡。该组织特别规定其建筑为避难所，其所发挥的作用正是坂茂这句话的总结。

支持VAN活动的资金是由坂茂奔走于世界各地进行演讲并反复呼吁捐款而募集的。东北大地震中所募集的善款总额接近1亿日元，单是这一工作就已经非常辛苦，在此基础上众多志愿者又分担任务奔走于东北各地，开展符合当地实情的设计工作，进行调运建材，组建避难所，分发蚊帐及拖把等一系列的繁重工作。

当地除了灾民还有许多忙碌着的志愿者，避难所建筑正是人们辛勤工作的成果。这样的工作方式并不是建筑界内一直宣扬的手工感这种证明自己的存在感和归属感的方式，而是为了正在拼命求生的人们提供生存保证的行为。我想将这种行为称为『界限设计』。

坂茂这样的方法，并不是仅仅拿来应付志愿者活动的一时之需。我们应当对在有限的资源和欠佳的自然环境条件下的这种新的建筑方法论进行重新定义。坂茂绝不是梦想家式的浪漫主义者。对于技术他是彻头彻尾的合理主义者，而不会故意表现古典风格，也不会沉浸在似是而非的形式美学意识当中。对于工业化时代特有的朴素甚至略显丑恶的既有材料，他可以追其本质并拥有灵活运用的本事。纸管、合板以及集装箱等，都已成为他手下的主角。对这些既有产品，坂茂利用人们通常难以想到的方法将它们统合进自己的建筑作品中，这业已成为他工作的一个部分。

实际上由于改变运输工具——集装箱的外貌使其成为建筑材料这一特点，在北美与日本活动的游牧美术馆与女川地震受灾地的临时住宅之间，并没有太大的距离。技术是需要不断更新和使用的。对创新孜孜不倦的追求是坂茂的基本原则，因而促进了志愿者活动中标准化的贯彻、成本的降低以及材料的回收利用。

创新的连锁反应

与在志愿者活动中所体现的普及化、标准化，或者说是道具化的尝试形成对比的，是坂茂成立的另一个组织，也就是他活动的另一个『车轮』——设计事务所。当然这个组织主要进行的是基于与客户的合同而进行的经济活动。在积极尝试创新这一点上，事务所的设计业务与志愿者活动是相同的。

在其大量的作品中具有代表性的，是2010年在法国东部梅斯竣工的蓬皮杜中心梅斯分馆，还有正在施工进程中的大分县立美术馆。前者的设计以『中国的竹编帽』为形象，编织柱子生成三次元的缓和空间，并使用LVL材料大胆地将其展示出来。编织成格子形状的结构体的创意始于2000年的汉诺威世界博览会日本馆的设计，到梅斯中心时，这想法变得更加大胆，屋顶是缩即成柱、扩即成壳的连续曲面，覆盖在整个建筑之上。

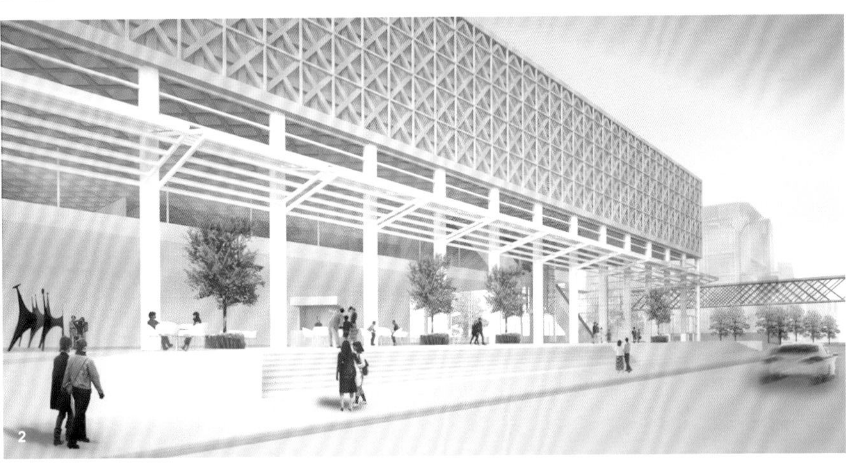

1. 蓬皮杜中心梅斯分馆的木制架构［照片：Didier Boy De La Tour］。**2.** 大分县立美术馆（临时名）。在2011年实施的公募提案中胜出。开馆目标时间为2015年春季。

与此相对，大分县立博物馆则将梅斯的结构逆转使用，外墙的四分之一的各个部分内侧融入了连续曲面形成的空间。一个想法引出另一个创意，其成果实际应用在下一个新建筑上，创新的连锁反应就这样产生了。

对建筑职能的确信

从技术转移和展开的角度来看，坂茂建筑设计事务所的作品和志愿者团体的活动中，他的立场和定位并没有太大区别。但是在推进社会变革的方面，我们可以从中读取新伦理与职能观念下对未来的强烈愿望。建筑这个领域的工作总是在不断与人类接触，守护人类，拥抱和支持人类，从而发挥其最大的力量，这一点是确信无疑的。

在日本有坂茂这样的人物正在实践这样的行为，面对这一事实，我们感到骄傲，更看到了现代建筑的可能性。

10 平贺信孝

坂茂建筑设计合伙人

平贺信孝：1949年出生于东京。毕业于东京艺术大学建筑系。经芦原建筑设计研究所工作之后，于1987年设立ARCHINETWORK。1998年成为坂茂建筑设计合伙人。

各自拥有对方所没有的东西

我与坂茂见面是在大阪造船厂的再开发项目中（第80页）。那时坂茂从美国留学归来不久，大阪造船厂社长决定将再开发项目委托给Emilio Ambasz，他们跟与Emilio Ambasz熟识的坂茂进行了联系。刚开始坂茂主要是做他们与Emilio Ambasz之间的沟通桥梁，据说后来社长对他说：『我想把这个项目交给你（坂）。』尚无大型项目实际经验的坂茂有点不知所措，便找朋友商量。那位朋友说：『我给你介绍一个有经验的刚刚自立门户的人。』就把我介绍给了坂茂。当时我刚刚脱离芦原建筑设计研究所自立门户，还没有接到大的项目，马上答应了下来。

我比坂茂大8岁，但是初次跟他见面就有种意气相投的感觉。我们在讨论一个3万平方米的广阔的地块上应该建什么建筑这个话题时，我站在开发商的角度发言道：『从容积率和整体预算来考虑，应该是需要超高层的办公室和住宅吧。』坂茂却说，『我觉得咱们应该发挥既有的造船厂的建筑物长处，让艺术家们进驻，打造一个人们会自发聚集到此的具有魅力的街道』，『我们不需要追求体积庞大，还是把它建成一个并非豪华却符合人体工学要求，并能感觉到其历史的街道吧』，我对他这个想法佩服得五体投地。我想坂茂的定位现在也还没有改变。

在住院病房里决定『一起做项目』

造船厂的工作由于社长的离世而不了了之。之后的一段时间我们一直在各自忙碌自己的工作，直到16年前我生了一场大病不得不住院，坂茂来看我。他说：『平贺先生，你和我在住宅方面的工作现在都得到不错的评价。为了以后更上一层楼，咱们今后一起合作怎么样？』我当时眼圈都有点红了。坂茂很会做设计，更会说服人。我马上答应下来，作为平等合伙人加入了坂茂建筑设计事务所。

坂茂的任务是考虑新设计的核心内容。我加入以后的具体作业和事务所的运营管理方面主要由我来负责。

坂茂作为建筑家有以下几个特点：1. 他要宣传一个概念：看起来较为脆弱的材料如木材和纸，如果能够集结成捆便可以发挥很大的力量，由此可以打造出温和而有力的空间。2. 着眼并吸收建筑所在地的地域性、历史性。3. 注重从建筑概念的力度中所产生的信息的传播力。蓬皮杜中心梅斯分馆是毫无保留地体现了以上所有特点的作品。

有的人说坂茂利用志愿者活动来炒作自己，事实并非如此。在没有深入理解坂茂之前我也并不明白这一点，但是他任何时候都是真心实意地在工作。我可以感觉到他是一个拥有现代社会所欠缺的正义感和爱管闲事特点的人。也许就是这样一个性格的人才会说出『建筑家本来就不应当仅仅为富裕阶层工作』这样的话来。因为他这样的性格是我所欠缺的，所以我默默地尊敬着他。

第三章

进化的纸管建筑

在阿尔瓦尔·阿尔托展（1986年）的会场布置中发现“纸管”这一材料的多种可能性的坂茂，开始了将其作为建筑结构材料的挑战。2000年完成了最大规模的纸管建筑——汉诺威世界博览会日本馆。纸管建筑作为受灾地活动的一环，同时也成为坂茂创作的核心。

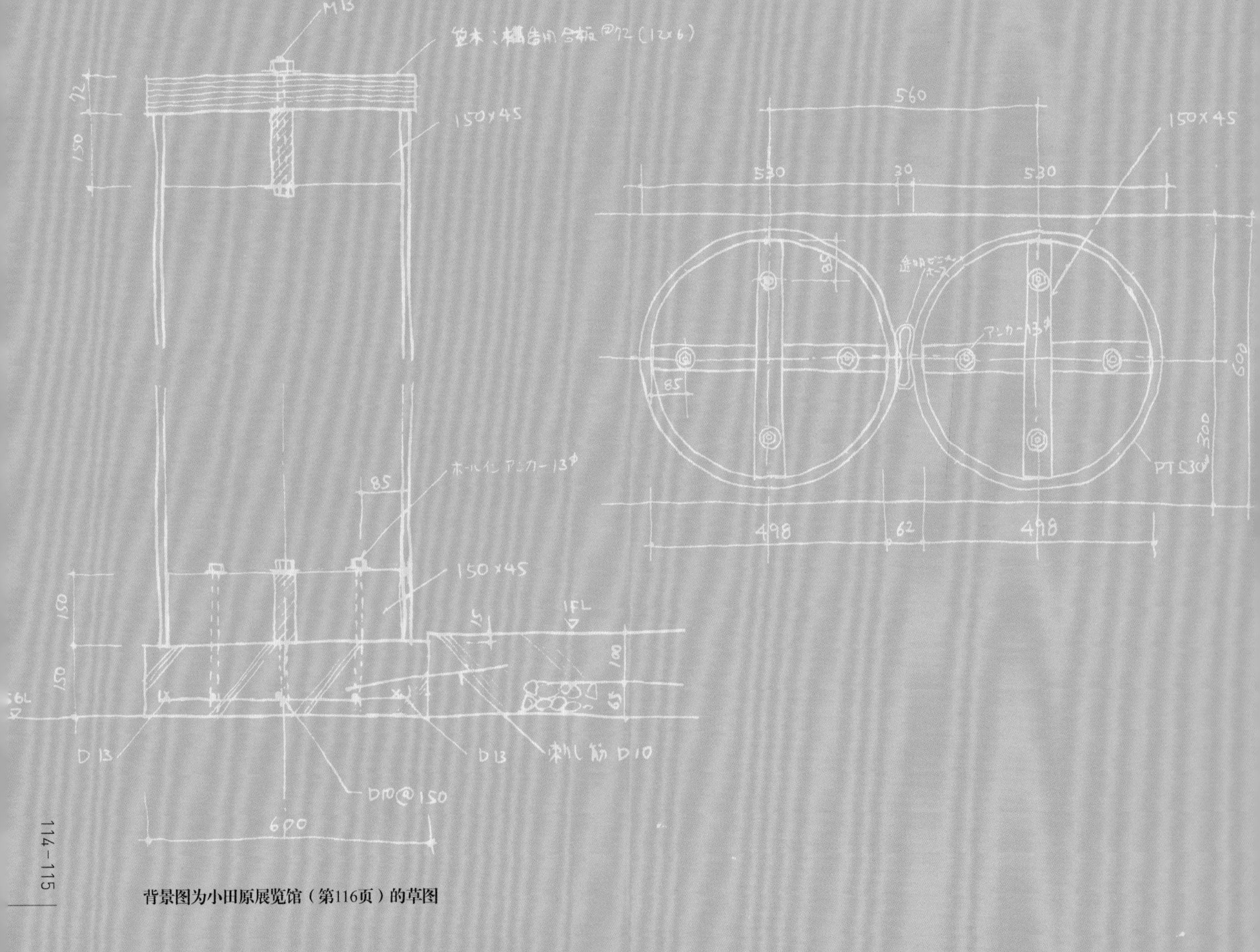

背景图为小田原展览馆（第116页）的草图

1990年

建筑作品
07

小田原展览馆
[心动小田原梦想节主会场大厅]
神奈川县小田原市

NA1990年4月16日号刊载

将模板架用途的纸管
作为活动大厅的墙壁材料

图为活动大厅内部，该设计通过夹在纸管之间的透明塑料管部分进行采光［照片：除特殊标记以外均为平井广行拍摄］

将纸管以立柱式进行排列，并由此来构成墙壁，这个奇异的活动大厅很快将完工。为实现纸管在建筑物上的正式使用，这一初次尝试必须首先从收集结构相关计算所需的数据开始。『我们也考虑将来完全将纸管作为结构材料来使用』，相关人士对纸管运用的可能性非常期待。

神奈川县小田原市为纪念市制施行50周年，计划于1990年4月28日至1991年11月举行名为『心动小田原梦想节』的大型活动。这是一项覆盖历史、文化、体育、音乐等多方面，总计将历时1年约持续举行40余场活动的长期规划。

与JR小田原车站相邻的货物站旧址将作为主会场。在大会即将召开之际，以会场设施主体、能够容纳500人的大厅为中心，相关工程迎来了最终阶段（第116至第120页的照片为工程完工后所拍摄）。

大厅的设计由生于20世纪50年代的建筑家坂茂一手设计。该建筑由于将纸管作为墙壁的构成材料，在建筑家之间引起了热议。坂茂至今已在数个室内装饰及小规模博览会设施中使用过这一材料，但尽管此次为临时建筑，其纸管在实际的建筑物中的使用尚属首次。

最初委托这一建筑项目的小田原市曾提出『希望这一项目采用木质结构』，但由于预算无法实现这一想法，设计方自行提出以纸建造建筑的方案。『纸是「进化了的木头」』，据说由于坂茂的这一精彩诠释，最终确定了他的方案。

建筑中所使用的纸管为进行圆形混凝土施工时常常使用的纸质模板架经过强度改良后的版本。如今的纸质模板架当然有其强度数据，

主会场于开幕至9月24日为止的半年间被使用。其后活动于市内各地的副会场

但是对纸管本身的压缩及曲折强度并不曾有过研究。此次为了获得设计上所必需的数据，纸管制造商与早稻田大学理工学部建筑系松井源吾研究室进行了纸管强度实验。

如时间充足，结构体亦使用纸材料

对纸管耐久性的实验也与此同时进行了。去年（1989年）在名古屋召开的设计博览会上，出现过以纸管作为结构体的设施，研究人员从当时实际使用的材料中获取实验材料，调查了其经年变化，从中得出结论：纸管制造出来以后，随着时间的变化，纸的强度反而增加了。纸管制造商认为这一现象的主要原因在于『用来黏合纸的制剂强度的增加』（中村好雄・藤森工业营业总部建材营业部开发担任部长代理）。

此次项目所使用的纸管长8米，内直径500毫米。承受风压的外墙所使用的纸管厚度15毫米，其他部分为节省成本，所使

主会场东入口

用纸管厚度为7.5毫米。上端接桁架，下端接RC基础，接入各自的固定装置，并考虑到利用纸管间隙进行采光，间隙中夹入透明塑料管。

作为结构主体的柱子、屋顶利用钢制材料。『如果我们有足够的时间来接受中心评测，结构主体原本也希望能够尝试使用纸材料』，坂茂遗憾地说道。据说确保防火性能这一点意外地简单。『根据纸制造商的说法，加工纸材料使其难以燃烧，每平方米成本仅为5日元，而使其达到不燃，每平方米成本仅为20日元』（坂茂）。

超过『临时建筑』领域的建筑

初次尝试使用纸管材料，似乎施工方也遇到了许多课题。一个是预算问题。土谷寿一（小田原市建筑协会理事长）讲述道：『如何将坂茂对这个建筑的热情在临时建筑预算范围内最大限度地实现，这一点是建设工作中最大的课题。』

纸管的搭设以每日25根这样超出当初预想的高效率顺利进行。这也对由于纸管的使用而有效地缩短了工期这一优点进行了实证。

据说根据施工现场的情况，该项目可以顺利迎接竣工。土谷对完工情况很有信心：『这个建筑已经超出了单纯的临时建筑的范畴，我们的辛苦都是值得的。』

建筑项目数据：

所在地——神奈川县小田原市荣町
占地面积——8265平方米
建筑面积——1226平方米
使用面积——1243平方米
结构·层数—S结构 地上2层
设计——建筑：坂茂建筑设计
结构：松井源吾、坪井善昭、松本结构设计室、手塚升
设备：知久设备规划研究所
施工方——小田原市建筑协会
施工期——1990年1月—4月

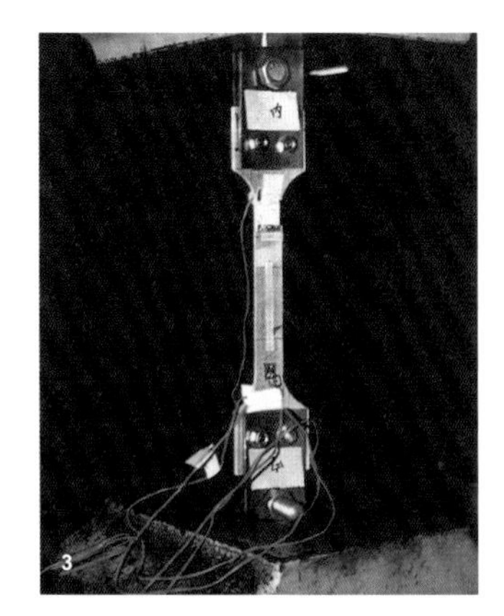

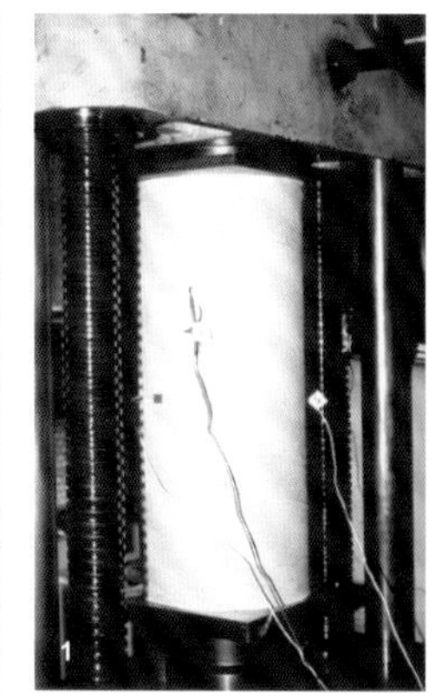

1. 纸管实验的情况。压缩实验［图1—3：早稻田大学松井源吾研究室］。**2.** 弯曲实验。**3.** 拉伸实验。**4.** 施工情况。在搭建前将直径50毫米的透明塑料管以螺丝固定在纸管上［图5—6：本杂志拍摄］。**5.** 搭建纸管。纸管长8米、厚15毫米，每根重量约为130—140千克，远远轻于其他材料。以每日搭建25根的高速度进行。**6.** 在RC基础上装配纸管。**7.** 建成的纸管墙面。［照片：安川千秋拍摄］

1995年

建筑作品
08

纸屋
神户市长田区

NA1995年10月23日号刊载

难民避难所之纸临时住宅

建于新湊川公园的纸屋
利用捐款为越南受灾者所建设［照片：除特殊标记以外均为平井广行拍摄］

キリンビール
HONDA

内部情况。纸管内外均涂有防水用的聚氨酯橡胶层

在纸教会（第10页）所在的天主教鹰取教会的地块中，有一栋木屋风格的建筑。这就是坂茂开发的『纸屋』。其实这个纸屋是专为难民所配建的。故事要追溯到1994年9月。

卢旺达报道是契机

坂茂正在开发使用纸管的临时住宅和临时建筑时，关于卢旺达难民的报道进入了他的视线。『据报道有200万难民涌入卢旺达周边国家，我认识到这已经引起了严重的环境问题。』

难民为了搭帐篷砍伐当地的树木作为帐篷支柱。为了获取燃料，他们也会砍伐当地的树木。由于这些持续不断的砍伐，原本满眼绿色的大地瞬间变为一片荒芜。自从认识到使用自然素材的避难所会直接引起自然环境的破坏这个问题以后，联合国开始供给铝制的帐篷支架，可是难民为了赚取生活费又开始将这些铝管卖掉。

坂茂向联合国难民事务高级专员办事处提出『使用纸管』的方案。在这个方案中用于每家的预算可以控制在30美元。『纸管是绿色环保型材料。使用再生纸制造，废弃处理也很方便，可以燃烧，即便当垃圾扔掉也可以重归土地，不像化学制品的树脂那样永远残留』。这个方案终于被采用，在1995年的今天，这一方案正在具体实现的进程中。

纸屋就是这一方案的新发展形态，是按照联合国难民避难所标准进行设计的。地板面积为4米×4米的16平方米，这是联合国规定的一户五口难民居住单元面积。坂茂考虑要根据使用场所的气象条件来区分使用帐篷与纸屋。

一次建6栋

纸屋截至1995年9月末，在神户市长田区南驹荣公园的越南人和日本人各占有5栋，总计10栋。同时在长田区的新凑川公园为越南人修建了6栋、为日本人修建了2栋纸屋。另为鹰取教会信徒建有2栋，为鹰取教会建有1栋纸屋。总计在鹰取地区及其周边共建纸屋21栋。

建设工作非常费心。『行政机构不希望现在住在公园里的人们定居下来。为在新凑川公园帐篷里生活的越南人建设木屋的时候，我们曾担心会不会出什么问题』，坂茂说。在开工之前他们并没有将开工日通知给任何人，只是确保开工之前的所有准备都周全。

为能够一次建起6栋建筑，每栋需要10个人手。为使每个队伍的领队人能提前记住搭建方法，大家事先在教会的地块上试建了一栋纸屋。在开工前一日，为了确保不出现卡车等车辆在现场停车而给开工造成妨碍，团队派专人进驻场地监督，当天早上6点半准时开始进行建设。『从早上到下午2点左右，大部分工程基本完成。区里的行政管理部门事到如今也不说什么了。』

临时住宅的标准是什么

坂茂主张，临时住宅有几点标准是必须达到的。『首先，组装要简单。素材要价格低廉、轻巧、易于加工。同时，临时住宅的设计不应当让人们联想到贫民窟，必须易于拆除。』

很少有临时住宅可以达到这个标准。『所以我希望这一次的纸屋可以得到普及。』为居住其中的人着想而建设避难所——这个木屋将『回归建筑的原点』这一命题重新摆在了建筑家们面前。

1. 建筑基础利用啤酒箱。1户约需要40个啤酒箱。材料考虑易于取材的物体，最终确定啤酒箱最为合适［照片：以下4张照片均为坂茂建筑设计提供］。**2.** 整体共使用直径11厘米、长2米的纸管约200根。纸管按照各个墙壁事先在地面上组装，再将组装部分立起，安装在预定的地方。**3.** 屋顶的骨架亦使用纸管。接缝处事先请工匠制作完成。**4.** 拉起两重帆布帐篷，在两重帐篷之间制造出空气层来隔热。

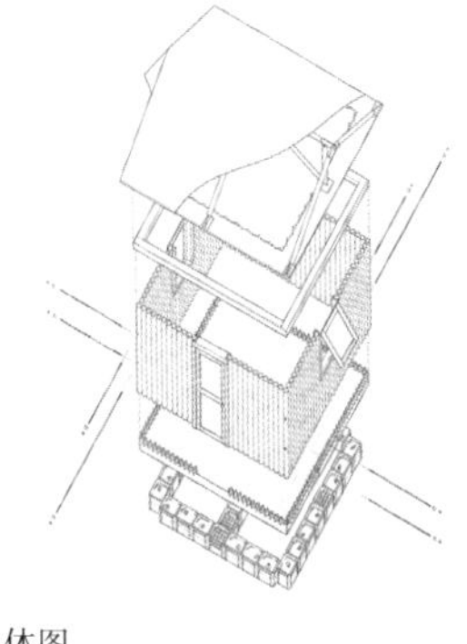

立体图

建筑项目数据：

所在地——神户市长田区
主要用途——临时住宅
建筑物占地面积——16.1平方米
总建筑面积——16.1平方米
结构——纸管结构
设计——建筑：坂茂建筑设计
结构：手塚升
施工——志愿者
施工期——1995年7月—9月

2000年

建筑作品
09

汉诺威世界博览会
日本馆
德国 汉诺威

NA2000年7月10日号刊载

将屋顶顶起
形成纸管薄壳结构

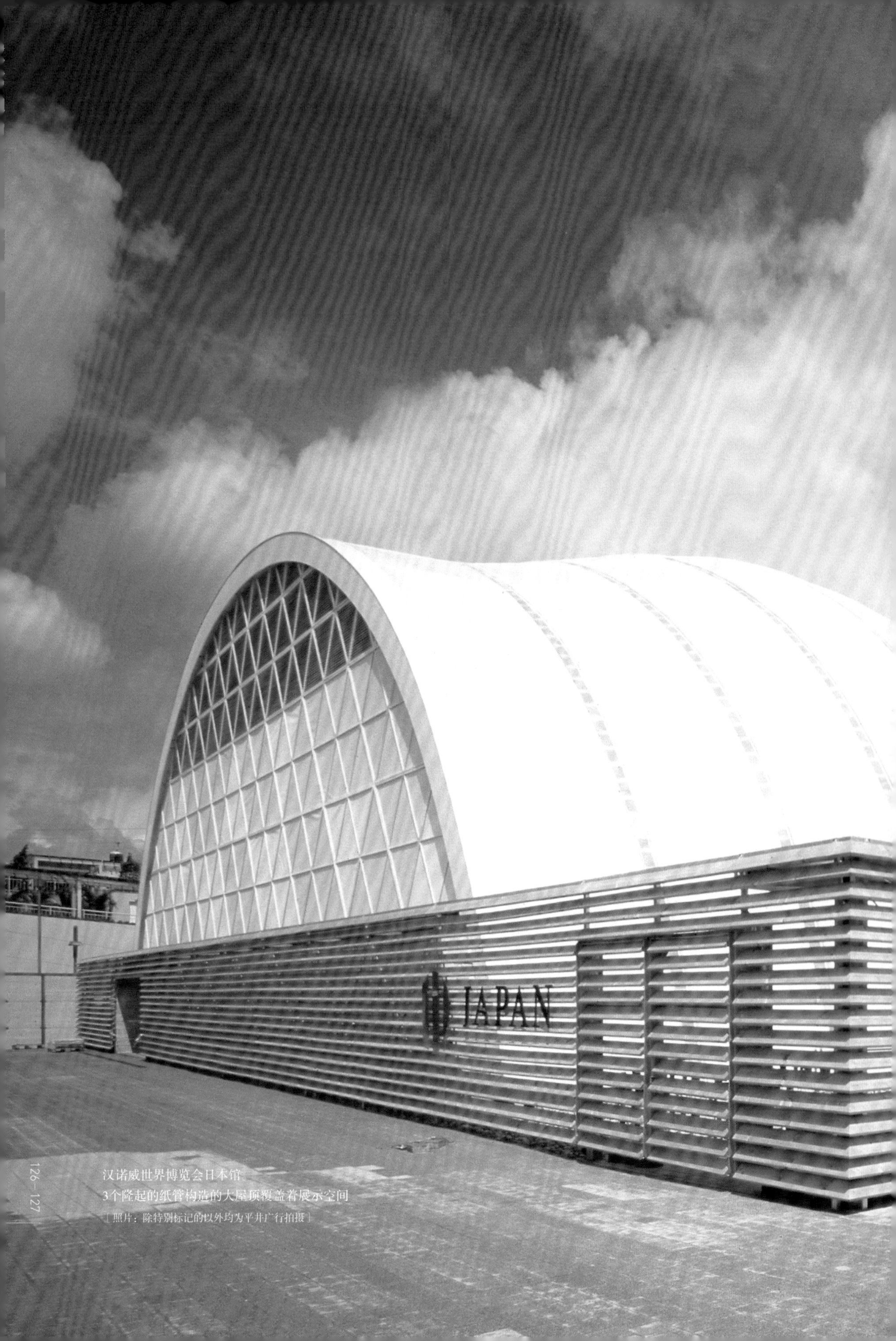

汉诺威世界博览会日本馆

3个隆起的纸管构造的大屋顶覆盖着展示空间

［照片：除特别标记的以外均为平井广行拍摄］

坂茂利用『纸』这一充满未知数的素材不断创造出新作品，其中规模最大的纸建筑作品就是汉诺威世界博览会日本馆。

汉诺威世界博览会是首次在德国举办并且是至今为止规模最大的一次世博会。其综合主题叫作『人·自然·技术』。此次世博会提出『人类通过为之服务的技术，实现与自然的和谐』（万博协会）的精神，在即将迎来21世纪的今天，回顾过去一个世纪，这一主旨与至今为止注重未来的万博精神步调一致。

作为万博会正式参会机构的日本JETRO，正在寻找新的可回收利用的临时建筑，以避免传统的展馆在闭幕后成为产业废弃物。就在那时，他们遇到了坂茂。

有三个隆起的大屋顶

在展馆中，由纸管构成的具有3处隆起的大屋顶覆盖着3090平方米的展示空间。屋顶的施工方法很特别，将直径12厘米、长度20米的

440根纸管铺设成格子形状，再从下方将其顶起，这样就立起了编织成笼子形态的网壳。

当初计划围绕建筑物建造一个回廊，但这个计划由于德国当局的建筑许可证颁发的延迟而最终无法实现，不过这反而使三次元的屋顶形态的新颖感及新开发的纸膜的素材感能够更好地传达给观众。

利用再生纸制成的纸管，使用完毕后将在德国被回收利用。纸管的接缝处使用布质胶带，基础部分使用塞满了沙子的U字形结构框架来取代难以回收的混凝土材料。

山墙部分使用三角格子纸箱断面形状的蜂窝纸板，屋顶则使用经防水防火加工的新型纸制膜材。

在这个展馆上所使用的材料均为我们在日常生活中十分常见的材料。这个展馆与日本一直以来的『高科技印象』不同，充分体现了『将材料效用发挥到极致』的日本美学，我们期待世界人民看到它时的反应。

大厅整体以半透明的网覆盖，其上为展台空间。展台空间上部像浮在石庭上的石头一样探出头来。左侧可以看到从入口大厅横跨至中央部分的桥梁。大厅中央为被称为『太拉圆顶』的展台空间。

编成笼状的网壳屋顶。
纸管接合处使用了布质胶带

最大限度地利用纸的“短处”

Paul Rodgers［BuroHappold Engineering 结构负责人］

此次结构上所使用的纸管为曲折和变形能力较强的材料。这个素材在材料学方面缺点较多，但是这次的网壳屋顶方案是最大限度地将其弱点作为优势发挥出来。

三次元隆起变形的网壳屋顶是在距地面6米的高度自下而上在30厘米的范围内逐渐加力使其变形而形成。在网壳结构固定后，再安装木质框架及拱形缆绳。

纸管构造对我们事务所来说也是初次尝试，这项工作非常有趣。（访谈内容）

1. 施工中的日本馆展示大厅内部。正中间看到的脚手架为顶起屋顶时所使用。**2.** 用于山墙的三角格状的蜂窝纸板。被誉为“高强度轻量纸板”的这种材料亦被用于坂茂设计的“合欢树美术馆”的屋顶。

从下方逐渐加力顶起而形成的三次元曲面屋顶的施工情况［照片：坂茂建筑设计提供］

日本馆傍晚的景象

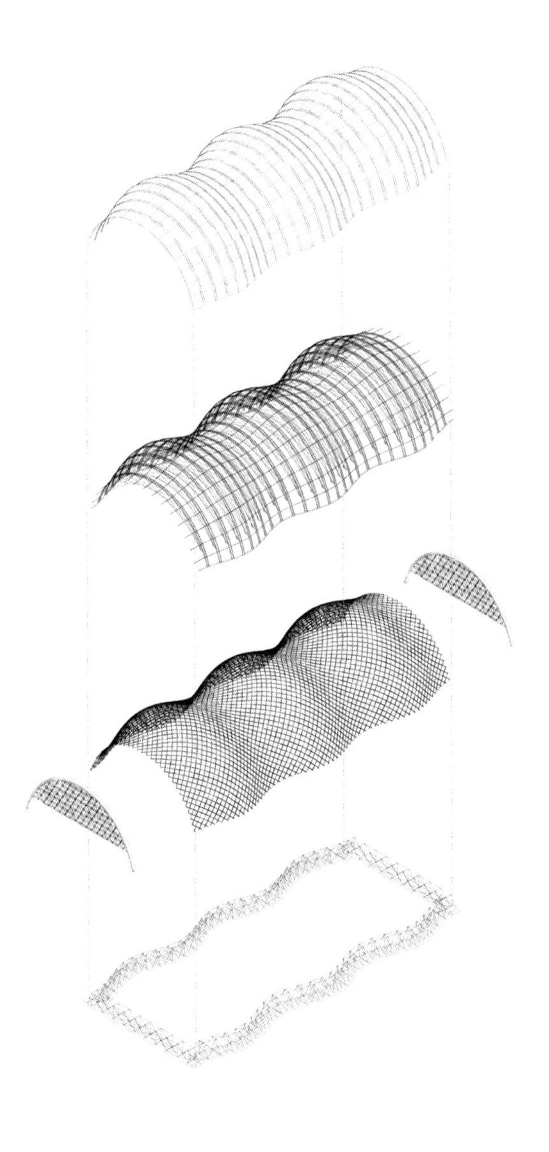

立体图

建筑项目数据：

所在地——德国汉诺威

占地面积——5450平方米

建筑面积——3090平方米

展示面积——1982平方米

结构——纸管网壳

木质结构（梯形、椽架屋顶）

设计——建筑：坂茂建筑设计

施工设计：欧洲竹中

结构：Buro Happold

设计咨询：Frei Otto

施工——欧洲竹中

施工期——1999年9月—2000年5月

纸管建筑简史
——回顾纸材料建筑起步后25年的历史

坂茂自20世纪80年代起开始着眼并开始探索纸材料在建筑应用方面的可能性。从小规模避难所到作为大规模建筑结构，纸管作为建筑材料不断进化，我们按照年代顺序对其历史进行了总结。

1986年 阿尔瓦尔·阿尔托展［东京］

纽约近代美术馆策划了阿尔瓦尔·阿尔托家具及玻璃展（东京巡回展览）的会场布置。该策划在天花板等处使用了纸管，使人联想到阿尔托的建筑空间。考虑到预算限制以及展会结束后的解体，此次策划取代树木使用了以再生纸为材料的纸管。该展会正是纸建筑历史发展的开端。详细内容请参看第76页。

建筑项目数据：
召开地——东京都港区（AXIS画廊）
召开时间——1986年

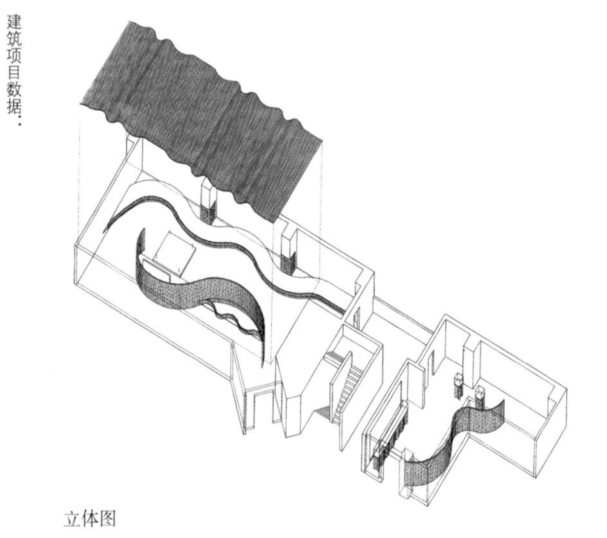
立体图

展览情况［照片：清水行雄拍摄］

1989年

水琴窟东屋［爱知］

为纪念名古屋市成立100周年而召开的世界设计博览会中，当地建设了具有日本庭园传统技法的水琴窟东屋。经防水加工的48根纸管在PC基础上呈圆形排列，与上部的环形结构实现了一体化。通过预留纸管之间的间隙，实现了通风与采光，同时夜间光亮可通过这些间隙照射进来，东屋自身亦成为照明器具。

立体图

建筑项目数据：

所在地——名古屋市（世界设计博览会·白鸟会场）

设计——坂茂建筑设计

设计合作者——平贺信孝（建筑网络）

结构设计——坪井善昭、松本结构设计室

施工——乃村工艺社

竣工年份——1989年7月

东屋外观［照片：平井广行拍摄］

1990年

小田原展览馆［神奈川］

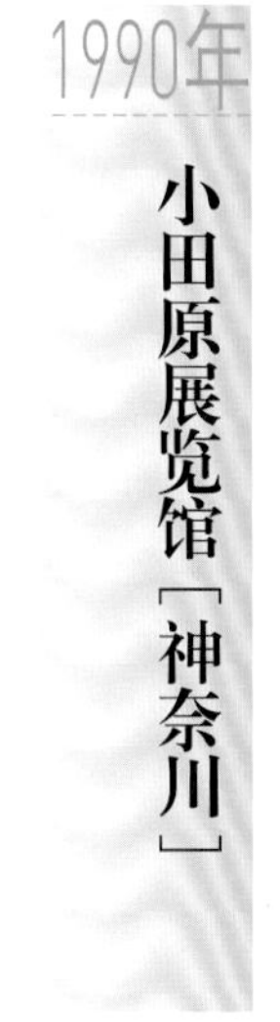

图为小田原市成立50周年活动主会场的多功能大厅与东侧入口。大厅使用钢筋柱子支撑屋顶，并使用8米高的纸管作为内外装材料。入口则同时使用纸管桁架结构及钢筋结构。接缝处使用钢制角材，于纸管的中空部分加入钢筋使之一体化。详细内容请参看第116页。

主会场大厅外观［照片：平井广行拍摄］

1991年

诗人的书库［神奈川］

这部作品是为诗人高桥睦郎所设计的书库。这一作品发展了小田原展览馆东入口（请参看120页）的纸管桁架构造，接缝处使用了10厘米的木质角材来取代原来的钢制材料。四周的书架中加入了隔热材料并铺设于外壁。书架与纸管部分在结构上分离，仅固定在地板上垂直而立，承受来自水平方向的风力。

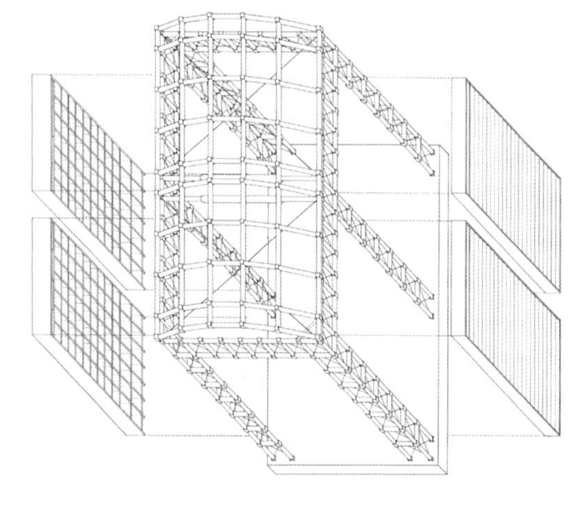

立体图

建筑项目数据：

所在地——神奈川县逗子市
设计————坂茂建筑设计
结构设计——松井源吾、手塚井、伊东一夫
设备设计——URBAN设备设计室
施工————门松工务店
竣工年份——1991年2月

书库内部景观［照片：平井广行拍摄］

1994年

纸美术馆［东京］

这个作品为时尚设计师三宅一生的美术馆。这个建筑取得了建筑基准法第38条规定的许可，是第一个将纸管作为永久性结构材料而建成的建筑。铅直荷重由纸管柱子来支撑，水平力由防火结构的外墙来承受。纸管与地板之间的接合处仅仅使用了防错位的简易装置。排列的纸管在地板上可投下条纹状的影子。

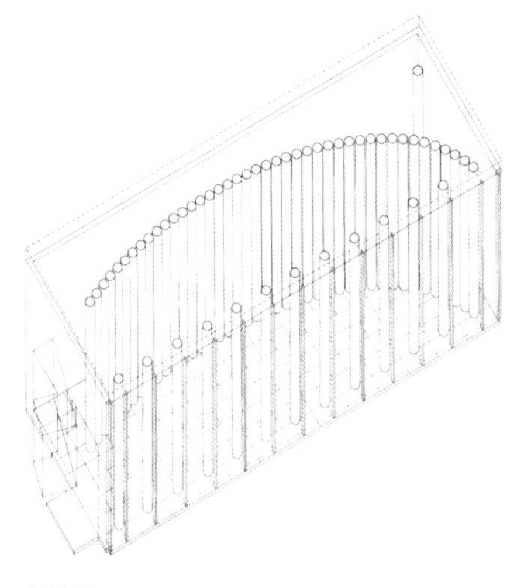

立体图

建筑项目数据：

所在地——东京都涩谷区
设计————坂茂建筑设计
结构设计——松井源吾、手塚升、星野建筑结构设计事务所
施工————乃村工艺社
竣工年份——1994年2月

纸美术馆内部景观［照片：平井广行拍摄］

1995年

纸制住宅［山梨］

这是作为坂茂的建筑而建成的房子。这个建筑先于纸美术馆取得了建筑基准法第38条规定的认证许可，但是竣工晚于纸美术馆。通过在10米×10米的平面上呈S形排列100根纸管，打造出了多样的内外空间。铅直荷重由10根纸管来承受，水平力由80根纸管承受。打开外周部分玻璃拉伸门即可连通回廊与阳台。

立体图

建筑项目数据：

所在地——山梨县山中湖

设计——坂茂建筑设计

结构设计——松井源吾、手塚井、伊东一夫、山田伸典

施工——丸格建筑

竣工年份——1995年7月

纸制住宅外观［照片：平井广行拍摄］

1995年

纸教会［兵库］

此建筑为因阪神淡路大地震而烧毁的教会而建设的社区大厅。直径33厘米的59根纸管呈椭圆形排列，其周围使用嵌入了聚碳酸酯镀锌波纹板的钢制框架。在建筑物深处纸管排列较为紧致，建筑外围的排列相对稀疏，由此内部空间与外部空间的使用可实现一体化。详细内容请参看第10页。

纸教会外观［照片：平井广行拍摄］

1995年

纸制原木屋·神户［兵库］

阪神淡路大地震灾后重建支援中建设的纸屋，为卢旺达难民避难所方案的改良版。房屋面积16平方米，相当于联合国规定的一户人口居住单元的标准面积。木屋整体使用了直径11厘米、长度2米的纸管共200根。详细内容请参看第122页。

纸制原木屋内部景观［照片：平井广行拍摄］

1998年

纸穹顶［岐阜］

这个建筑是为专门建造木制住宅的工务店而提供的纸穹顶。其宽为28米，深25米，高8米。纸管使用集成材料的接合装置进行接合，形成拱形。水平刚度由兼做屋顶基础的结构性合板承受。在不影响构造的条件下，于该合板上打设圆形孔洞，这样通过屋顶的聚碳酸酯镀锌波纹板和该孔洞可进行自然采光。

建筑项目数据：

所在地——岐阜县小坂町
设计——坂茂建筑设计
结构设计——播设计室手塚井
施工——池畑工务店
竣工年份——1998年1月

纸穹顶内部景观［照片：平井广行拍摄］

1999年 联合国难民事务高级专员办事处纸避难所［卢旺达］

图为卢旺达内战难民使用的避难所。该避难所出现之前，多数难民将联合国提供的铝制帐篷的支架卖掉来赚取生活费，并在周边的森林砍伐树木来制作新的帐篷支架。坂茂提出新方案，使用纸管支架和由联合国提供的4米×6米塑料膜来建造避难所。

建筑项目数据：

所在地——— 卢旺达比温巴难民营
设计——— 坂茂建筑设计
施工年份—— 1999年2月

纸避难所［照片：坂茂建筑设计］

2000年 汉诺威世界博览会日本馆［德国］

图为为汉诺威世界博览会提供的纸展馆方案。该方案发挥了纸管的特性，设计出网壳状的纸管穹顶。通道穹顶约长74米、宽35米、高16米，呈三次元曲线网壳状。为了减小风力冲击，表面做出凹陷部分。纸管使用布质地的胶带进行捆绑实现简单接合。详细内容请参看第126页。

日本馆内部景观［照片：平井广行拍摄］

2000年 纸屋［土耳其］

图中建筑是为1999年土耳其西北部大地震中的受灾民众所设计的纸屋。这一版在1995年的神户版本基础上，考虑受灾地的气候与生活方式而进行了改良。坂茂团队与当地建筑师共同对这一设计进行了调整，如改变木屋的大小以适应受灾地群众的家庭人口数量，并在纸管中填入纸屑提高其隔热性能等。

建筑项目数据：

所在地——— 土耳其 凯纳斯里
设计——— 坂茂建筑设计
设计协助—— Mine Hashas, Hayim Beraha, Okan Bayikk
协助——— MOSAIC公司
施工年份—— 2000年1月

纸屋外观［照片：坂茂建筑设计提供］

2000年

纸穹顶［美国］

这是在纽约现代艺术博物馆（MoMA）举行的策划展览的参展作品。该策划是建造现代实验建筑，在MoMA的雕刻庭院中架起了一座纸管拱形桥。在汉诺威世界博览会日本馆中，为了控制纸管网壳屋顶的变形而使用了木质的拱形结构，但此处仅仅使用纸管。此设计解决了汉诺威世界博览会的课题，该建筑成为一座纯粹的纸建筑。

立体图

建筑项目数据：

举办地——美国 纽约（纽约现代艺术博物馆）
设计——坂茂建筑设计
结构基本设计——竹中工务店
结构设计协助——Buro Happold
设计协助——Dean Maltz Architect
施工——Atlantic Heydt Corporation
举办年份——2000年4月

纸穹顶［照片：坂茂建筑设计］

2001年

纸屋［印度］

这是为印度西部普杰地震受灾者而改良的纸屋。该建筑以地震中倒塌建筑物的瓦砾为基础，在其上凝固泥土制造出土间地面。屋顶覆盖二层藤条垫，中间夹入塑料薄膜并固定在竹制的小屋骨架上。通过使用了藤条垫的半圆形山墙可实现自然换气。

建筑项目数据：

所在地——印度 普杰
设计——坂茂建筑设计
设计协助——Kartikeya Shodhan Associates
施工年份——2001年9月

纸屋外观［照片：Kartikeya Shodhan拍摄］

2003年

纸工作室［庆应义塾大学SFC坂茂研究室］［神奈川］

这是以纸管为结构的临时设计工作室。为了极力减少解体后产生的废弃物，其基础未使用混凝土浇筑，而是在沙袋上铺设4列I型钢材，提供支撑荷重的基础。使用集成材料接合装置连接纸管形成拱形，将两端以螺栓紧紧固定于I型钢材上。这所高5米、宽10米、深10米的工作室由坂茂研究室的学生建设。

建筑项目数据：

所在地——神奈川县藤泽市（庆应义塾大学湘南藤泽校区）
设计——坂茂建筑设计
结构设计——手塚升
施工——庆应义塾大学SFC坂茂研究室
施工协助——太阳建设、TSP太阳
竣工年份——2003年3月

上 纸工作室外观 | **下** 同建筑内景观［照片：平井广行拍摄］

2003年

纸会场［荷兰］

此建筑是为阿姆斯特丹的剧团所设计的临时剧场。剧团希望这个建筑可以达到成本低廉并使用可回收材料的要求，因此该建筑使用了纸管。为了能够将该建筑在阿姆斯特丹公演结束后移建至乌德勒支，建筑为测地线圆顶，此圆顶使用了易于组装和拆卸的星形接合装置来连接短纸管。

建筑项目数据：

所在地——荷兰阿姆斯特丹及乌德勒支（移建）
设计——坂茂建筑设计
设计协助——STUT Architecten
结构设计——手塚升、abt Consulting Engineers
施工——Octatube
竣工年份——2003年6月

纸会场外观［照片：Jeroen Scheeling拍摄］

2004年

勃艮第运河博物馆 船库［法国］

这是首个纸制的公共建筑物。该建筑使用了汉诺威世界博览会日本馆所使用的直径120毫米、厚22.5毫米的纸管，但是由于委托人『地域社区机构』（Communaute de Communes de l' Auxois Sud）提出要求希望将其建成永久性建筑，因此坂茂设计了保证纸管失去耐力后易于替换的接合装置。同时，为达到公共建筑物的安全性要求，部分纸管以铝管取代。

纸管的接合部分。纸管可替换。

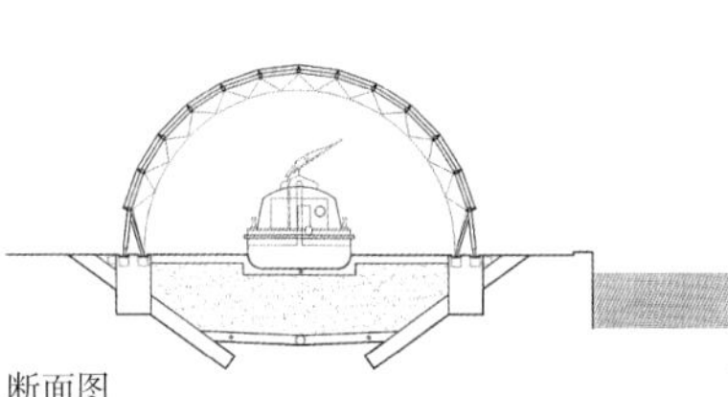

断面图

船库外观［照片：坂茂建筑设计］

建筑项目数据：

所在地——法国 珀伊黎昂诺克西奥
设计——SHIGERU BAN ARCHITECTS EUROPE
设计协助——Jean de Gastines Architecte DPLG
结构设计——Terrell Rooke and Associates
设备设计——Noble Ingenierie
施工——Deblangey’ ACML
竣工年份——2004年8月

2004年

纸临时工作室［法国］

这个纸临时工作室是为进行蓬皮杜中心梅斯分馆的施工设计而建设在巴黎蓬皮杜中心6层的台地上的建筑。以坂茂研究室的学生为中心，来自欧洲各国的学生利用暑假来这里进行小组讨论，并用3个月的时间建设完成。在2列书柜架上的纸管拱形结构确保了室内的高度。

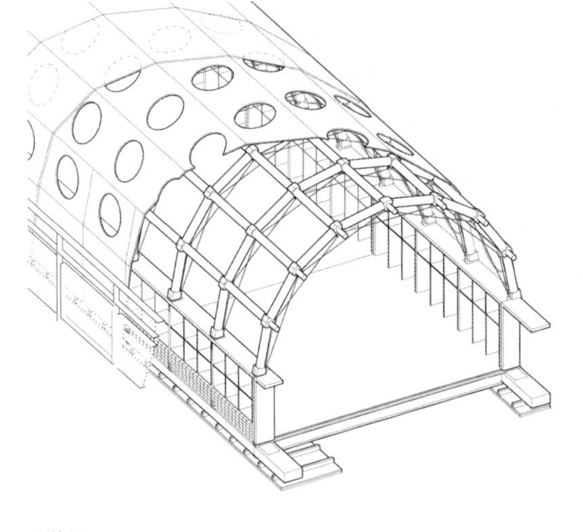

立体图

建筑项目数据：

所在地——法国巴黎 乔治蓬皮杜中心6层台地
设计——坂茂建筑设计
设计协助——Jean de Gastines Architecte DPLG
结构设计——手塚升
施工——学生
施工协助——太阳工业
竣工年份——2004年12月

纸临时工作室［照片：Didier Boy de la Tour提供］

2006年

瓦萨雷利展览馆［法国］

该建筑2006年临圣维克多山而建，是一座临时建筑，旨在向塞尚这位伟大的艺术家致敬。该建筑高8米，上部直径16米。呈伞状扩散的结构由纸管构成。站在伞状帐篷下，可以在绿色的怀抱中眺望圣维克多山。

建筑项目数据：

所在地——法国普罗旺斯市艾克斯
设计——SHIGERU BAN ARCHITECTS EUROPE
结构设计——Terrell International
竣工年份——2006年7月

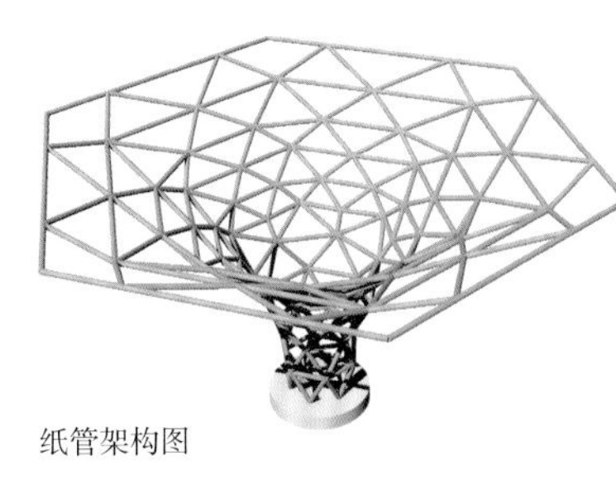

纸管架构图

瓦萨雷利展览馆［照片：Didier Boy de la Tour提供］

2007年

纸桥［法国］

图为建设在位于法国南部尼姆近郊的世界遗产罗马时代高架渠加尔桥旁的纸制临时桥。从地块的实际情况及结构的合理性角度出发，该设计选择了太鼓桥形状，与既有桥梁的拱形结构按照同一尺寸设计，相互之间非常和谐。该桥使用了直径115毫米、厚度19毫米的纸管，并使用施加了预应力的钢铁接合装置形成拱形。

建筑项目数据：

所在地——法国 雷穆兰 加尔桥
设计——SHIGERU BAN ARCHITECTS EUROPE
结构设计——Terrell International
制作·施工指导——Octatube
施工——Ecole d' Architecture Montpellier+庆应义塾大学SFC坂茂研究室共同合作
竣工年份——2007年7月

纸桥［照片：Didier Boy de la Tour拍摄］

2007年 游牧美术馆［东京］

这个建筑是为展示摄影家葛雷哥里·柯北摄影作品的移动式美术馆东京巡回展览会场，经2002年的美国纽约展览、2006年的圣莫妮卡展览后被移建至东京。主体构造的6米集装箱为租赁而来，而屋顶材料和小屋中的纸管桁架结构则将过去建筑中的材料运送至当地加以重复利用。详细内容请参看第196页。

美术馆内部景观［照片：平井广行拍摄］

2008年 四川5·12汶川地震灾后重建支援成都市华林小学纸管临时校舍［中国］

中国四川5·12汶川地震灾后，受灾小学中建设了以纸管为结构的临时校舍。总计120名日本及中国的志愿者共同协作，40天完成了3栋（9间教室）校舍。这是地震后救援活动中最早完成的校舍，也是中国国内首个纸管建筑。详细内容请参看第30页。

纸校舍的施工情况［照片：坂茂建筑设计提供］

2009年 纸塔［伦敦南岸］

此建筑是为伦敦主办设计节策划制作的塔。为响应『利用日常生活中的素材，颠覆一般性概念』这一策划主题，设计师使用纸管完成了这一纪念性建筑。这一建筑利用星形接合装置连接纸管而形成网状构造，高度22米，为世界最高。

建筑项目数据：

展览期间——2009年9月19日—10月中旬
所在地——伦敦 英国
项目团队——SHIGERU BAN ARCHITECTS EUROPE
结构设计——ARUP

纸塔外观
［照片：Phillips de Pury & Company拍摄］

2013年

纸大教堂［新西兰］

这是为新西兰南部地震中受损的基督城大教堂而设计的纸临时教堂。该教堂使用了可在当地收集的纸管与集装箱，并继承了原大教堂的平面与立面形状，并通过逐渐改变同等长度的纸管角度来打造出三角形断面的空间。详细内容请参看第64页。

纸大教堂模型［照片：坂茂建筑设计提供］

2013年

莫斯科临时美术馆［俄罗斯］

这是一个为位于俄罗斯首都莫斯科的Gorky Park公园中的艺术走廊『车库中心』而建设的临时建筑项目。与目前为止其他的临时建筑一样，该临时美术馆委托方也提出了低成本、短工期的要求。该建筑使用了当地生产的纸管。纸管被排列成椭圆形，形成了高6米、总面积达2400平方米的空间。

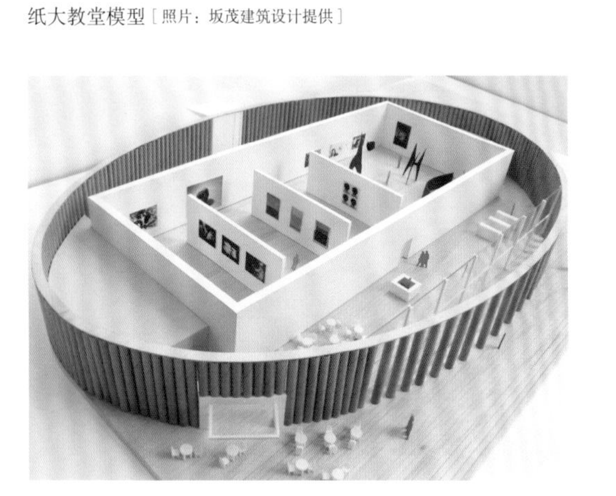

莫斯科临时美术馆模型［照片：坂茂建筑设计提供］

建筑项目数据：

所在地——俄罗斯 莫斯科
设计——SHIGERU BAN ARCHITECTS EUROPE
设计协助——TAMVIIS
结构设计——TAMMVIS LLC./Werner Sobek Moskwa LLC
施工——Design and Construction Company "KITOS" LLC
竣工年份——2013年2月

美术馆外观［照片：坂茂建筑设计提供］

第四章

素材·技术
寓于形态之中

在坂茂的多数建筑中，
素材与技术成为决定其形态的重要因素。
合板、厚纸、百叶窗、电梯、家具、集装箱……
通常被当成配角的素材，
在坂茂的建筑中一跃而出成为主角。
这样的创意究竟来自何处？
让我们通过与建筑家山梨知彦的对话，
来探明其创意的源泉。

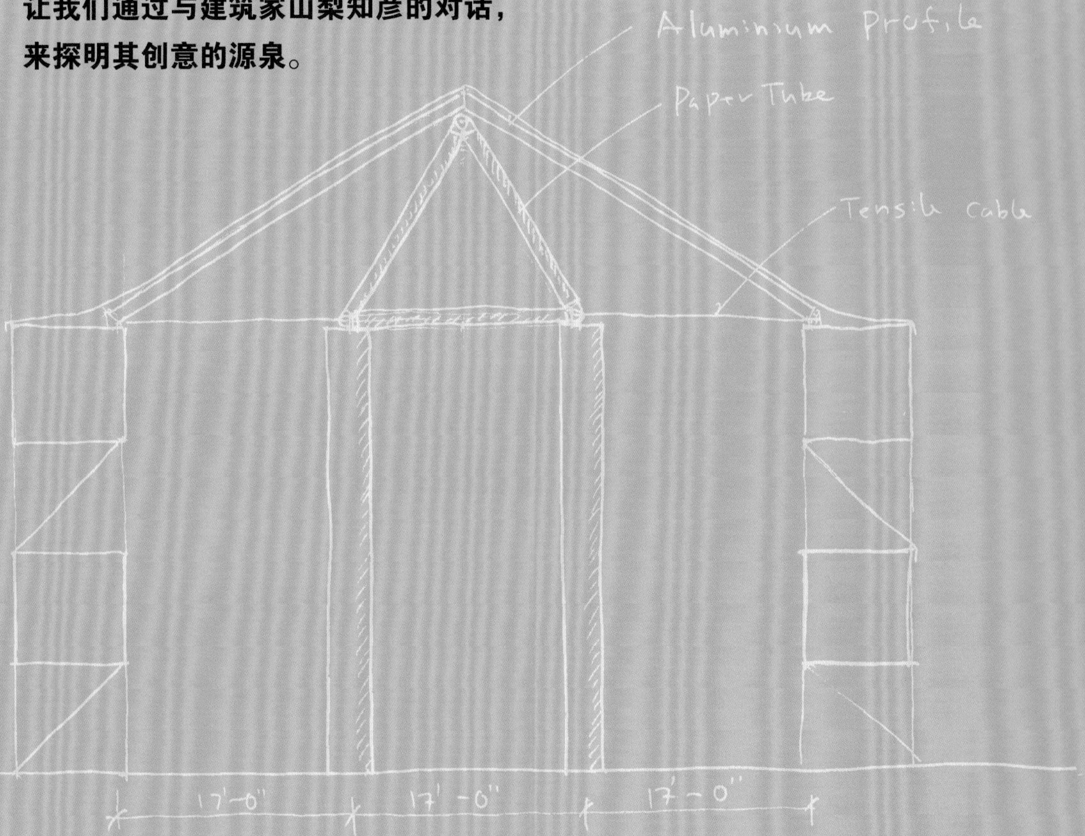

背景为游牧美术馆（第196页）草图

1997年

建筑作品 10

羽根木的森林

东京都世田谷区

NA1998年2月23日号刊载

利用三角桁梁留存树木

图为留存树木开口处的仰视图。
为确保开口部分在没有梁的情况下仍然结构稳定，该建筑使用了正三角形桁梁结构［照片：平井广行拍摄］

我们可以透过树木间隙看到该建筑雪白的墙壁和玻璃。这是东京都世田谷区的租赁住宅『羽根木的森林』，它通过三角形桁梁构造达到了未砍伐任何地块中的植物这一要求。

这个项目的委托人芹泽良明拥有这块地及其周边土地共3000平方米，是继承自家宅子及杂树林、20世纪60年代父辈经营的外国人公寓而来。由于早先的住宅老朽，正逢需要重建之时，他决定将附近一带全部进行整顿。

他计划将杂树林保留下来，并在其中一角建设『羽根木的森林』，希望能够建成一座『不影响树林气氛、居民可在其中步行穿过树林回家的集体住宅』。

三层复式的『长屋形式』

这个项目交给了坂茂。坂茂为了控制工程成本，放弃必须满足诸如防火分区等建筑标准的公用走

1. 1层空庭。外壁为防水镜面，开口处张贴了热线反射膜。地面铺设了木片。柱子为直径300毫米的圆柱，目的在于使其能够与外部树木达成和谐。**2.** 为树木留出空间的建筑部分的曲面出现在室内。

廊、楼梯等，而是选择了连续的三层复式结构的『长屋形式』。同时为了保留『穿过树林的感觉』，一层部分作为空庭，除了工作室以外并未设计居室。同时入口处使用透明玻璃，工作室外墙张贴镜子，减弱其给人的过量之感。关于结构的探讨是从测定保留树木的位置开始的。

立体图

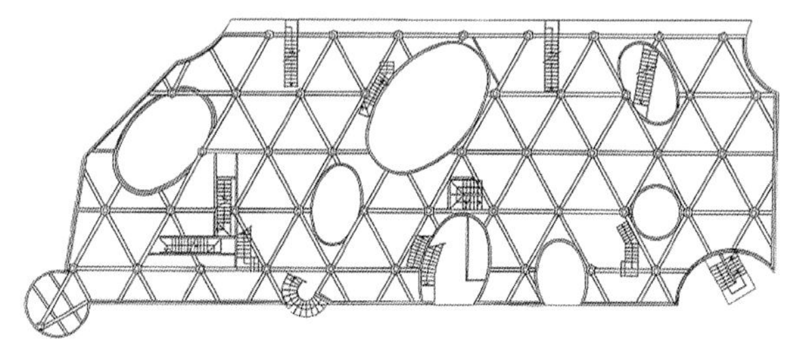

鸟瞰图1/600

图中是为高17米的榉树而预留的天井。在空庭处放置的白色箱子内是空调的室外机。

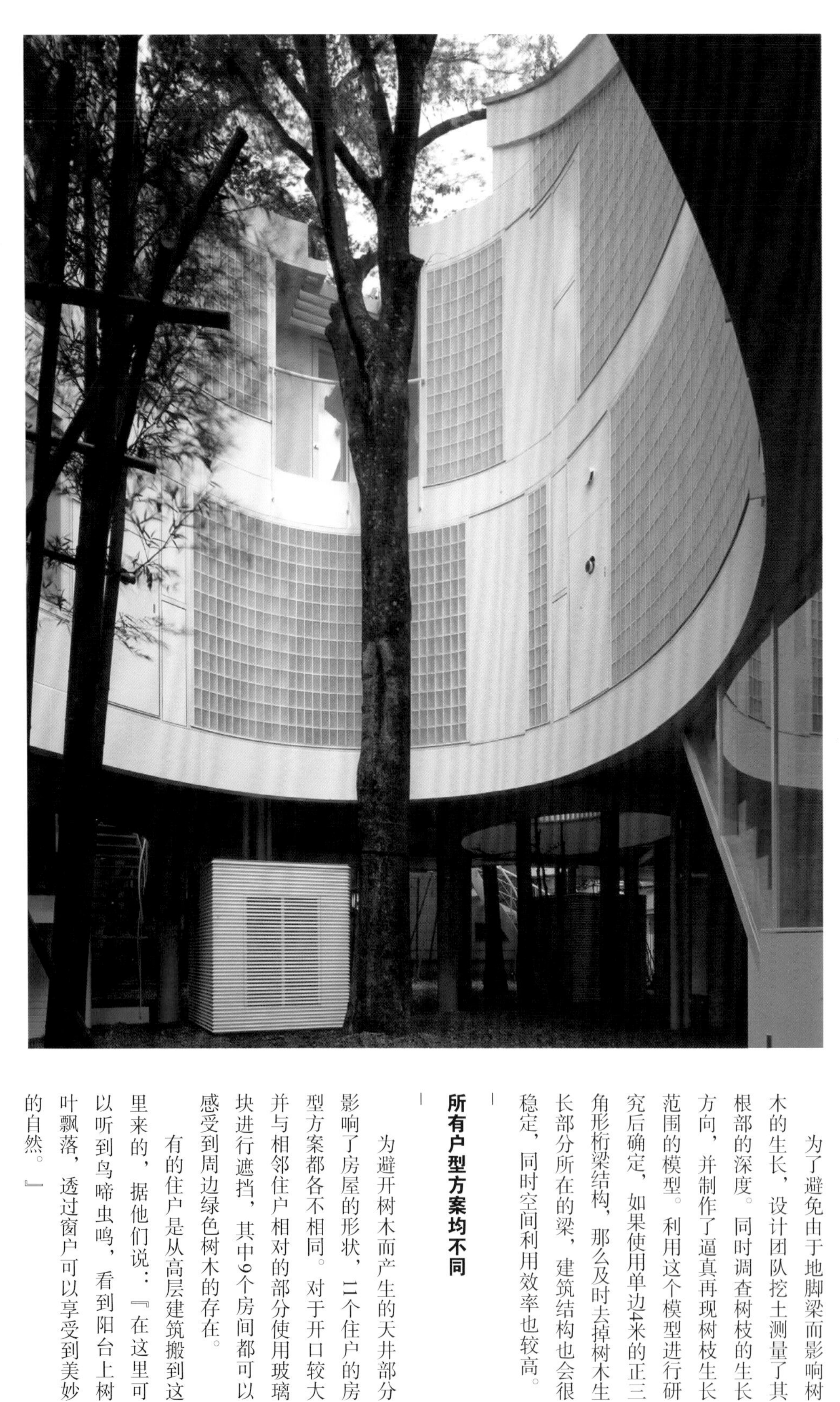

为了避免由于地脚梁而影响树木的生长，设计团队挖土测量了其根部的深度。同时调查树枝的生长方向，并制作了逼真再现树枝生长范围的模型。利用这个模型进行研究后确定，如果使用单边4米的正三角形桁梁结构，那么及时去掉树木生长部分所在的梁，建筑结构也会很稳定，同时空间利用效率也较高。

所有户型方案均不同

为避开树木而产生的天井部分影响了房屋的形状，11个住户的房型方案都各不相同。对于开口较大并与相邻住户相对的部分使用玻璃块进行遮挡，其中9个房间都可以感受到周边绿色树木的存在。

有的住户是从高层建筑搬到这里来的，据他们说：『在这里可以听到鸟啼虫鸣，看到阳台上树叶飘落，透过窗户可以享受到美妙的自然。』

过程 | PROCESS

为防止土地的细分化放弃独户建筑

芹泽良明在进行租赁业务的同时成立了名为租赁住宅研究室的公司，对高质量居住环境的租赁住宅经营方法进行了研究。

1994年，他获得建筑家宫肋檀的协助，制作了所持土地的基本方案。宫肋先生向他提议在“羽根木的森林”的地块上建设独户住宅，但是芹泽良明认为“为了将这块土地流传下去，集体住宅的形式更好”。

以建筑物环绕树木的这个方案，由于在十年前建设的独户住宅中已经实践过，所以芹泽良明明白是可以实现的。由于树木而变更的设计仅有一处。不过施工过程中，发生台风时发现树木会接触到建筑物。对于这部分，坂茂通过使用铁架控制或者裁剪树木解决了这个问题。

对于今后树木的成长，芹泽良明说道：“我无法保证百年之后的情况，但是我相信暂时是不会有问题的。”

细节 | DETAIL

积极利用海外产品

坂茂［坂茂建筑设计代表］

我感觉日本建筑的建造方法，在产品和技术人员的选择方面自由度较低，于是在“羽根木的森林”这个项目中我特意尝试使用了海外的产品。在主要的入口处使用了韩国制造的双层玻璃，玻璃块则使用了意大利制造的产品。在性能方面，这些海外制造的产品与国产产品没有太大区别。双层玻璃加上运输费用，其成本仅为国内产品价格的一半。

南侧住户的开口部分使用了外置卷式遮光帘。因为是以长屋形式建造的，建筑物开口必须在其周围2米以上，没有多余的空间可以用来遮光。卷式遮光帘在欧洲很普及，但是我们在日本没能买到，于是请太阳工业帮忙从比利时进口。委托人和施工单位对此都给予了很大的理解，所以收效甚好。（访谈内容）

装设了卷式遮光帘的开口部分。遮光帘沿固定在其左右的准绳上下活动。

1. B方案住户的客厅。与邻居住户相接的墙面用来进行收纳，增强其隔音效果。地板厚度12毫米，墙壁为厚度12毫米的石膏板AEP，屋顶张贴壁纸。**2.** 图为从使用了D方案的2层望向3层时的情况。北侧住户2层、3层为天井，3层突出部分屋顶以确保达到层高要求。**3.** 从北侧看到的A方案住户。1层右侧为玄关。环抱着树木的玻璃圆柱中间与楼梯相通。2层左侧是客厅，右侧是餐厅。

建筑项目数据：

所在地——东京都世田谷区

地域·地区——第一种低层住宅专用地域、
准防火地域、第一种高度地区

占地面积——1034平方米

建筑面积——554平方米

使用面积——1241平方米

结构·层数——S结构 地上3层

设计——建筑：坂茂建筑设计|策划：租赁住宅研究室
结构：星野建筑结构事务所|设备：佐藤秀

植物：草树舍

监理——坂茂建筑设计

施工——建筑：佐藤秀|电气：振兴电气
空调：太平工程、东京燃气
卫生：米山工业|外围结构·造园：绿进造园

施工期——1996年9月—1997年11月

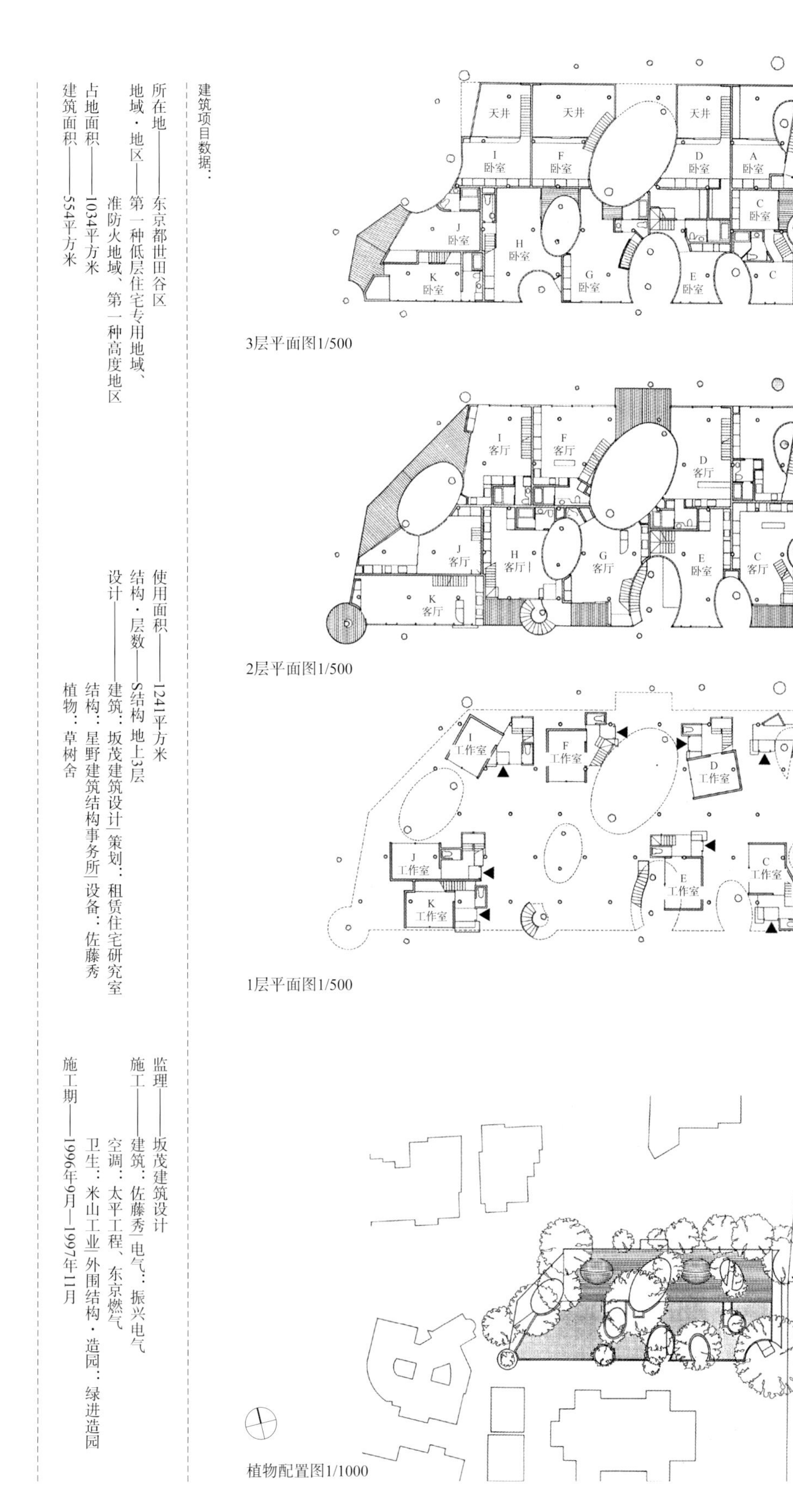

3层平面图1/500

2层平面图1/500

1层平面图1/500

植物配置图1/1000

1997年

建筑作品 11

9格房

神奈川县秦野市

NA1998年7月13日号刊载

重排9个房间

图为建筑物西南侧。从这个角度可以看到将房屋分割为9个区域的拉伸门滑轨。为了获得视觉上的整体感，地面使用了与厨房和浴室同样材料的大理石。乍一看室内地面非常平坦，其实浴室周围地面特设有高度差［照片：平井广行拍摄］

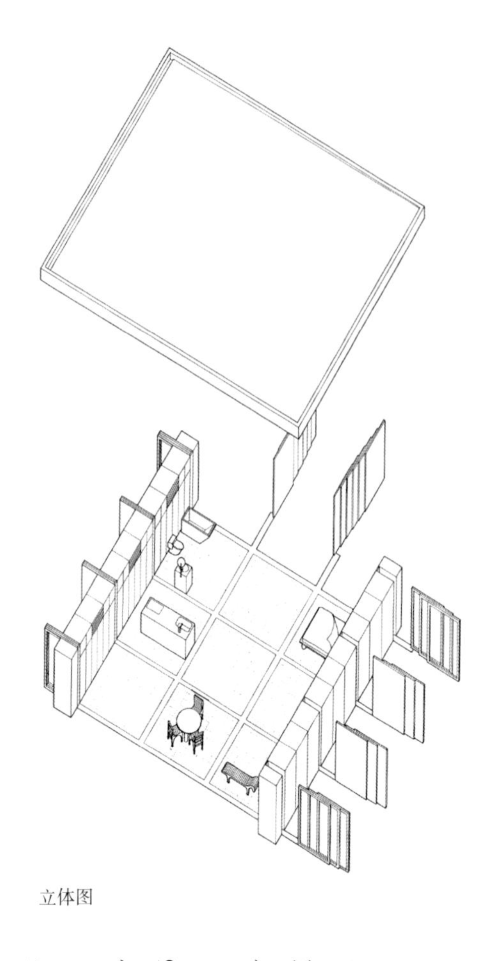

立体图

该住宅为单间，室内呈单边为10米的正方形，西南侧视野较好，用做天井，两侧的整个墙面配置固定家具。地板上分区拉伸门滑轨呈「井」字排列，由此房间被分隔为9格空间，可根据寒暑及人数调整房屋空间。

我们可以将这一设计理解为对日式拉伸门的灵活应用。设计者坂茂认为『这样水平扩展的空间让人感到非常的清爽』。至今一直在研究空间结构灵活应用的坂茂对此住宅十分满意，他说：『这应该是我最后一个这种风格的建筑。』

将日本建筑的可变性应用于现代建筑

坂茂这一正方形9格房的创意酝酿已久。不过他计划的是将这一方案运用于一般住宅而非别墅。虽然LDK等固定房间功能和形态的住宅一直是主流，但是坂茂希望能够告诉人们有分隔功能的住宅非常适合日常生活。

而这一次客户提出的要求正适合坂茂实现这一想法。在委托给坂茂这个建筑时，客户出自『专业人士值得信赖，应该全部放手交给他们』的信念，在签订合同时就对坂茂说：『按照您的想法去做吧。』当然，客户也有最低限度的要求，不过只是简单基本的内容——『建两层的话要有楼梯。天花板尽量高一些。客厅大一些』。

正好客户的家庭构成也十分适合这个方案。客户为两名共同生活的男性，所以不需要儿童用的房间。就这样，这个可以自由分割为9格分区的正方形房间方案实现了。

客户委托设计业务时，有两点期望。一个是期望达到以家具构成房间的低成本预算，再一个是期待能有一个较高的天井。不过完工的住宅『因为是单层房屋所以没有天井，成本也绝对不算低』，他们苦

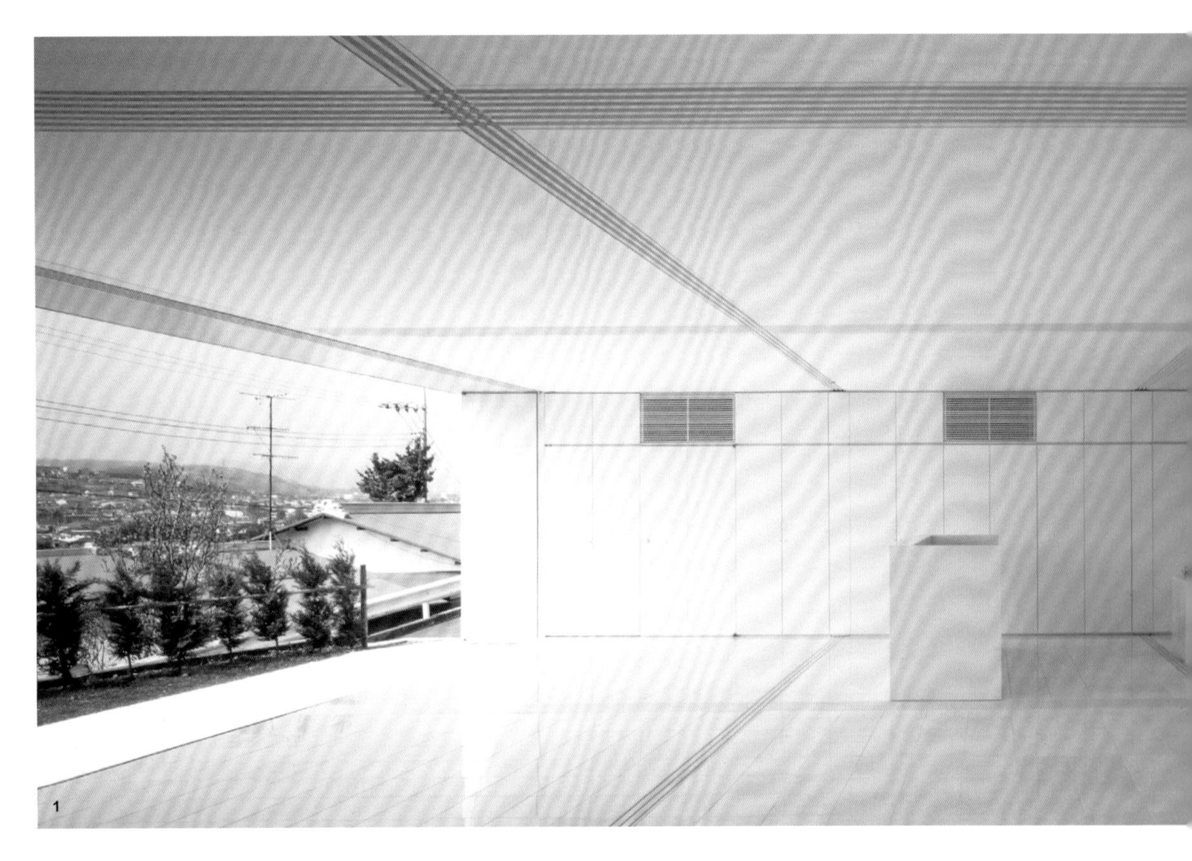

笑道。但即便如此，他们也非常满意。『家具墙立起来的时候就像雕刻一样，非常漂亮。我们要的就是独一无二的自己的住宅。』客户说道。

建筑项目数据：

所在地——神奈川秦野市
地域·地区—第一种低层住宅专用地区
占地面积—335平方米
建筑面积—125平方米
使用面积—124平方米
结构——钢筋结构单层建筑
设计——坂茂建筑设计
施工——石棉建设
施工期——1997年2月—11月
总工程费用—2650万日元

1. 内部景观。固定的家具兼具结构体的功能。素材使用了钢制结构常用的极薄钢材，并通过工厂加工，解决了加工时产生的噪音、隔热材料施工精度的问题。为了能够达到一个完整单间的效果，分隔装置可以伸至屋外。为了不影响使用舒适度，在家具中也预留了音响、电脑、电子设备的空间。**2.** 设置了分隔装置以后的情况。

建筑作品
12

合欢树美术馆

静冈县挂川市

NA2000年3月6日号刊载

结构材料使用再生纸蜂窝板

“设计时，我们在展示作品的背后可以有绿色植物。”——坂茂。这是一个全面使用了玻璃窗的展示空间［照片：平井广行拍摄］

建在静冈县挂川市山间的合欢树美术馆，是由演员宫城麻里子创设的『合欢树学园』运营的美术馆。作为展示残疾儿童美术作品的设施，该美术馆开设于1999年5月。

从整个屋顶采光

在这个美术馆的设计中，坂茂的目标是实现『仅通过自然采光即可欣赏作品』。他使用蜂窝纸管构成的三角形纸筒集合体构成屋顶架构，并使用透光的合成树脂材料加以覆盖，可以从整个天花板均匀采光。

屋顶架构所使用的蜂窝纸板是由美国GRID CORE公司开发的100%绿色再生纸材料。将这样的高60厘米、单边1米的蜂窝纸板组合成正三角形的筒状结构并依水平方向进行连接。以单边3米的正三角形为一个单元，不断组合这样的单元可以形成一个大的正三角形屋顶。『为了缩短工期，正三角形的基本单元都在工厂先行组装』，坂茂说。

通过38条认证使之成为结构材料

据坂茂讲，蜂窝纸板通常为家具等的使用材料，这一次将它作为结构材料使用在日本和美国尚属首次。包括铝制的金属接合装置在内的整体架构，经过建筑基准法第38条及相关认证，蜂窝纸板正式作为结构材料投入使用。

坂茂设计的『2000年汉诺威世界博览会日本馆』山墙，计划将会使用『合欢树美术馆』应用的屋顶架构的结构（请参看第131页）。

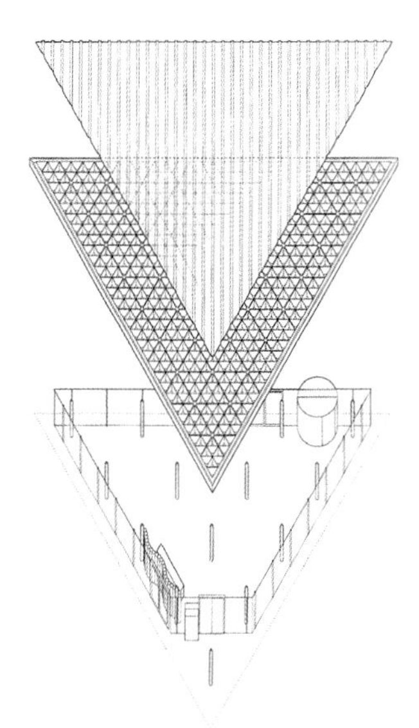

架构及空间构成

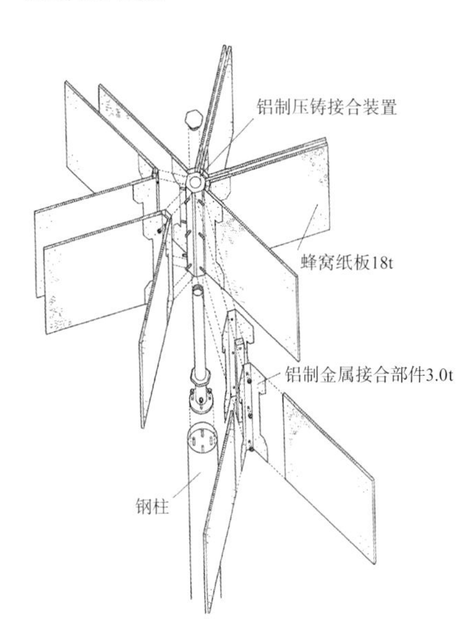

接合部分细节

建筑项目数据：

所在地——静冈县挂川市上垂木3534-1
项目占地面积——1464平方米
建筑面积——320平方米
使用面积——299平方米
结构·层数——蜂窝纸板三角格子构造·S构造、单层建筑
委托人——建社会福祉法人 合欢树福祉会
设计——建筑：坂茂建筑设计|结构：播设计室|材料试验：手塚升|设备：滨崎设备设计事务所
施工——TSP太阳JV
施工期——1999年2月—5月

1. 西南侧外观。**2.** 6组单边3米长的正三角形单元顶点以铝制的金属接合装置连接，并使用钢制柱子加以支撑。架构上部的屋顶表面为双层皮膜，外侧为防水FRP折板屋顶，内侧为不可燃膜状PCV覆层模板。为隔热在两者之间预设空气层。

设计者之声 | VOICE

不想制造垃圾的想法是理所应当的

坂茂［坂茂建筑设计］

［对“生态保护会影响建筑设计发生怎样的变化”这一问题的回答］

这是建筑该如何建造的问题，而不是建筑形态本身会如何变化的问题。我从无人愿意以低廉和脆弱材料建造建筑的时代开始就对这样的材料抱有兴趣，并一直进行实际使用。因此我不希望别人仅仅因为我使用可回收利用的再生纸材料便认为我是在追赶“生态保护”的潮流。尽量不制造垃圾，这种想法根本就是天经地义、理所当然的。（访谈内容）

2001年

建筑作品

13

今井医院附属托儿所

秋田县大馆市

NA2002年7月22日号刊载

曲面成形的LVL
建筑空间环抱儿童

图为从南侧看到的游戏室墙面。辐射松LVL保持其天然质地。LVL格子中嵌入了玻璃［照片：除特别标记以外均为平井广行拍摄］

东南侧外观。屋顶为亚铅折板与FRP折板交叉而成。因地处多雪地带，因此屋顶设置为方便除雪的45度斜面。屋顶与LVL之间的空间为热量缓冲空间。

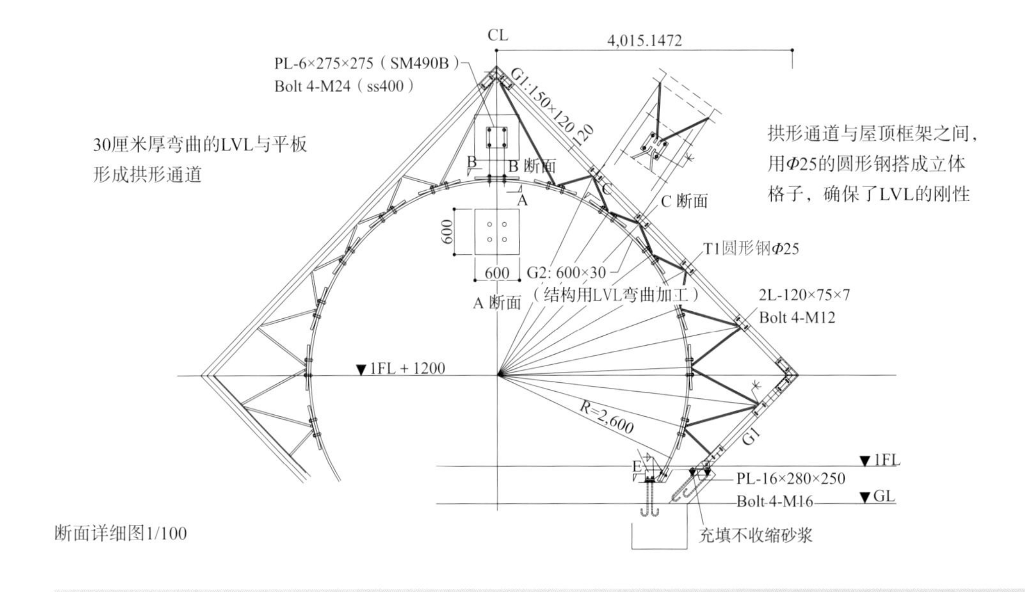

断面详细图1/100

素材 | MATERIAL

LVL［Laminated Veneer Lumber］是什么

LVL是将数毫米的木质单板统一纤维方向后黏合而成的材料。通常“合板”指的是将单板按照纤维方向垂直交叉黏合而成，主要当成表面材料使用。相对地，LVL可以用于承受柱子等轴力的部分，也可以在使单板弯曲的同时将其进行黏合来制作弯曲材料。负责托儿所材料弯曲加工的秋田胶合板建设部部长（时任）说“弯曲加工过的LVL成本约为平板的2倍”。

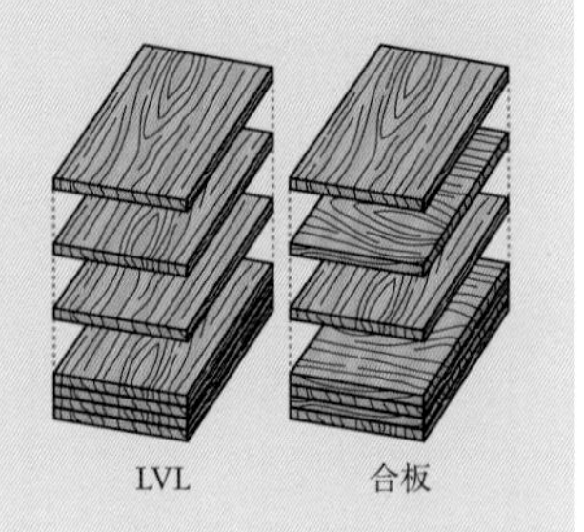

这个建筑颠覆了『木制』建筑给人的印象。将宽600毫米的板材弯曲为圆弧状后间隔排列构成空间。透过FRP折板的光线，穿过木板之间的缝隙柔和地照射进室内。这个空间明亮、轻柔，同时又能感受到来自树木的暖意。

这个托儿所于2001年春天在秋田县大馆市完工，旨在为相邻的今井医院员工提供托儿所设施。

覆盖游戏室的板材为辐射松的LVL。将该材料以半径2600毫米的曲率进行弯曲，再以平板LVL在其侧相连形成拱形通道。其外侧覆以倾斜45度角的屋顶。两者之间以圆形钢立体组合为格子形状确保LVL的刚性。

弯曲单板制作曲面LVL

负责设计工作的坂茂建筑设计合伙人平贺信孝解释道：『过去我们就非常关注是否能将LVL用作结构材料。通常大家会有LVL是合板所以不太好这样的印象，但其实它成本低又耐力稳定，用作结构材料的可能性还是非常大的。这一次我们希望能够达到建筑物给幼儿们一种被温柔包裹的感觉，我们尝试将LVL像日式木质饭盒那样进行了弯曲。』

LVL看起来轻薄，其实其厚度有30毫米，无法在现场靠人力来弯曲。在工厂内将厚度3毫米的单板进行弯曲作业的同时，将单板一张一张贴合，包括屋顶的框架一并组装为一个整体单元后再运到施工现场。

在旁边的地块上，由同一设计师设计的附属体育馆也在建设之中。这个体育馆使用了在日本少见的LSL（层叠木片胶合木）板材。这个建筑预计也将会改变木制球场一直以来给人的印象。

建筑项目数据：

所在地——秋田县大馆市片山町3-21
地域·地区——第一种居住地区
占地面积——235平方米
建筑面积——131平方米
使用面积——73平方米
结构·层数——木制 地上一层
委托人——和成会
设计——建筑：坂茂建筑设计
结构：TIS&PARTNERS
设备：ES ASSOCIATES
施工——SHELTER
施工期——2000年12月—2001年5月

从北侧看到的游戏室。托儿所的一名员工说“孩子们来这里都会高兴地叫着‘好像隧道！’”。我们去采访时，里面有三个小朋友在非常惬意地睡觉。

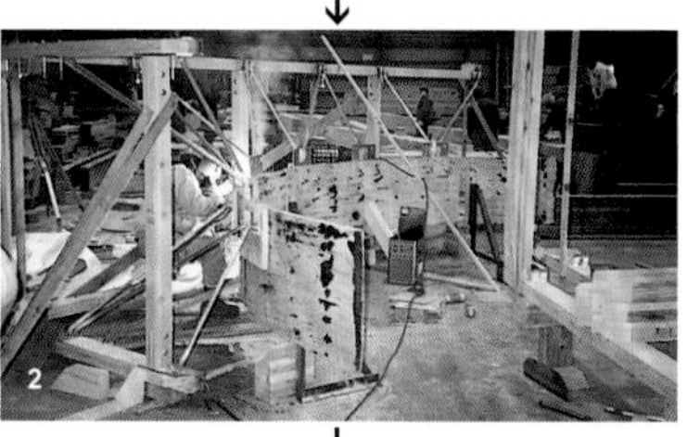

1. 曲面LVL的加工现场。将3毫米厚的单板在治具弯曲的状态下一张一张黏合。黏合剂凝固后，LVL就固定为弯曲的状态［照片：秋田胶合板提供］。**2.** 将完成曲面加工的LVL及屋顶的框架以圆形钢连接形成单元。从曲面加工到单元化的作业均在秋田胶合板的工厂进行。该公司为大断面集成材料制造商，亦参与了“大馆树海会场”的施工。**3.** 将在工厂制作完成的单元于施工现场进行组装。［照片：坂茂建筑设计提供］

2001年

建筑作品
14

纸资料馆
特种制纸综合技术
研究所Pam B
静冈县长泉町

NA2003年2月17日号刊载

旧工厂改造为自然采光的画廊

为使庭园与展示空间有整体感，建筑物南侧被设定为完全开放的形式。
景观由株式会社PLANTAGO的田濑理夫负责。
将隔壁旧研究所的解体材料作为土方加以回收利用［照片：除特别标记以外均为平井广行拍摄］

生产特殊印刷用纸及彩色纸等特殊纸类的造纸公司使老朽的研究所和实验工厂作为『纸相关素材研究开发馆』而重获新生。

在平面设计师田中一光（已故）的综合监管之下，Pam（paper and material）设计委员会成立，小池一子任馆长，坂茂负责建筑设计。研究所改建后的『Pam A』完成于2002年10月，与稍早开馆的『Pam B』共同投入使用。

与庭院连动，打造魅力场所

研究所楼的Pam A为新建，画廊栋的Pam B为改建单层实验工厂后重新投入使用。因为当时已经知道实验工厂的建筑不需要大规模工程，可以直接进行修补改建，田中一光提出『少用预算，将其作为提供较大展示空间的画廊使用』的方案，坂茂将这一方案实际反映在了建筑上。

旧实验工厂天花板高约6米，总面积约为942平方米，其南侧生长着一棵竣工时栽下的樟树。坂茂

1. 画廊南侧景观。即使关掉卷闸门，室内也可以通过FRP获得自然采光。“我希望展览品的展示不需要太过依赖人工灯光”，因此坂茂选择了透光材料。**2.** 改建前实验工厂的东侧外观。改建时为外墙抹灰泥后重新进行了涂装［改建前的照片：特种制纸提供］。**3.** 改建前室内的情况。可以看到南面的ALC墙以及铝制窗框被撤掉，内部构成部分也有变化。（请参考下一页的立体图）

确信『如果能够表现出空间很大这个特点，并且引入光源使其与庭院连动，这里会成为一个极具魅力的场所』，他与负责景观的田濑理夫合作推进了这个计划。

建筑物南侧将墙壁和柱子撤掉，改为全面开放形式。以墙壁为中心提高抗震强度，室内整体涂装为白色，这样就有了一个非常宽阔的空间。天花板上设置可移动分隔板用途的滑轨，根据展览内容可对空间进行调整。

卷闸门收起即成屋檐

在开口部分使用的成品卷闸门上进行了变向处理。通常的卷闸门在打开以后会自动向室内方向收缩，在这里进行了反向处理以后，一打开卷闸门便成为面向庭院的屋檐，为庭院与室内之间带来了过渡的效果。

建筑物地处可遥望富士山并被大自然环抱的地段。坂茂设计时尽量采用自然光线，实现与自然共生的想法。『不论是光线还是空间，

1. 画廊东侧。天花板较高的宽阔的展示空间中设置了可移动分区装置。按照展览会场的结构确保了设置通道和墙壁的自由度（图中所展示的为开馆时的活动）。 2. 南侧开口部分使用的手动式FRP材质的卷闸门。打开卷闸门后其可自然发挥屋檐功能，带来了庭院和室内之间的过渡效果。3. 外观夜景。图为打开FRP材质卷闸门以后的情况。

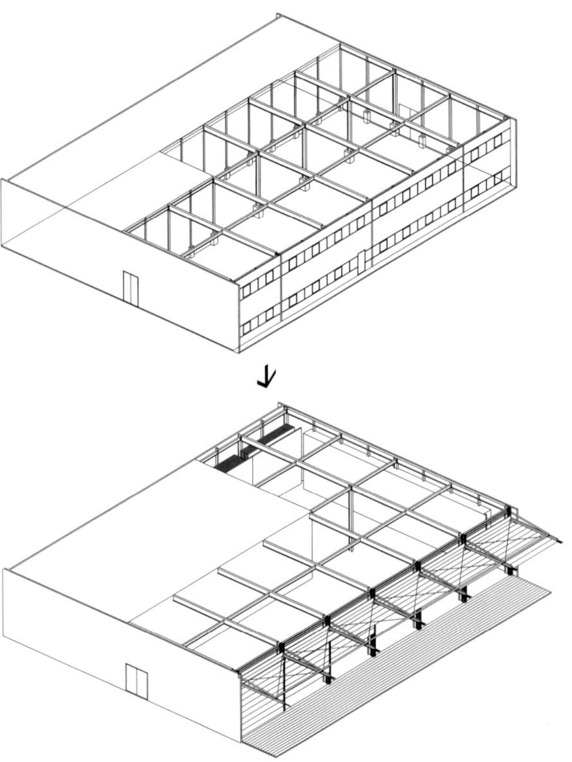

立体图（改建前后）
南侧开口部分的卷闸门方向与一般情况相反，可发挥屋檐的作用。

一旦把它做成封闭式的，是不可能让它做到既开放又明亮的。如果把它做成开放式的，那么就算空间既狭小又阴暗，我们依然可以把它建成可以调控的建筑。』坂茂说。

2

3

新建的Pam A是连接画廊的通幽小径

研究所楼如果进行修补改建，其成本会高于新建，因此设计师计划将其解体后新建Pam A。通过面向道路的Pam A的入口可以通往画廊Pam B。Pam A由数层FRP板覆盖，外观给人印象深刻，它由3层的天井分割为南北两个独立的部分。光线通过膜材天花板照射进天井，天井的定位是“室外空间”。采光较好的南侧用来办公，北侧用来做展示和收藏。综合总监田中先生在尚未完工时辞世。

图为从A馆2层跨桥看到的B馆入口。明亮的散步通道引导来访者走向画廊。

北侧外观。Pam A（照片右侧）与Pam B（照片左侧）通过玻璃通道舒缓地融合。

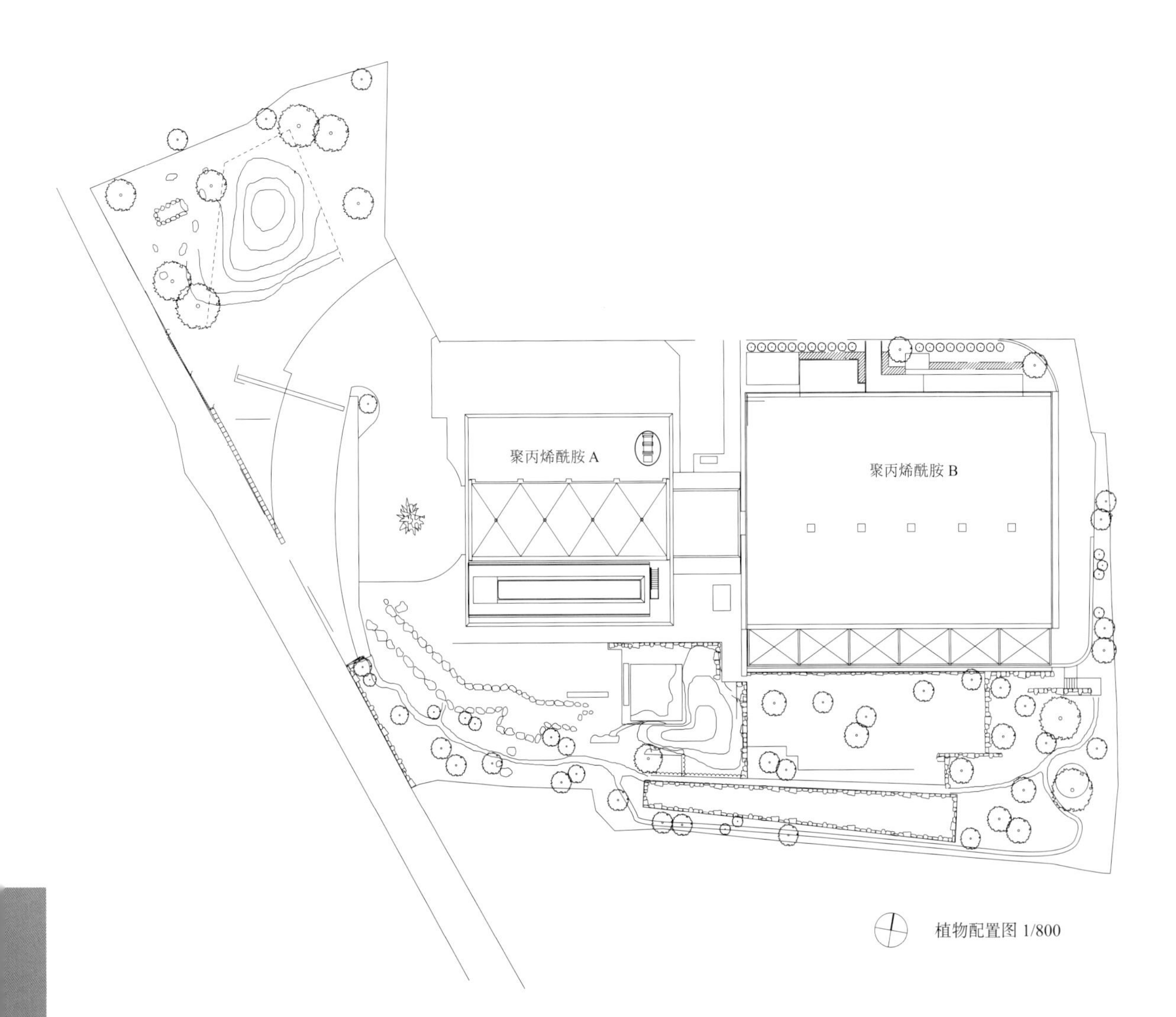

植物配置图 1/800

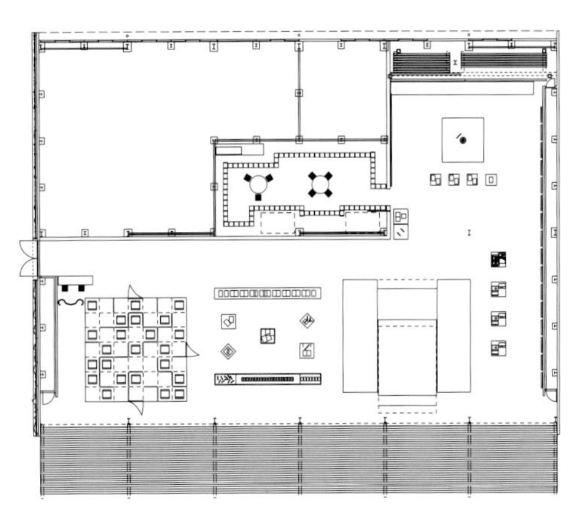

Pam B 一层平面图1/600

（图示为开馆时的活动布局）

建筑项目数据：

所在地——静冈县骏东郡长泉町本宿437

地域·地区—第一种居住地区 法22条地域

占地面积——6277.69平方米

建筑面积——942.76平方米

使用面积——942.76平方米

结构·层数—S结构 地上一层

委托人——特种制纸

设计·监理—建筑：坂茂建筑设计|结构：星野建筑结构设计事务所

设备：知久设备规划研究所

景观：株式会社PLANTAGO

施工——建筑：大林组名古屋支店|空调·卫生：朝日工业社

电气：关电工|石材作业：松田文平

设计期——2000年2月—2001年4月

施工期——2001年5月—10月

2004年

建筑作品 15

GC名古屋营业所

名古屋市千种区

NA2004年8月9日号刊载

建筑物西侧正面外观。
第180页的照片中紧闭的玻璃百叶窗全部打开。
建筑物共4层，其中1层到3层全部使用玻璃百叶窗。
高9米、宽4.5米的玻璃百叶窗共有5个。
位于中央位置的电梯井玻璃已固定。
4层部分的圆窗为聚碳酸酯材料
［照片：车田保拍摄］

外壁可开关，形成现代版“缘侧”

在办公室与外墙之间设置了一个半室外空间。外墙为开闭式的玻璃滑动门。

右侧照片为外墙玻璃百叶窗全部关闭的状态，左侧照片为玻璃门全部打开时的状态。在制造和销售牙科医疗产品的GC公司名古屋营业所，在正西面的大部分外墙上使用开闭式玻璃门，如此一来在其内侧打造出了一个半室外空间。

面向道路的建筑西侧可开可闭

这个地上4层的建筑物面向道路向西而立，于2004年5月完工。所在地块为南北走向，正面为西侧。GC公司对设计师提出的要求之一是希望这个建筑能够让当地的牙科医疗相关人士以及附近的居民轻松访问。

为此，面向道路的西侧空间设计为开放式更佳。但是如果全部开放，那么受西侧日照的影响，办公室内的空调负荷较重。既要能够给人开放的感觉，同时又要防止日晒——满足这两个完全相反条件的答案在日本传统民宅上。

『如果能够引入像民宅「缘侧」那样的缓冲空间，就可以同时达到开放性和防日晒这两个条件，』负责设计工作的平贺信孝说。他认为使用『缘侧』这一创意既可以提供开放空间，又可以控制

大道旁的缓冲空间。左侧2层部分办公室玻璃窗为可开关的拉伸窗。

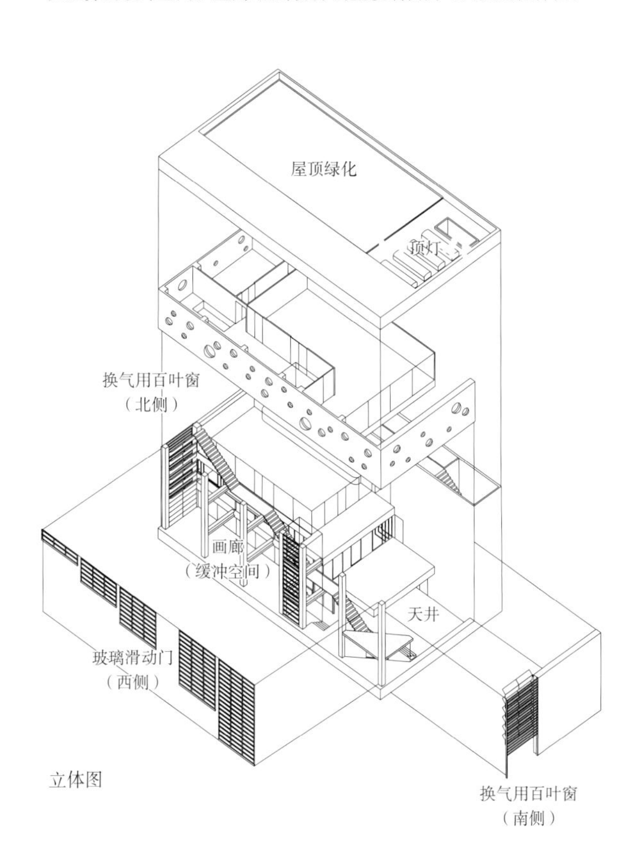

立体图

上方照片为玻璃百叶窗适度关闭时的情况，下方照片为全部关闭时的情况。玻璃百叶窗为电动开关式，单独进行操作。操作将其打开时，它们通过4层外墙内侧自动收纳至屋顶的百叶窗箱中。收纳时每段玻璃自行分离。开闭所花时间约为3分钟。

空调负荷。『缘侧』是分隔内部居住区域和外部空间的中间区域。通过这个位置门窗的开闭，可以打造出适应季节变化的环境，适于人们聚集于此。

设计师把这个可以称为现代版『缘侧』的缓冲空间安排在了办公室与外墙之间。外墙是高9米、宽4.5米的五枚玻璃百叶窗。缓冲空间使人们可以更加轻松地访问画廊。

在夏日的午后可以关闭缓冲空间两侧的玻璃。同时开放南北两侧外墙上的百叶窗，为缓冲空间提供通风，控制其温度的上升。而办公室一侧的玻璃面上则放下遮光帘。GC名古屋营业所管理科益子保广科长说在酷暑天里『也没有感觉到很热』。

设定按季节开关模式

“‘缘侧’是日本式的双皮层构造”，平贺先生说。冬天关闭房间外侧的门窗，“缘侧”空间内阳光既明媚又温暖。春秋两季顺应气候变化开关门窗，又可以获得舒适的环境。这个可被称为现代版“缘侧”的GC名古屋营业所的缓冲空间基本上发挥了和“缘侧”同样的作用。

夏季与冬季关闭缓冲空间两侧的玻璃，它就像隔断内外不同温度空气的双皮层，保证了办公室内空调的效率。冬天采用西侧日光照射，可以获得取暖效果。春秋两季中，可以顺应气候的变化，开关百叶窗和拉伸门来获得舒适的居住环境。

这个缓冲空间与过去的民宅大不相同的一点是其在夏季的使用方法。过去没有冷气设备的民宅为了尽可能达到避暑效果，会将“缘侧”两侧的门窗等全部打开，以方便凉风吹进室内。与此相对，此次的建筑则在夏季将缓冲空间两侧的玻璃全部关闭。

在设计这个建筑时，设计师掌握了“此地夏季刮南风”（坂茂建筑设计菅井启太）的情况，在建筑物南北两侧安装了百叶窗。向双皮层室的封闭空间中注入外界空气可以防止热量的聚集，达到降低办公室空调负荷的效果。

建筑物南侧也有巨大的天井。中央左侧的内墙为开闭式换气用的百叶窗（照片中为全关闭状态）。其左侧内墙进行了墙面绿化。

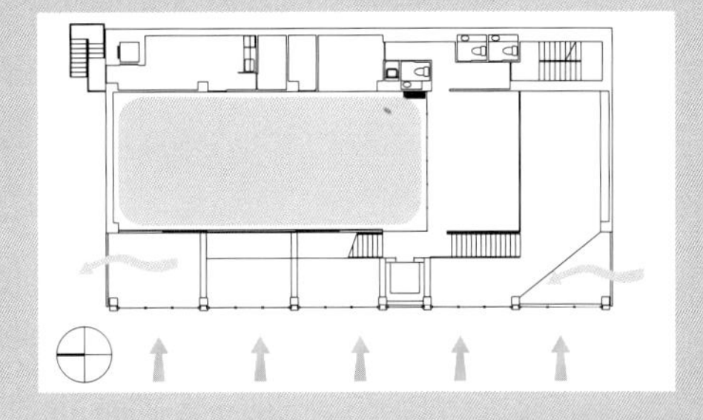

夏季使用方法。玻璃百叶窗和拉伸门全部关闭。将南北侧外墙上的换气百叶窗全部打开向缓冲空间通风，防止热量聚集，达到降低办公室空调负荷的效果。

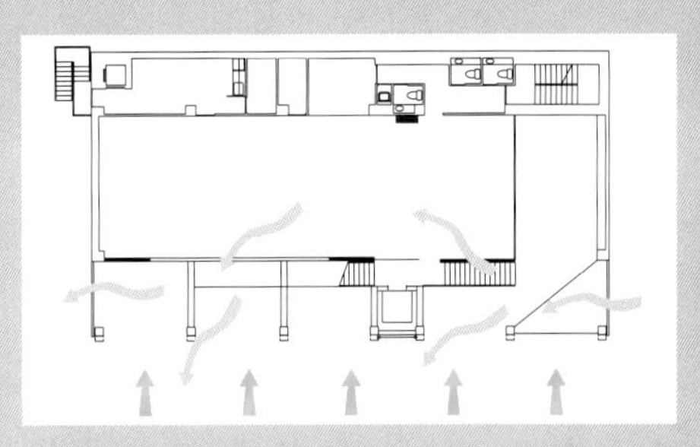

春秋两季使用方法。将玻璃百叶窗与拉伸门，甚至换气百叶窗应气候变化进行开关。通过向建筑物内适度通风可以获得应季的舒适居住环境。

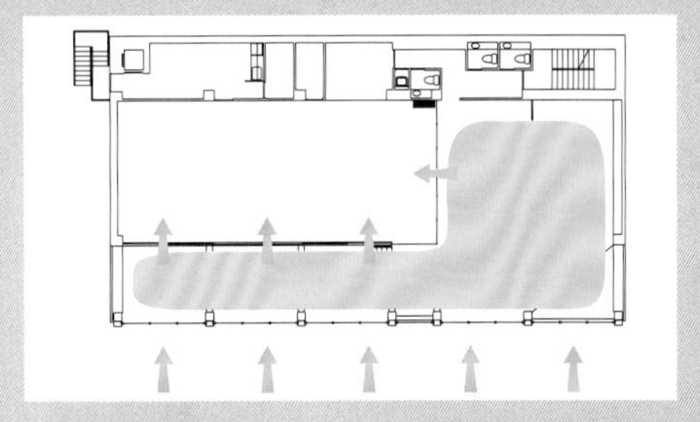

冬季使用方法。玻璃百叶窗与拉伸门全部关闭。将缓冲空间作为空气的缓冲体，同时继续西晒带来的热量，达到降低办公室内供暖负荷的效果。

1. 图为从3层讨论室前方所见外墙方向的情况。牙科医疗等相关人士聚集在此进行研修，该房间使用的是固定玻璃窗。**2.** 图为从天井2层的接待大厅眺望办公室。分隔天井和办公室的玻璃全部为可开关式。**3.** 4层大厅，圆窗投下的影子随午后太阳的运动而变换移动。

建筑项目数据：

所在地——名古屋市千种区姬池通3-19
地域·地区—近邻商业地区、准防火地区
占地面积——682.38平方米
建筑面积——350.12平方米
使用面积——1087.25平方米

结构·层数——S结构 地上4层
委托人——GC公司
设计监理——坂茂建筑设计、丸内建筑事务所
设计协助——结构：星野建筑结构设计事务所
设备：环境工程

施工——鹿岛
施工协助——电气：TOENEC
空调卫生·供排水：KAKEN
设计期——2003年4月—9月
施工期——2003年10月—2004年5月

4层平面图

3层平面图

2层平面图

1层平面图 1/400

南北断面图 1/400

2006年

建筑作品
16

成蹊大学信息图书馆
东京都武藏野市

NA2006年11月27日号刊载

浮在天井半空的小组阅览室

图为从5层阅览室空间看到的天井。
被称为“星球”的玻璃小组阅览室共有5间。
它们各自以一根柱子单独成立。
悬臂梁从柱子处呈放射状形成地板面

［照片：除特别标记外均为平井广行拍摄］

宽阔明亮可以仰视的天井中飘浮着蘑菇样的玻璃胶囊。这个设计就像是我们小时候画在画里的未来城市的模样。这里是东京都武藏野市『成蹊大学信息图书馆』，作为成蹊大学成立100周年纪念活动的一环于2006年9月建成开放。

该建筑的设计、监理由该校毕业生坂茂带领的坂茂建筑设计及常年进行校园整体规划的三菱地所设计共同进行。

巨大的榉树林荫道可以说是成蹊大学的标志。在林荫道的尽头是1924年竣工的图书馆主楼。信息图书馆矗立在与主楼成90度方向的1号馆遗址上。1号馆原与主楼同时竣工，对毕业生来说是一个充满回忆的地方。设计师充分考虑到这种情绪的同时，在设计时也尽量让该建筑物可以方便更多的学生使用。

为有力支持建设工作，成蹊大学成立了『信息图书馆新建准备室委员会』。包括坂茂在内的设计师们亦参加到委员会当中去，多次讨论了图书馆该如何设计建设。坂茂建筑设计合伙人平贺信孝回忆道：『在准备期间能够有这样一个可以充分讨论的场所是非常好的。』

以玻璃分隔的安静环境

图书馆主楼内侧的旧图书馆已经无法容纳更多的藏书，这为新建图书馆提供了一个契机。同时，学生们仅在期末考试前的一段时间里使用旧图书馆，设施功能并没有得到充分利用。

因此，这一次信息图书馆的设计旨在使学生们在日常的学习活动中也可以加以利用。首先建筑物的位置更加靠近正门，同时其内部明确分为『可以对话』和『不可对话』两个区域。『多数图书馆并没有如此明确的区域划分。这座图书馆的玻璃装置保证了图书馆环境的

信息图书馆（中央）左右对称的立面、砖瓦外墙，沿袭了1924年竣工的主楼的部分风格

安静』，平贺说。

首先，在1层、2层入口处前方广场安放桌椅，使人们可以轻松聚集在一起对话。建筑内部的天井部分围着桌子，使人们可以进行适度的对话。被称为『星球』的玻璃单间为小组用的阅览室，设计时考虑其亦可用于讲座课程。

另外，将天井夹在中间的两侧书架空间提供给个人使用。面朝1—5层外侧墙壁、环绕书架的单间共设有266个座位。每个单间可以单独调整空调，同时也可以使用电脑。

这样的设计可以满足多人交流和单独研究的场所需求。该信息图书馆包括地下自动书库共可藏书125万册。而环绕学校的一片青葱绿意，在这个图书馆的任何角落都可以一览无余。学校计划将该图书馆向市民开放，为整个地区做贡献。

1. “星球”的位置与跨桥的位置为多次使用模型讨论后确定的。**2.** 从1层天井深处所见景观。“星球”下部的曲面配合结构框架加工为无圬工接缝的光滑表面。**3.** 高度20米的幕墙支架使用平钢材料的空腹结构

委托人之声 | VOICE

打造学生乐于亲近的场所

桥本竹夫［学校法人成蹊学园 专务理事］

图书馆作为大学的“知识据点”不可或缺，自学校成立以来，我们一直非常珍惜图书馆及藏书。但是旧图书馆最多藏书86万册，已无法接受更多的藏书，当时情况比较严重。对重建图书馆一事，我们是从2002年开始讨论的。

至今为止，校内建筑均由三菱地所设计一手负责，如果继续如此我们认为会过于保守。我们希望将图书馆打造成对学生及一般人具有吸引力，并能够成为大学的魅力之一的场所，于是我们委托坂茂进行了设计。

最一开始我就对坂茂说，希望这个建筑能够让学生们乐于亲近，同时其风格能够与作为学校象征的主楼保持一致。最初看到模型的毕业生中有人持怀疑态度，认为结果如何是个未知数，但实际完工后大家一致认为效果非常好。

对学生而言，图书馆的设计也在图书馆使用的日常化上下了不少功夫，因此与过去不同，新图书馆总是有很多学生的身影。有的老师还会在入口前的凹形广场举行讲座，图书馆有了这样出人意料的用法。我觉得图书馆的使用方法如此自由是一件非常好的事情。

有很多人申请来校内参观。我想这个图书馆为许多其他高校图书馆提供了一个非常好的范本。

（访谈内容）

3

1. “星球”室内景观。在没有课的时候可以自由出入。**2.** 螺旋楼梯板为铸造金属材质，将其进行四等分割后安装在螺旋楼梯架上，当场将四组进行熔接。**3.** 书架周围的单间。这部分作为外部空气缓冲带，保证了书架楼内环境的稳定。**4.** 夜间可以清楚地看到图书馆内中间部分的构造。天花板的LSL材料给人以柔和的印象。

结构 | STRUCTURE

为书籍和人打造各自的最优空间

图书馆需要书架和阅览室，不过两者的必要条件却全然不同。书架厌恶自然光线，空调最适宜24小时保持在一定温度，且楼层高度方面要求较低。与此相对，阅览室最适宜有自然光线，空调只需要在有人时开启就可以，同时楼层高度高一些更为舒适。

为了满足这两个相反的条件，信息图书馆以天井为中心，书架安排在其两侧。同时，将单间安排在面向墙壁的位置，其内侧的书架就可以有一个独立的环境。

书架所在部分使用预制混凝土（PCa）制作书柜，并以此为结构材料。“我们希望天井能够尽量接近透明状态，也希望书架前的阅览室空间使用PCa材料，出于这个想法，我们以PCa作为柱子和耐震墙发挥作用”，三菱地所设计结构设计部顾问吉原正说。

当初设计师们计划将所有书架部分都作为结构材料使用。但这样一来多媒体室便无处安排，因此最终决定交替配置。

使用PCa制造结构材料的优点是可以提高建筑物躯体品质及R断面的精度。“另外，因为可以进行蒸汽养护，使碱成分消失，防止产生书籍的大敌‘氨’。成本会有所增加，但是长期来看这是最佳选择”（吉原）。

在两侧安放书架并在其上架设较大的立体桁架屋顶，中间即产生一个具有30米×30米平面的天井。

“天井的‘星球’该怎么安排这个问题，我们当时非常烦恼。因为设计中它应当是像从地面生长出来一样，关键在于如何承受地震的力量。我们通过Time History Response Analysis来分析各个零部件，使其成为具有弹性的设计”（吉原）。柱子为直径1150毫米至1200毫米的圆形钢管柱，材质为SA440材料。这相当于一般的200米级的超高层大楼中一层的柱子断面。

为控制数量，书架部分的PCa尺寸定为可从工厂直接运到施工现场的最大型号。

5. 预制混凝土结构的书架部分设置情况。共5层楼所用的书架同时也是这个建筑的墙壁与柱子。**6.** “星球”上部使用95毫米×45毫米的平钢制作骨架，不通过窗框而直接固定曲面玻璃。这个设计事先进行了临时组装来提高其精度。［照片：清水建设提供］

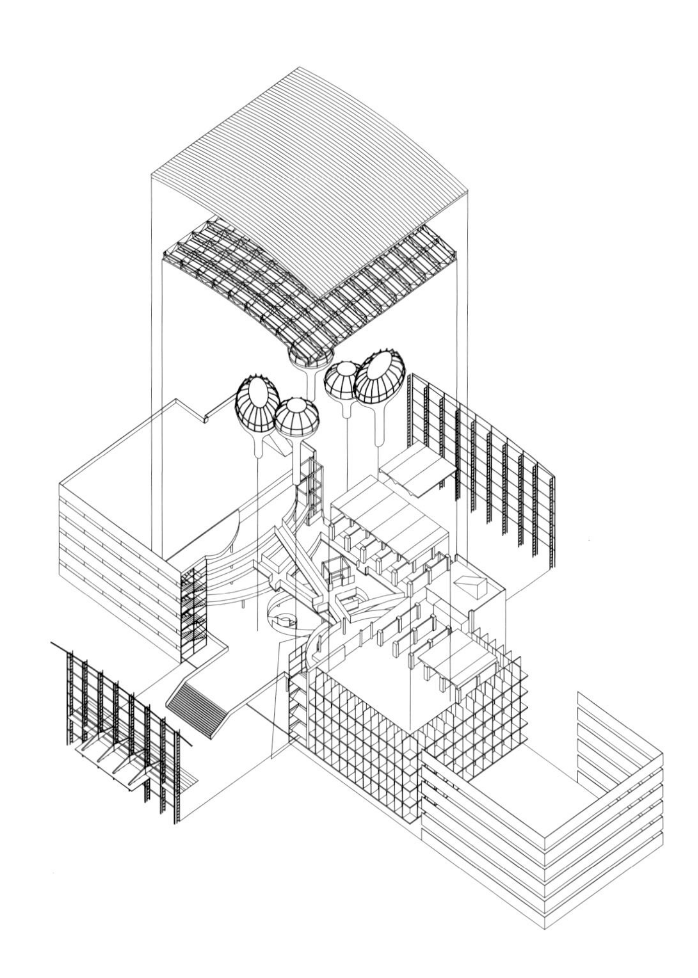

立体图

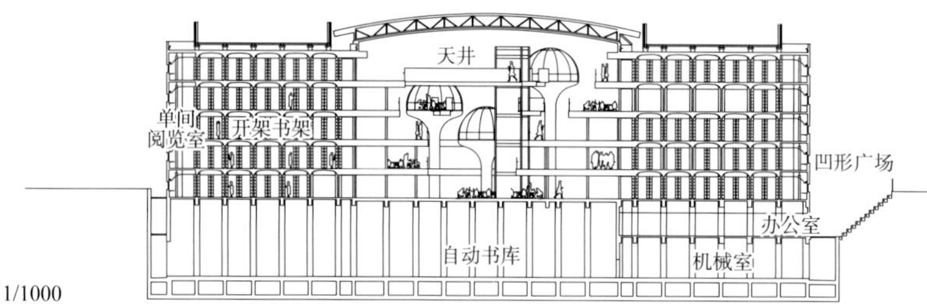

断面图1/1000

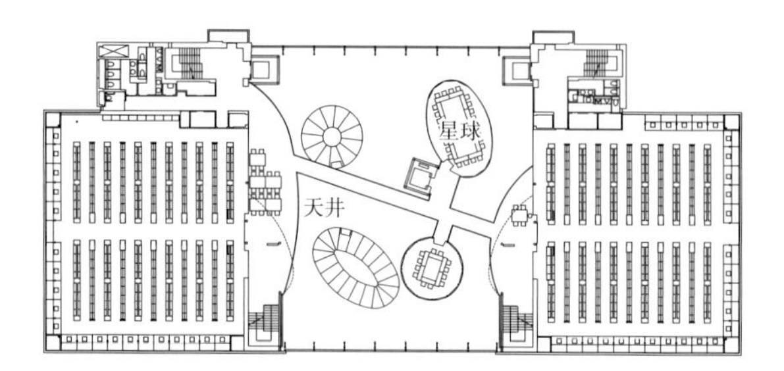

5层平面图

建筑项目数据：

所在地——东京都武藏野市吉祥寺北町3-3-1

地域·地区——第一种中高层居住专用地区、部分第一种低层居住专用地区、第二种高度地区

占地面积——174899.07平方米

建筑面积——2197.29平方米

使用面积——11955.95平方米

结构·层数——S结构·PCa结构·SRC结构·RC结构·部分木结构 地下2层·地上5层

委托人——学校法人成蹊学园

设计监理——坂茂建筑设计、三菱地所设计

设计协助——基本构想·结构规划：奥雅纳日本 防灾规划：明野设备研究所

施工——清水建设

施工协助——空调：新菱冷热工业 卫生：城口研究所 电气：东光电气工程

设计期——2003年9月—2004年12月

施工期——2004年12月—2006年6月

3层平面图

2层平面图

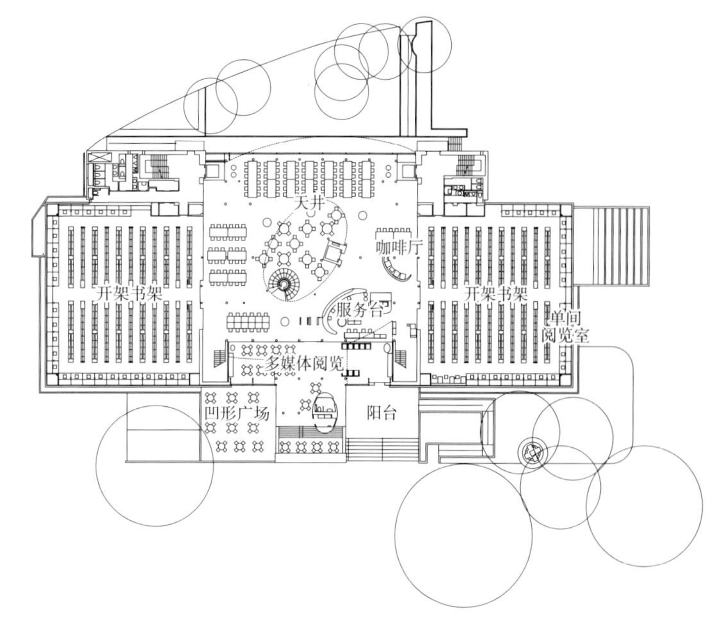

1层平面图1/1000

地下1层平面图

2007年

建筑作品
17

游牧美术馆
东京都江东区

NA2007年5月14日号刊载

作为结构体的集装箱是租赁来的做柱子的纸管是回收材料

图为立面情况。左侧楼栋有入口。地板使用的花旗松地板、中央开口部分使用的氯化塑料膜均为可回收利用材料［照片：除特别标记以外均为平井广行拍摄］

加拿大艺术家葛雷哥里·柯北的信送到坂茂手中是2000年的事情。柯北委托坂茂设计展出其作品《*Ashes and Snow*》的美术馆。坂茂访问其在巴黎的工作室时，柯北这样说道：『我不想要随处可见的那种白色大箱子式的展厅，我希望美术馆的设计能够符合我作品的风格。而且我希望这个展览可以在世界各地举办。』

坂茂提出的方案是使用世界各地均可低成本调用并且运输和组装都很方便的集装箱做建筑外墙，屋顶使用组装式的铝制骨架屋顶。

浪迹全世界的美术馆

展会结束后集装箱返还给了租赁公司。屋顶的铝制骨架以及花旗松地板均回收进行再利用。纸柱子回收成为纸箱进行重复利用。由于组装再拆卸，运到其他地方再组装的方式，坂茂给这个美术馆起名叫

『游牧美术馆』。『游牧』是浪迹的意思。东京台场的会场是这个展览的第三个展出地点。

这个美术馆外观给人以工业印象，内部的宽阔空间却十分庄严。建筑深度约为100米，最大高度约为16米，稍显暗淡的空间里浮现出纸管柱列，与柯北表现人类与动物的摄影作品浑然一体。负责管理柯北作品和运营展览会的Flying Elephants的CEO克里斯·布鲁克先生非常高兴地评价道：『这已经不仅仅是一个展览，这是一个可以体验身临其境的美术馆。』

贯彻了回收再利用思维的这一『游牧美术馆』在日本逗留时间大约3个半月。日本的观众可以在2007年3月11日至6月24日来此大饱眼福。

2层展示楼中的剧院。这里放映在印度、埃及等世界各地拍摄的人与动物交流的黑白影像作品。观赏者们都坐在纸管制造的椅子上。

游牧美术馆内部景观。深度约100米的通道两旁的纸管柱列高约10米，两旁展示着打印在日本纸上的葛雷哥里·柯北的摄影作品。

结构 | STRUCTURE

钢铁的集装箱

游牧美术馆为积层集装箱以及铝制骨架构成的特殊结构。

4层钢制集装箱墙壁作为主要的结构体，以集装箱的宽度（约6米）为柱距进行排列。集装箱非常结实，“2.2吨集装箱可荷重30吨”，负责结构设计的Arup JAPAN公司结构工程师谷川敬祐解释道。

除了为这个建筑获取作为临时建筑的建筑许可以外，该建筑还获得了结构的任意评定。“集装箱之间的连接使用闭锁装置，对拉伸和切断的最终耐力都达到490kN。结构计算上完全没有问题”（谷川）。

屋顶使用约400毫米的铝制骨架和钢索连接成其结构。纸管只是作为创意部分而使用。

纸管被安装在木质接合装置或铁板上，再安放在基础梁上。对铁板与基础梁，使用临时建筑中通常使用的钢材治具对其加压及固定。

与通常的螺栓不同，此时不需要在材料上打孔，这种安装自由的钢材治具在游牧美术馆中有较多的使用。

基础梁为防止滑坡的钢材中所使用的H型钢。地块有轻微的坡度，基础梁稍有倾斜。集装箱则根据与基础梁之间钢管束的高度，纸管柱根据安装的合板的数量，来吸收由坡度导致的水平差。

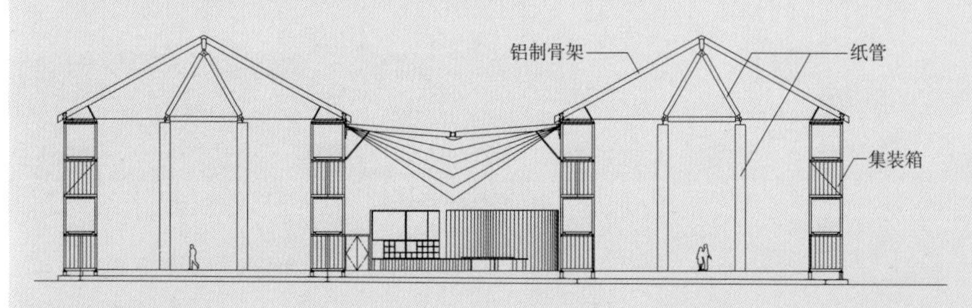

断面图1/600

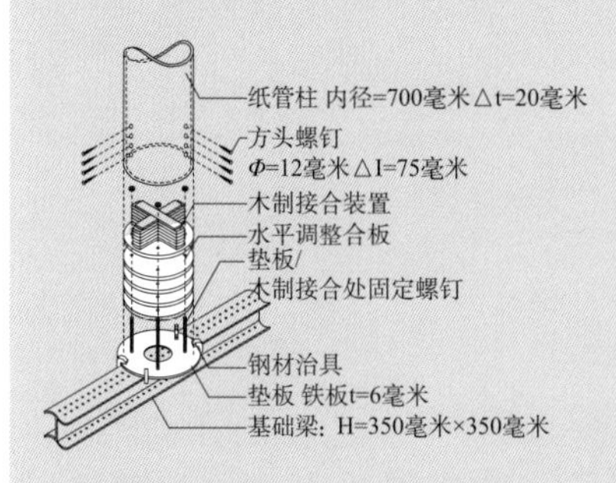

纸管基础立体图

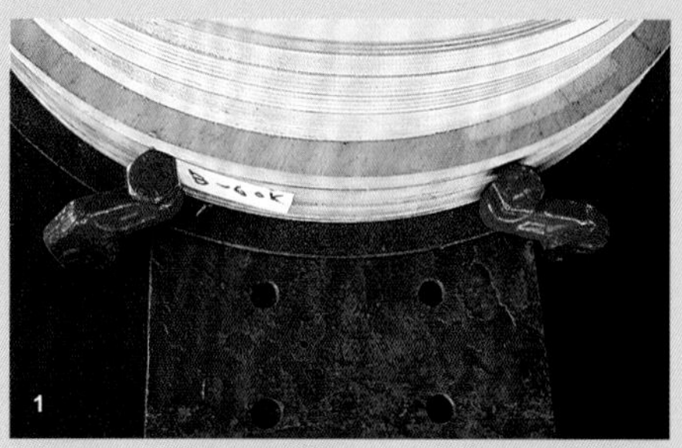

1. 在纸管底端以螺钉固定木制合板和铁板，再将纸管置于防止山体滑坡的钢材之上，并以钢材治具固定［照片：均为坂茂设计提供］。**2.** 将钢管束置于防止山体滑坡的钢材之上并以钢材治具固定。在其上加以集装箱，并以运输集装箱时使用的闭锁装置来固定。

外墙可见集装箱交错排列，空隙则以在聚酯纤维两面进行过聚氯乙烯处理的膜加以覆盖。游牧美术馆2005年在美国纽约的展出场所是古旧的木制栈桥，考虑到栈桥可以承受的重量，设计师减少了集装箱的数量。外墙的凹凸有致给予了建筑更多的变化，也体现出了光影效果。这次建筑收集了不同色彩的集装箱，并进行了色彩搭配。

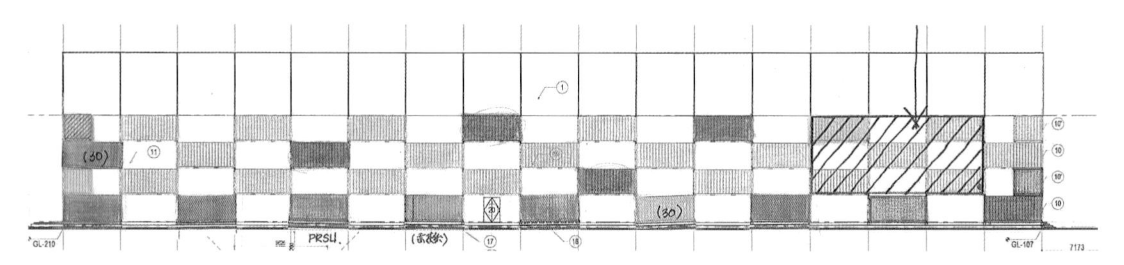

外墙色彩搭配图1/1750

柯北拍摄的照片打印在了日本传统纸张上。铁道线路上铺设着产自秩父的碎石，照片在碎石上投下静静的阴影。照明设计将阴影显现为台子形状。通道所使用的花旗松地板回收利用了在美国圣莫尼卡会场所使用材料的一部分。《*Ashes and Snow*》的照片由劳力士财团收购。该财团同时对该项目进行了资金上的支持。

用迟到一个月的材料
提前搭建确认

负责活动会场施工的TSP太阳在鹰取纸教会（1995年竣工）项目中有过为坂茂设计的纸管建筑施工的经验。即便如此，在台场会场的施工当中，他们在2个月的紧凑工期之中仍然耗费了很大的精力。而且，“其中很多材料都是第一次使用”（同公司营业推进室负责人高木敏次）。

作为主体结构的集装箱的收集工作一开始便遇到了困难。除非是用于运输用途，否则集装箱公司不愿意长期借出，再加上坂茂的设计需要彩色集装箱，集装箱的租赁就变得更加困难。总共152台集装箱搬入现场附近的空地已经是2007年1月初。颜色得到确认之后，配色工作就开始了。

集装箱使用了12辆10吨的车往返运输，大约用了3天时间。大约同一时间，屋顶的铝制材料从美国的圣莫尼卡运送至在埼玉县东松山市的TSP太阳材料临时安放处。材料到位比计划晚了一个月，还没有材料清单和工程队组织图，情况一片混乱。“光螺钉就有200多种，所有材料加起来怎么也有1000种以上吧”（高木）。没有办法，工人只好先临时搭组，确认材料。

在停车场地面铺设的防止山体滑坡的钢材上安置集装箱这个工程，确保精度是有难度的。要在略为倾斜的钢材上安置集装箱，必须保持其水平一致。因此，通过使其咬合在钢管束上来调整高度。钢管束总共144根，每一根的高度都不同。

长约10米、直径为74厘米的纸管为超大型号，日本国内并没有生产过这样的纸管。昭和丸筒社改变其工厂的生产线来适应这种纸管的生产。由于没有保管场所，而且雨天不便于运输，所以大家“看着天气预报”，找准时机定下了将纸管搬入现场的日子。

工程竣工是在非常接近开馆日的2007年3月6日。高木回忆道：“我想我们这一次工作的速度是平常项目的两倍。”

1. 地块上约有600米的高差。基础梁的铁骨接合在置于橡胶膜上的铁板上。通过调整集装箱及空隙之间的钢管束高度，使集装箱保持水平一致［本页照片：坂茂建筑设计提供］。**2.** 配合配色方案，对集装箱进行编号，并用起重机进行搭建，再以闭锁装置固定。**3.** 图为搭建铝制骨架屋顶的情况。为了能够使最高约16米的修理屋顶的起重机进入现场，在木地板下铺设了路面覆盖板。**4.** 组建屋顶骨架后，对纸管小屋骨架进行了组装。

1. 北侧外观。外墙是同为主要结构体的钢制集装箱，集装箱是从国内租赁公司调用而来的。**2.** 参观完展览后就来到了书店。桌椅和书柜等多使用纸管。［2—3照片：泽田圣司］**3.** 部分集装箱用作仓库。

设计者之声 | VOICE

条件的严苛给人以古典印象

坂茂［坂茂建筑设计代表］

我不太擅长扔掉东西，描图、纸芯等我都会保留下来。我一直对脆弱材料的相关运用很有兴趣，这使我后来产生了纸管柱子这一想法。看过游牧美术馆的人会联想到教堂，不能不说这与纸管的使用是有关系的。由于纸是比较脆弱的材料，所以做出来的柱子会比较粗。作为结构材料使用的话柱距也不会太大。这跟过去使用石头这一脆弱材料时代的建筑有共同点，也就是给人以古典印象。

采用集装箱这个想法是以书柜和柜子作为结构体的“家具之屋”创意的延续，也是因为我希望可以避免往地基里打桩。（访谈内容）

过程 | PROCESS

自由徜徉的展览旅途轨迹

游牧美术馆《*Ashes and Snow*》的首次展览于2002年在意大利威尼斯召开。而坂茂参与设计是从2005年在美国纽约召开的第二次展会开始的。那时设计方案中建筑物是深度约为205米的细长型结构。

2006年在美国圣莫尼卡举行展览时，设计变为在2楼之间架起屋顶的形式。在东京台场的展览中也使用了几乎同样的设计。据Flying Elephants的CEO克里斯·布鲁克回忆，“对台场展览的总投资额为1000万美元以上”。

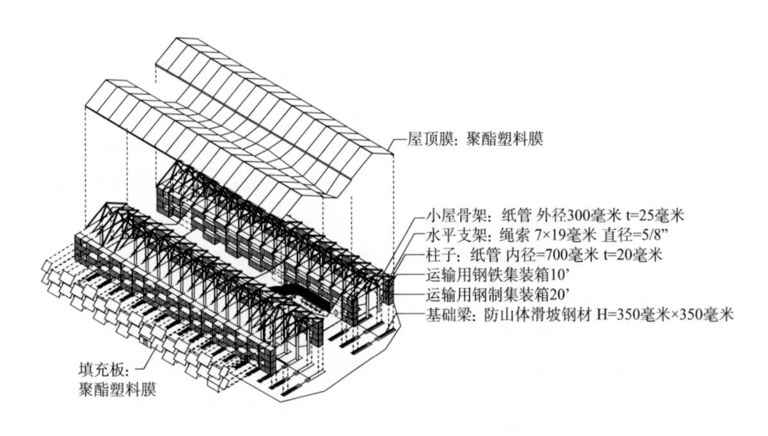

立体图

在防止山体滑坡钢材的基础梁上搭建钢制集装箱，再覆以铝制骨架及聚酯纤维膜屋顶。纸管柱子并非结构体，只是作为创意部分而采用。

❶入口
❷售票厅
❸A展厅
❹A剧院
❺C剧院
❻B剧院
❼B展厅
❽书店
❾办公室

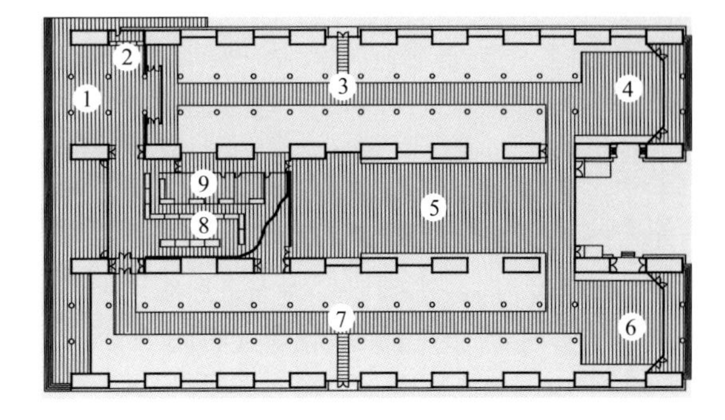

1层平面图1/1500

建筑项目数据：

所在地——东京都江东区青海一丁目
地域·地区——准工业地区，防火地区，临海副都心青海地区（再开发等促进地区）
占地面积——8587.79平方米
建筑面积——5371.70平方米
使用面积——14800.28平方米
结构·层数——S结构 地上一层
委托人——Flying Elephants JAPAN

设计——建筑：坂茂建筑设计｜展示：Ombra Bruno
照明：Allessandro Arena｜结构：Arup JAPAN
机械：ES ASSOCIATES｜
电气：Environmental Total Systems Corporation
防灾：明野设备研究所
监理——建筑：坂茂建筑设计｜结构：Arup JAPAN
机械：ES ASSOCIATES｜
电气：Environmental Total Systems Corporation

施工——TSP太阳｜电气：旭电业｜空调·卫生：东京设备企划
基础：广濑｜集装箱：Uen｜屋顶小屋骨架：TSP太阳
铁骨：光洋钢材｜膜：TSP太阳、太阳工业
木头：eastcrew、ad｜涂装·家具：HIIKU｜
内装·门窗：梦幻社
设计期——2006年2月—12月
施工期——2006年11月—2007年3月

2007年

建筑作品
18

Artek临时展馆
意大利 米兰

NA2007年6月25日号刊载

以可回收利用材料
表现创业以来的哲学

在全长40米的细长展厅中央，为展示采光与结构而安装了聚碳酸酯板〔照片：Sabine Schweigert〕

1. Artek展馆。可以看到美丽的新绿上映衬出海边小屋风格的建筑物白色外观。［照片：山本玲子拍摄］ **2.** 建筑物内部由三个展示内容部分构成。图为在芬兰收集的二手Artek椅子。框架上安装有机玻璃板，显示出此处亦可作为展示柜使用。［照片：Sabine Schweigert 拍摄］

2007年的米兰国际家具展期间，在展馆中庭一角展示着一个宽5米、全长40米的临时建筑。这是芬兰家具制造商Artek的展厅。

面向道路的建筑西侧设为可开关形式

Artek公司由建筑家阿尔瓦尔·阿尔托为销售自己设计的家具而于1935年设立。自创业以来，其贯彻了可持续制造工艺以及对素材的执着。该公司与大型造纸商UPM公司共同开发了由70%废纸及30%塑料构成的可回收利用材料。坂茂利用该混合材料设计了临时展馆。

『为了保持建筑物的简洁，我不想使用其他材料』，坂茂说。将若干切割成L字形的混合材料以螺栓固定，制造不同断面的接口，用在其结构部分及其表面。

原汁原味展示材料与结构

坂茂［坂茂建筑设计代表］

——请问您这一次接受委托的过程是怎样的?

2007年首次在伦敦巴比肯艺术中心举行的展览会“Alvar Aalto Through the Eyes of Shigeru Ban”中，我见到了Artek的负责人，接受了他们比较详细的委托。他们公司表示希望我使用其与UPM公司共同研发的纸与塑料的混合材料，我当时正好也在研究纸材料，所以对这个项目很感兴趣。

–

——那您提交了怎样的方案来使用这样的材料呢?

我做了实验，发现混合材料没有韧性，强度不够。但是因为它重量轻，我提议在结构和建筑表面使用L字形材料。为了能够原汁原味展现混合材料，我尽量将使用材料控制在混合材料、螺栓、交叉绳索这几种范围之内。将L字形混合材料每四根组合在一起形成十字形，每两根组合在一起形成T字形，根据构造的不同制作了不同断面的插件。

–

——您认为这一次项目的成果是什么?

激光切割的混合材料精度非常高，让我印象很深刻。负责施工的芬兰大学生制造了实际尺寸的模型，我去芬兰检测了这个模型。正是因为有这样的合作，我们才有了这个项目的成功。

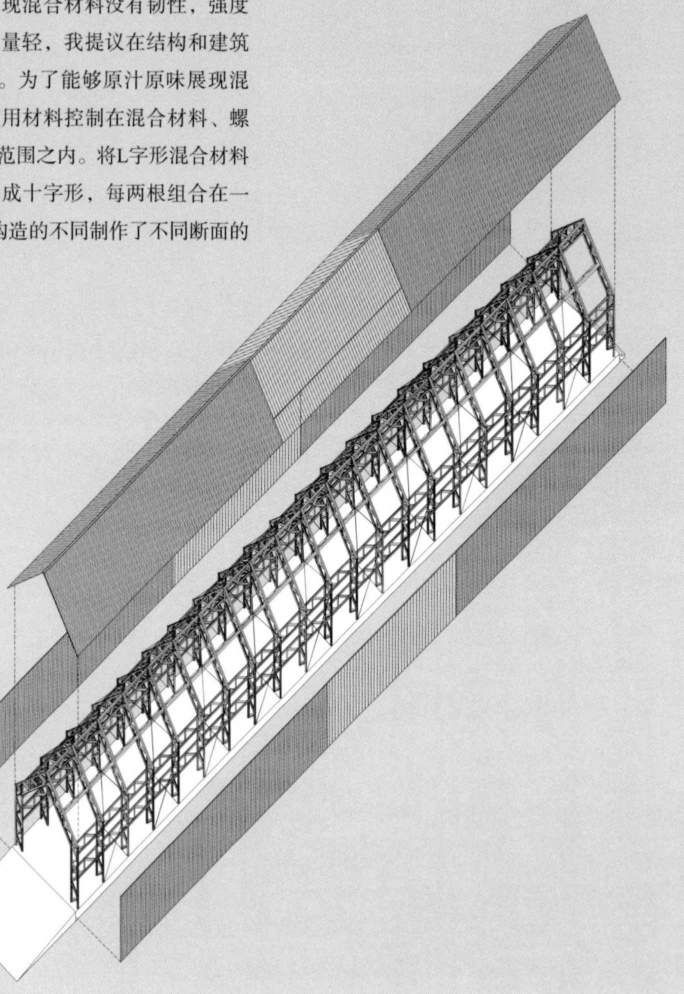

立体图

其后进展 | AFTER

将回收材料应用于家具以单个部分进行组装

［NA2009年6月8日号刊载的报道］

芬兰大型家具制造商Artek于2009年4月在Fiera会场举行了题为“One Chair is Enough”的展览。坂茂设计的系统家具“10-UNIT SYSTEM”成为整个展会的中心。

单独一种L字形的基本部分构成了椅子、长凳、桌子等。素材使用的是大型造纸商UPM公司开发的可回收利用素材（废纸70%、塑料30%）。在2007年的米兰家具展中，这一素材使用在了坂茂设计的Artek展馆的结构材料上。Artek公司在那之后马上来和坂茂商讨，希望可以将这一素材应用在系统家具上。

这个材料很脆弱，这一直被认为是它的弱点，“把这个素材组合为L字形，将其形状制成曲线而提高了其强度”，坂茂这样解释道。其侧面中央部分的凸起是平衡了强度和重量之后的结果。

“10-UNIT SYSTEM”在海外已经开始销售。基本部分成组出售，并由消费者自行组装，这样既可以减少制造费用，同时也可以降低运输成本。

同一家具组成部分亦可以组装成桌子。将部件组成为桌角，其上覆以玻璃板即成为桌子。
［照片：介川亚纪拍摄］

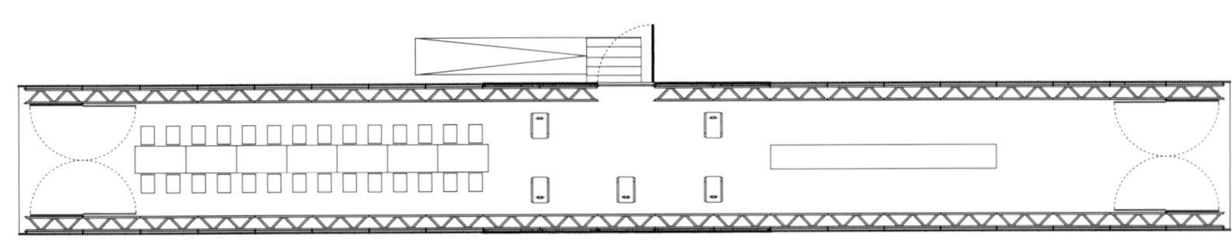

平面图 1/300

断面图1/100

建筑项目数据：

所在地——Triennale di Milano，Viale Alemangna，6，Milano
总建筑面积——185.38平方米
结构——UPM Profile（纸与塑料的混合型材料）
委托人——Artek，UPM
设计——SHIGERU BAN ARCHITECTS EUROPE
设计协助——建筑：Stefano Tagliacarne，Architetto
结构：TERRELL International，Ce.A.S.S.r.l.
电气：Ce.A.Milano Progetti
施工——Institute of Design /Lahti polytechnic
施工协助——Falt Design Sas
施工时间——2007年3月—4月

2007年

建筑作品
19

尼古拉·G. 海耶克中心

东京都中央区

NA2007年8月27日号刊载

通过分开委托而实现的技术与创意的宝物箱

与银座·中央大道直通的4层天井空间。分布各处的展示电梯上下往来，与各个时装区连接。内墙上绿意盎然［照片：除特别标记以外均为吉田诚拍摄］

夕阳下的全景。各层的玻璃滑动门均可开闭（请参看第216页）

大胆的天井空间，小时装间风格的展示电梯，可全面开闭的宽8米的玻璃滑动门，大规模的内墙绿化——总公司设于瑞士的世界最大的钟表制造商斯沃琪集团建设的这一首个海外法人总部大楼，是一个集合了多种技术与创意的『宝物箱』。

在委托人指定的几家公司的建筑设计竞标中，坂茂建筑设计所提出的这一方案，几乎全部应用到了实际的建筑中。其背景在于设计者、施工者，包括委托人建立了一个通力合作的一体化团队机制。

直接预订EV及卷门

为了使这个项目获得成功，斯沃琪集团会长尼古拉·G.海耶克将其担任社长的工业咨询公司HAYEK工程公司作为项目管理者加入项目团队。该公司派出两名德国技术人员常驻日本，给予日本法人技术支持。

在此基础上，就作为项目门面

1. 图为与5层至7层客户服务台相接的三层天井“时光之庭”。**2–5.** 地下设有可容纳18台车的停车场。除车辆进出时，出入口整个都隐藏在地下［照片：本刊拍摄］

的展示电梯与玻璃滑动门的预订，公司与设备公司直接签订了合同。这是不通过总包公司而单独另外进行预订的方式。斯沃琪集团日本公司中该项目的负责人冈部俊行这样说道：『我们本来希望能够将所有的设备都进行直接预订，但始终没能凑齐足够多的公司，所以直接预订这种方式我们只用在了工程中难度最高的部分上。』

7座展示电梯从开发至进货全部由横滨电梯公司负责。对这个公司来说，与供货商直接签订合同这种欧美风格的做法尚属首次。该公司董事兼技术总部长大城勇回想直接与供货商签订供货合同的优点时说道：『如果是与总包公司签订合同，那么如果超过事先定好的预算，很多尝试会很难实现，同时会影响我们与设计师事务所之间直接的意见交换。』在这个项目中，每一次发生新的变更时，设计团队可以通过HAYEK工程公司去听取委托人的意见，来提高建筑的品质。

另外，负责玻璃滑动门的GARTNER JAPAN公司的委托人基

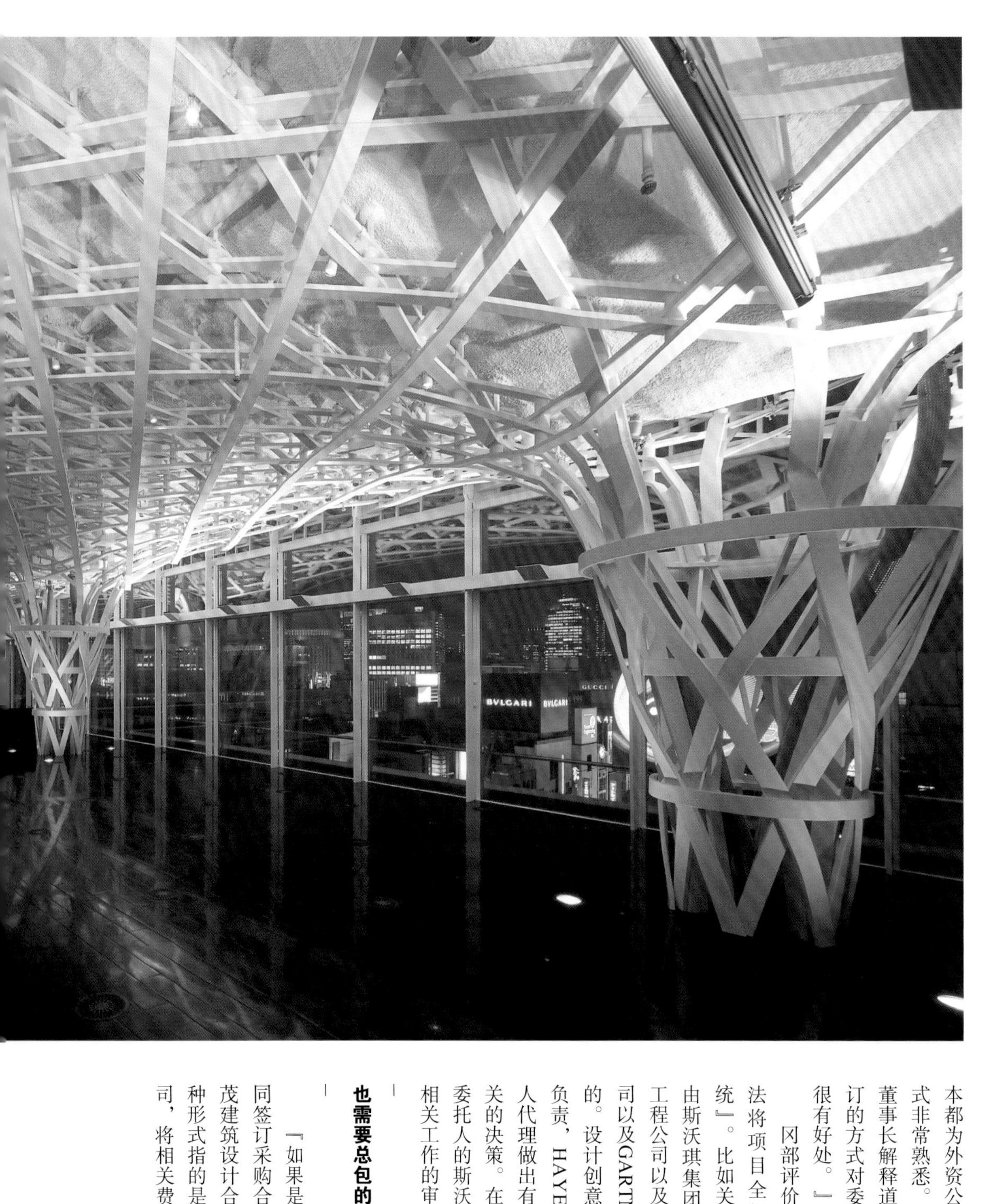

本都为外资公司，对直接预订的方式非常熟悉。朱利安・普雷西特尔董事长解释道：『采取这种直接预订的方式对委托人来说易于控制，很有好处。』

冈部评价分开委托方式是『无法将项目全权委托给总包的系统』。比如关于滑动门的会议，是由斯沃琪集团日本公司、HAYEK工程公司以及坂茂建筑设计三家公司以及GARTNER JAPAN共同参与的。设计创意方面由坂茂建筑设计负责，HAYEK工程公司作为委托人代理做出有关技术方面及成本相关的决策。在此基础上，作为合同委托人的斯沃琪集团日本公司进行相关工作的审批。

也需要总包的检测

『如果是与总包、分包公司共同签订采购合同的形式更好』，坂茂建筑设计合伙人平贺信孝说。这种形式指的是由委托人选定设备公司，将相关费用计入总体费用，一

并向建筑公司提出项目委托。『日本的建筑生产方面在统一性的基础上还有优质的特点。如单独去看制造商个体的产品，其标准存在不一致的情况，但如果总包公司能够介入进行总体监管，产品品质以及生产管理都可以得到保证』（平贺）。

创造性和品质与成本之间常常是相互矛盾的。如何确保它们之间的平衡应当具体问题具体分析。不过，就这个项目的建筑物而言，『掌控发言权的委托人』成为实现新挑战的支持力量，这一点是确定的。

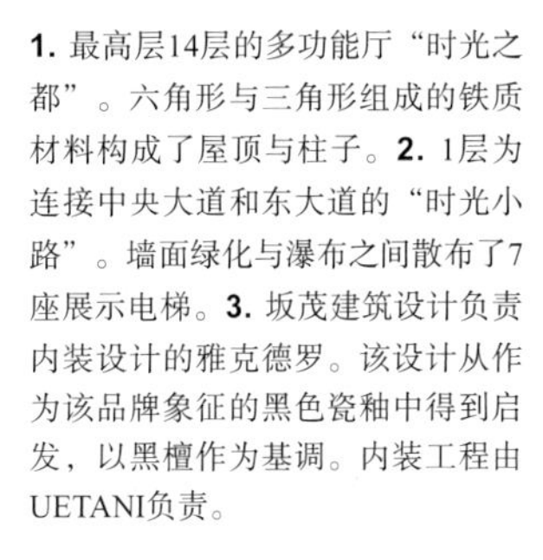

1. 最高层14层的多功能厅“时光之都”。六角形与三角形组成的铁质材料构成了屋顶与柱子。**2.** 1层为连接中央大道和东大道的“时光小路”。墙面绿化与瀑布之间散布了7座展示电梯。**3.** 坂茂建筑设计负责内装设计的雅克德罗。该设计从作为该品牌象征的黑色瓷釉中得到启发，以黑檀作为基调。内装工程由UETANI负责。

1. 图为正面滑动门关闭时的状态。［照片：与图2同为平井广行拍摄］ **2.** 所有滑动门打开时的状态。**3.** 仰视直通位于4层的雅克德罗店面的展示电梯时的景观。外侧可见中央大道的街道景观。

玻璃快门

坂茂建筑设计的方案中，建筑物前面开口部分中心位置有柱子，基于现有的滑动门规格，考虑达到4米的幅度已经较为勉强，因此将玻璃滑动门安排在左右两侧。GARTNER JAPAN公司提出了仅使用一个柱距即可实现这个想法的技术方案，因此被选为设备设计者。该公司在大型大厅的门和机场的飞机库设计方面有丰富的经验，但在收纳型的玻璃滑动门方面的开发却是刚刚从零开始。

相关材料的设计与制造由德国的集团公司Gartner Tore Service负责。马达及玻璃板等较大的零件全部在德国完成制作并运至现场。

玻璃滑动门宽8米，最高部分相当于4层的天井，该如何将其提起和收纳，是开发时的一个重点。机械类必须尽量收纳在330米的混凝土板和600毫米的梁宽中间。同时，还要避免折叠起的滑动门板遮挡时装店的视线。收纳结构的开发遇到难题，而总公司Josef Gartner前社长Fritz Gartner博士的创意派上了用场。

–

分割为纵向宽1米左右的空间进行收纳

–

玻璃滑动门由连续的纵向宽1米、重量为610千克的玻璃板构成。各个滑动门配有马达一部，安装在滑动门上部的天井中央。所有滑动门板的荷重通过滑轮由两侧的绳索支持。收起绳索的同时，与轮轴相连的左右两侧收纳结构在连动作用下运转起来，并将收起的门板按照顺序一张一张进行收纳。

安装马达、设置门板、门板的运转测试等，玻璃滑动门的施工作业是在大楼主体工程施工的间隙分阶段完成的。这项工作自有它的辛苦之处。随着作业的进展，门板的高度会发生变化，稳定作业台位置上遇到了不少困难。GARTNER JAPAN的朱利安・普雷西特尔董事长回顾道："在保持与大楼整体工程进度的协调方面非常辛苦。"

1. 从4层雅克德罗的小间看到的滑动门驱动结构。在使用绳索卷起滑动门的同时，通过连轴装置向左右收纳箱进行传动。［照片：2张照片均为本刊拍摄］ **2.** 滑动门的收纳结构。每张门板都可有效地被收纳至有限的空间中。

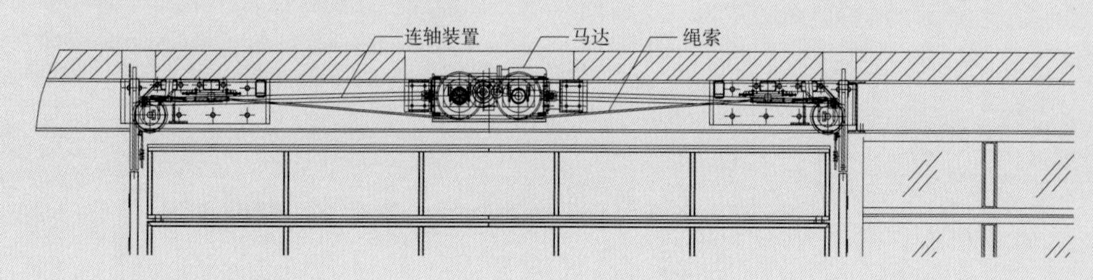

玻璃滑动门上部立面图1/100

地板通过动力减震器控制地震影响

负责结构设计的Arup JAPAN的高级结构工程师城所竜太这样说道:“为了不使创意打折，我们在满足耐震条件方面很是费了一番心血。”建筑物为长、宽均为14米，深度33米，高度56米的细长型，3层、4层的天井较多，展示电梯导致1层地板到处是坑，为了解决这些创意惹的“祸”，在结构设计上设计师费了很大一番心血。

关于结构规划，设计团队使用三维有限元模拟的方法进行了详细的研究。办公大楼通常使用较大柱距以确保空间，而这次项目则使用2.4米树脂钢架，控制了每根柱子的粗细程度。为了能够高效地使用银座这一块高价土地，尽量使建筑物保持薄型结构（城所）。同时有效利用有限的面积，在柱子之间安插植物盆栽等。

为确保建筑物的耐震性，设计师们使用了自动动力减震器（SMD）系统。

—

由“摆”的原理发展而成

—

在确定采用SMD时，设计师对各种抗震系统进行了比较分析。

在核心框架中安装的减震器，其抗震力量的方向比较局限，对细长型大楼而言，收效较为有限。在建筑物与地面之间安装的隔震装置虽然效果很好，但这样一来就需要其相应的空间，成本会超出预算。

剩下的唯一选项，就是为减弱建筑物承受的因质量运动而产生的力量的动力减震机制。这一设计发展为在设计竞标方案中提出的钟摆式减震装置。通常的动力减震器会追加在装置上所使用的质量，但同时会增加薄型结构建筑物的负担。因此，设计师们想出了一个新的办法，即将办公室部分地板的质量自身作为动力减震器加以利用，使其成为SMD系统。这种方法下，无论振动方向如何都会有减震效果，在试验中达到了最高35%的削弱地震力效果。

问题是这个装置的大小该如何设定。最终确定这一装置制作为在梁高600毫米的范围内可完全收纳的厚度。利用滑动轴承支撑地板荷重，确保柱子与地面之间的空间，在柱侧的底端安装基层橡胶动力减震器。减震器与地板以金属装置相接，以应对地震时的水平移位。

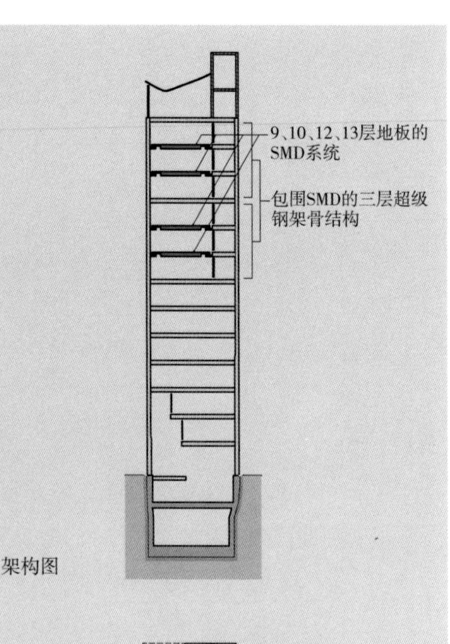

架构图

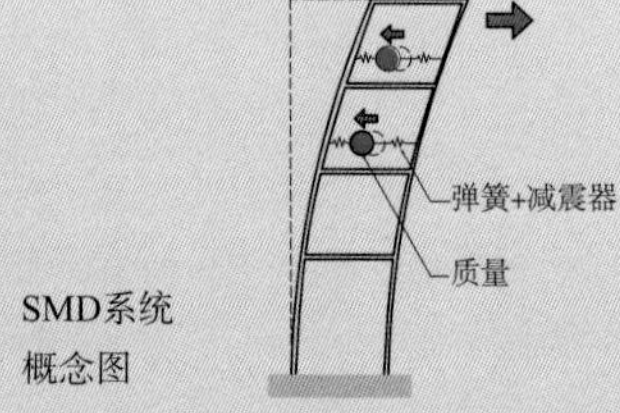

SMD系统概念图

1. 委托东洋橡胶特别生产的橡胶减震器。除去高效避震橡胶的铁板层，仅使用橡胶层积层部分。［照片：2张均为Arup JAPAN提供］ **2.** 柱子与办公室地板之间安装橡胶减震器后的状态。9层与12层每层约安装10处，铅直荷重由8处滑动轴承来支撑。

在银座拔地而起的“垂直庭院”

这座建筑将最具商业价值的地上部分向公众开放，同时作为一个从1层到13层垂直而立的公园向外界提供了绿化墙。这既是一份送给欠缺绿色的银座的礼物，同时又显示了主人斯沃琪集团的企业姿态。

半室外的画室将14楼的大厦分为4层，绿色植物柜共搭起52层，打造出除了绿色植物的垂直效果。墙面并非直接以植物覆盖，而是将植物柜稍搬离其背后的墙壁，表现出“透明感”与“浮游”的感觉，打造出了具有绿色“轻快”感觉的结构。这一设计追求表现庭院的高质量，它已不是单纯的墙面绿化。

绿化柜前方通过直径16毫米的杆柱吊起，超过部分突出在外。而相应腾出的绿化柜背后的空间，不仅可以用来收纳设备，还可以用来接收光照，使处于后方的植物也可享受到阳光。

每个不同的画廊中绿化植物的种类，均根据其叶与花的特征分为几大主题后进行了选定。另外，每个花架内植物种类的组合也得到了细化，以便呈现出多变的视觉效果。

在植物的维护管理方面，该建筑导入了可在高处进行简单维护的系统。因此，从设计到管理，团队贯彻了其统一的建筑风格，在实验的基础上进行了详细的研究。

–

通过实体模型实验验证

–

目前为止，还没有在半室外这一特殊的空间进行大规模墙面绿化的先例。因为在这样光照较少的空间里，只有耐阴性较高的植物才可生存繁衍，而且一旦打开玻璃滑动门，植物会暴露在外部空气中。这种环境下，特别是在气温较低的冬天，使用多数可在低光照下仍拥有高观赏价值的热带性植物就变得非常困难。

在这种环境下是否能够保持植物的多样性，花架放置在植物柜而搭起的结构是否可以具有健全的灌溉功能，这些问题都需要在施工之前进行实验分析。

设计团队于是制作了环境模拟的实体模型，进行了1年的植物培育实验，据此选出了适合相应环境的植物，并有效改善了整个系统。

–

使用HID灯提供2000lx的灯光

–

植物生长离不开一定量的光，因此打造出不影响展示间功能又能为植物提供其生长所需的光亮环境成为一个课题。最终设计而成的灯光虽然不及自然光，不过白昼可通过HID灯提供2000lx的灯光，从傍晚到夜间，光量也会发生变化。洗墙灯、可调节筒灯，再加上层间聚光灯，通过细微调整可使灯光遍布角落。

具备绿化墙面的这一空间将除此以外的光线控制在最低限度，打造出了具有阴影部分的半城市空间。

［此篇内容执笔者：冈部太郎=坂茂建筑设计，铃木裕治=Onsite规划事务所，桥本芳=鹿岛技术研究所，窪田麻里=Lighting Planners Associates］

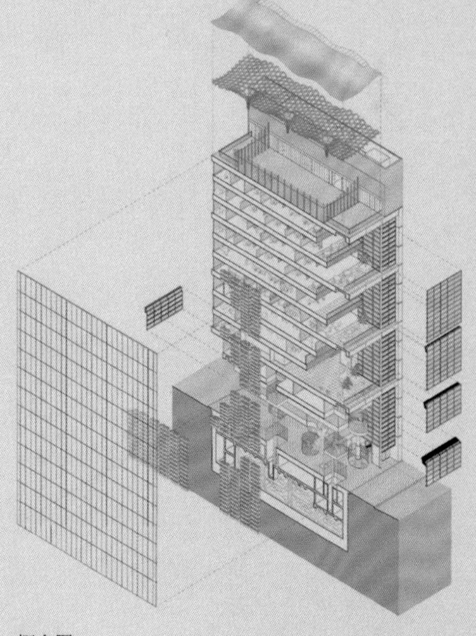

概念图

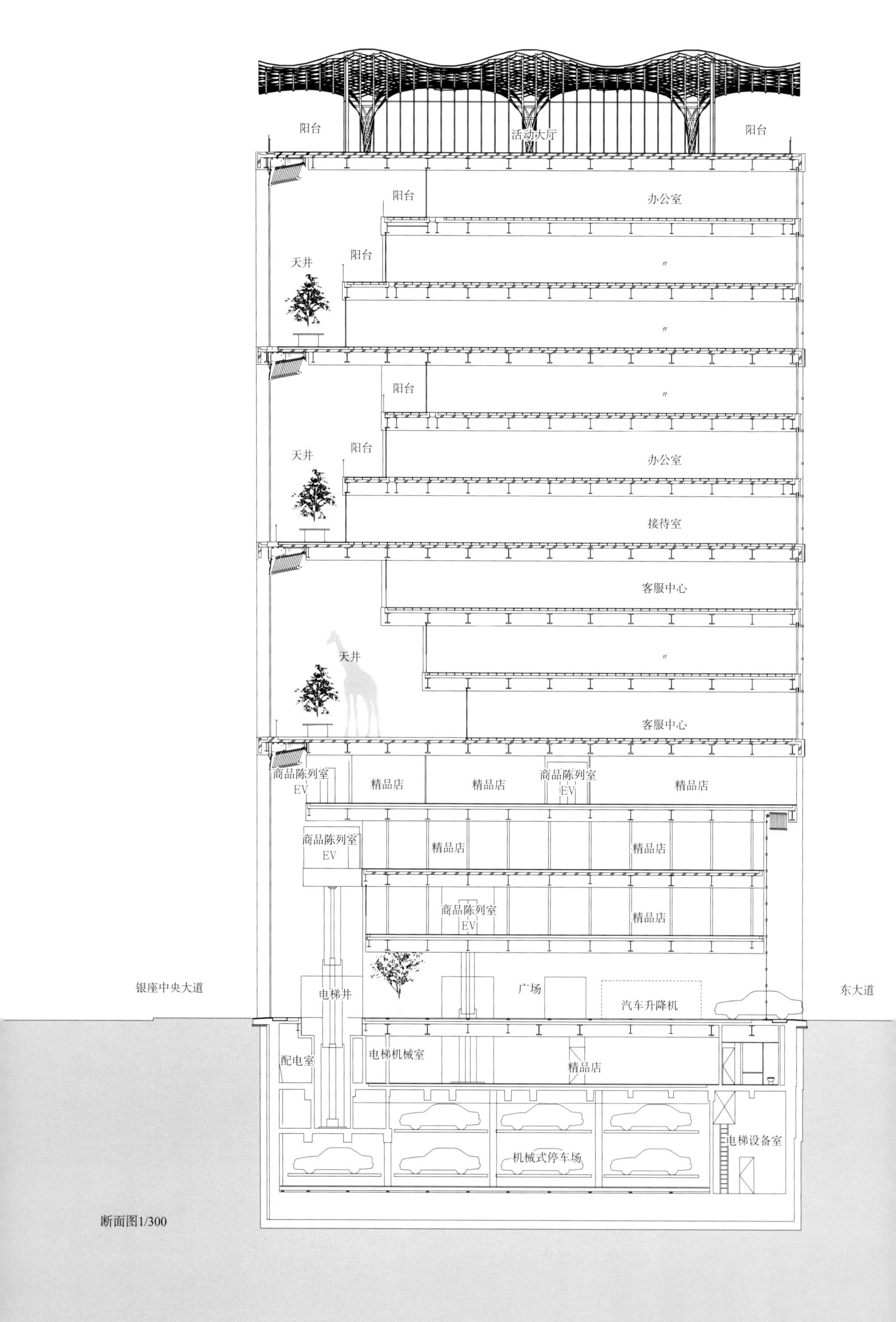
阳台
活动大厅
阳台
阳台
办公室
天井
阳台
〃
〃
阳台
〃
天井
阳台
办公室
接待室
客服中心
天井
〃
客服中心
商品陈列室
EV
精品店
精品店
商品陈列室
EV
精品店
商品陈列室
EV
精品店
精品店
商品陈列室
EV
精品店
银座中央大道
电梯井
广场
汽车升降机
东大道
配电室
电梯机械室
精品店
电梯设备室
机械式停车场

断面图1/300

建筑项目数据：

所在地——东京都中央区银座7-9-18
地域·地区——商业地区·防火地区
占地面积——473.76平方米
建筑面积——412.08平方米
使用面积——5697.27平方米
结构·层数——S结构（地上部分）·RC结构
部分SRC结构（地下部分）
地下2层·地上14层

委托人——斯沃琪集团日本公司
设计——坂茂建筑设计
设计协助——构造：Arup JAPAN设备：ES ASSOCIATES
防灾规划：明野设备研究所
景观规划：Onsite规划设计事务所
照明顾问：LIGHTING PLANNERS ASSOCIATES
室外广告：日本设计中心 原设计研究所
项目管理：Hayek Engineering AG

施工——成本管理：Sato Facilities Consultants
建筑：SURUGA CORPORATION
商品陈列室EV：横滨电梯
玻璃百叶窗：Gartner JAPAN
施工协助——建筑：鹿岛｜空调·卫生：新菱冷热工业
电气：关电工
设计期——2005年2月—10月

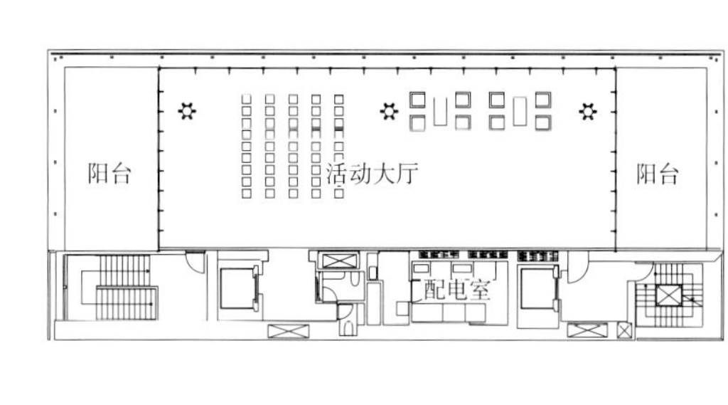

14层平面图

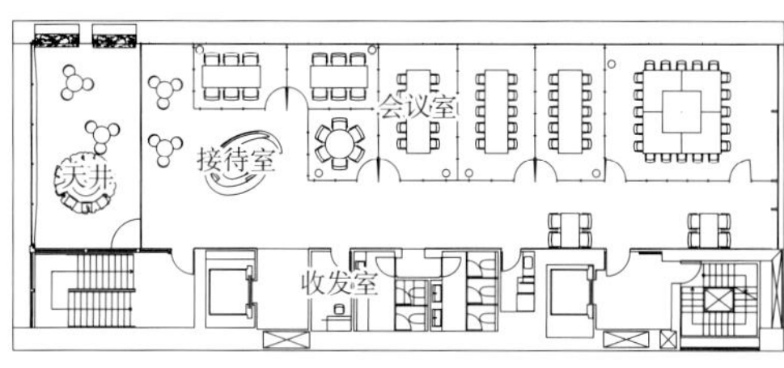

8层平面图

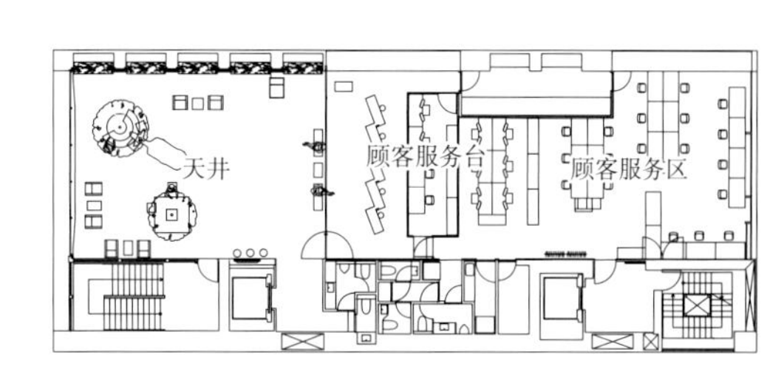

5层平面图

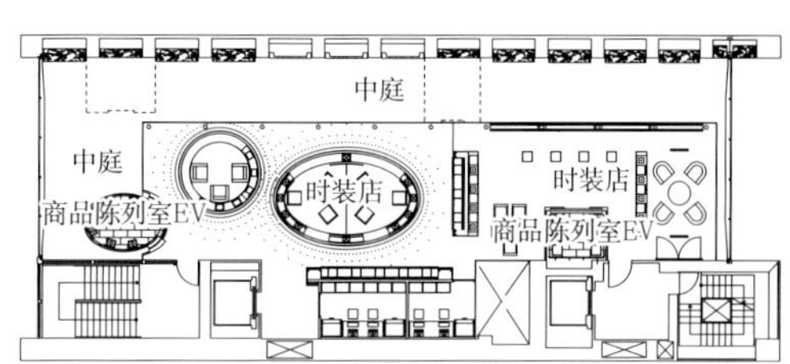
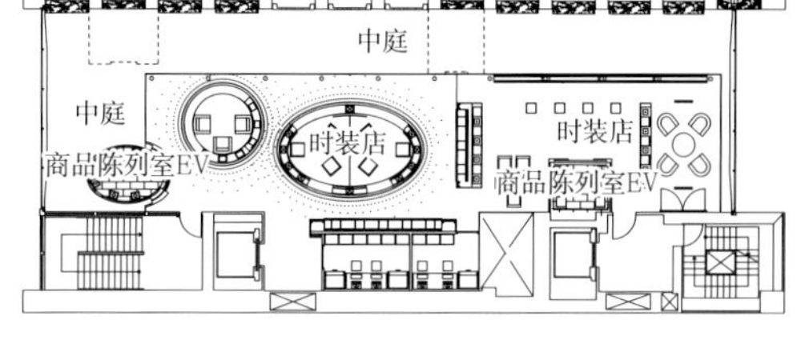

3层平面图

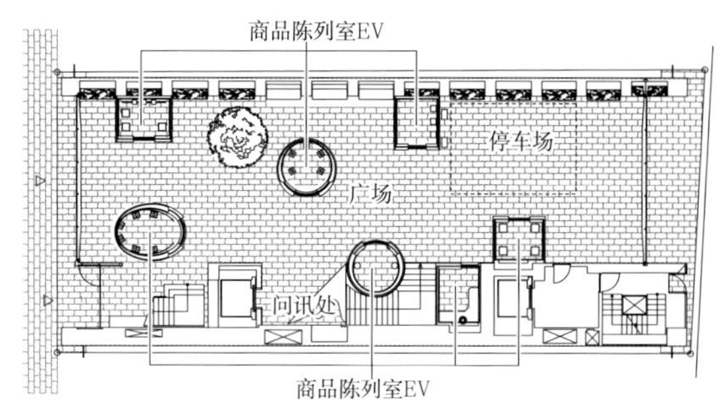

1层平面图1/500

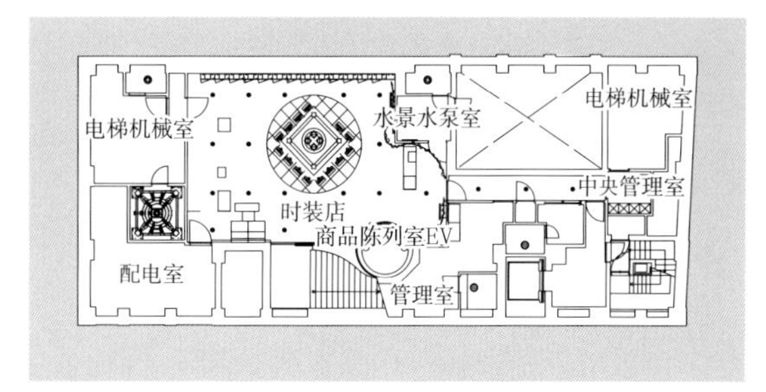

地下1层平面图

DIALOGUE | 对话

创意的来源：不能浪费！

坂茂 × 山梨知彦［日建设计主要设计负责人］

Shigeru Ban × Tomohiko Yamanashi

拍摄于坂茂建筑设计所在的B BUILDING走廊［照片：无特别标记均为山田慎二拍摄］

一位是以组织力见长的『自下而上型建筑家』，另一位则是希望由自己决定全部细节的『自上而下型建筑家』。不论是所在的组织还是设计手法都截然不同的两个人，在对『素材』和『技术』的关注这一点上，两人却有相似之处。我们认定这一点，于是提出请两位建筑师在镜头前进行对话，结果不出所料，谈话气氛十分欢快且热烈。两位建筑师理念的共同之处是『浪费太可惜』。

—

山梨——坂先生，您对于建筑材料的使用及对构造的想法都有独到的见解，不论是哪一方面我都很能理解并且一直都在关注。其实我在大学时代曾见到过您。当时是20世纪80年代初期，您曾在矶崎新工作室工作过，对吧？

坂——1982年到1983年我在大学休学一年，作为签约员工在那里工作过。

山梨——刚好那时我也在矶崎新工作室做兼职。我当时是在给吉松（秀树）先生做助手，跟您并没有直接接触，不过您给我留下了非常深刻的印象。我当时是东京艺大的学生，您就读的库伯联盟学院也是艺术类院校，所以我当时对您感到很亲切。而且当时去国外学习建筑的日本人非常少，您跟我年龄相当，当时已在美国留学，期间还特意来到矶崎新工作室积累经验，我认为您非常有行动力。这就是我最初见到您时的情况。

坂——是这样啊。

山梨——那时我知道了您的名字，几年之后您的许多作品陆续发表，这些作品使用了什么样的材料和构造一目了然，其中体现出了别人不曾用到的几何原理。我那时刚刚离开学校开始工作，看到您的作品我受到了很大的刺激，当时想『那个坂茂都做出了这样的作品，而我又在干什么呢？』

坂——我本来是想进入山梨先生您就读的东京艺大读书的，但是高中时代直到快毕业的时候，我都一直沉迷于橄榄球，没有好好准备考试，在艺大的第一次学科考试中就被淘汰了。学科考试之后本来还有一项实际技能考试，对这个考试我是非常有自信的，可惜学科考试都没有过，我连实际技能科目的应试资格都没有……（笑）这是我在备考培训学校学习时完成的课题作品集（参看第101页）。您要看看吗？

山梨——这个是立体结构课题吗？真怀念啊。（一边看着作品集一边说道）一般艺大考生的作品都比较粗糙，很多人都是直接使用现有材料，而您的作品是将面材折叠成线材，使其更加强韧，创作的视角完全不同。我认为接合、部件和空间结构这三部分均清晰可见是您的建筑作品的重要特点，从您这本集子里的立体结构作品中，可以看出您的这个创作特点在备考培训学校时代就已初露端倪。就我自身而言，我觉得自己在高中时期创作立体结构作品的经验为我现在的设计思路打下了基础。您也是通过那时的立体结构方面的练习而为自己以后的创作定下了方向吗？

坂——我从小就非常喜欢工程技术方面的工作，

山梨知彦：1960年出生于神奈川县。毕业于东京艺术大学。1986年东京大学硕士毕业，进入日建设计。2012年起为主要设计负责人。主要作品有饭田桥第一大厦、神保町剧院、木材会馆、Sony City Osaki等。其设计的保木美术馆获2011年度日本建筑大奖。

也喜欢让一些东西能够具备特别的功能。还记得小学的家庭技术课，有一次作业是制作明信片盒，我给它设计了一个可调节厚度的功能，这样可以根据明信片的数量调整盒子的大小。没有人要求我这么做，是我自己的主意（笑）。

人对于设计的理解常常是带有主观性的，个人喜好不同，对设计的理解也会不同。但是如果使设计具有功能性，或者巧妙运用材料使其具备合理性，那么这样的设计大家都会认同。我不仅倾向于这样的设计，在国外工作时，为了使文化、宗教等背景不同的人都能够很好地理解我的作品，向他们解释说明时，我尽量做到带有客观性同时又简单易懂，这一点十分重要。

—

材料的使用方法受到阿尔托的启发？

—

山梨——虽然您只在矶崎先生那里工作了一年时间，这段经历对您产生了什么影响？比如我听说您的工作方式跟矶崎先生一样，是事必躬亲的『自上而下』式。

坂——这并不是受矶崎先生的影响，可以说是源自我的性格。我喜欢自己进行所有设计，对细节要进行研究，也会去考虑结构具体怎么设计。因

在芬兰见识到阿尔托的作品，改变了自己的方向［坂］

为这些是建筑设计工作中最有趣的部分，我不想交给别人（笑）。我一点也没有想要把公司做大的想法，一直以来的想法都是希望所有的创意都来源于自己、所有的工作都亲自动手以保持我的创作个性。所以在工作方式上，我并不是受到矶崎先生的影响。不过，有幸亲眼见到享有国际声誉的矶崎先生工作的身影，以及在日常工作中见到的与矶崎先生往来的诸位大师，这确实让我受到了好的激励。

我在矶崎新工作室还见到了摄影家及GA主办人二川幸夫先生。在大学刚毕业后的一段时间里，我曾经担任过二川先生的助理。我跟随二川先生在芬兰见到了阿尔瓦尔·阿尔托的作品之后，改变了自己的发展方向。

山梨——原来如此。独特的材料使用方法已成为您的建筑的特征之一，这一点原来是受到了阿尔托的影响。库伯联盟学院的建筑创作风格通常给人以『全白模型』的印象，而矶崎先生的流派也跟您的建筑风格不同，我以前一直不解您对建筑材料的独特使用方式到底源自何处，今天这个困扰我多年的谜题终于解开了（笑）。

那么关于您建筑的另一特别之处——结构，又是受到了谁的影响呢？

坂——建筑师如果能有属于自己的特殊结构形式和材料，就能建造出独特的建筑，不会太受时代的影响。我们回顾一下建筑历史就会看到，不论是巴洛克风格也好，后现代主义也罢，任何时代的建筑家都是在按照当时流行的形式来做建筑。我对这一点非常反感，我既不喜欢模仿他人的建筑，又希望自己能建造出不受时代影响的建筑。我想为此我必须要寻求自己独有的结构形式和建筑材料，于是将弗雷·奥托和巴克敏斯特·福乐作为我的榜样。

原来如此，多年的疑惑终于解开！［山梨］

山梨——奥托先生给人的印象是在结构方面多使用膜结构，几何应用方式跟您完全不同，但是在材料和结构的设计理念上，您和他确实有相通之处。

脆弱的材料亦可扬长避短

坂——建筑材料也属于能源，如何能耗费最少的能源来建造建筑是一个课题。奥托先生一直对这

个课题十分关注。我虽然对结构也非常感兴趣，但是将构造作为建筑的重要表现方式却不是我所追求的。而且，现今社会的主流动向是开发更加坚固的材料，走高科技方向，但是我更关注如何使用相对脆弱的材料，从而开发出独特的材料和结构形式。

通过纸建筑我们就可以知道，虽然使用的是脆弱材料，但是整个建筑的耐久性和强度并不弱。高科技材料是不可能靠个人的力量轻易开发出来的，我就考虑如何能够换个角度看待既有的材料，从中创造出独特的用法，就这样开始了对纸材料的开发。

山梨——原来是这么开始的。

坂——我第一次使用纸管是在1986年，当时将纸管用在了阿尔托展览会场的结构中，这个展览我从收集整理信息到实际建造为止进行了全程参与。在那之前召开了Emilio Ambasz展览会，当时会场布置使用的是布材料，剩下了很多布卷纸管芯。因为觉得扔了可惜，我把这些纸管带回了事务所。之后，在考虑阿尔托展览的会场布置时，为了打造出符合阿尔托风格的会场效果，我想到可以用纸管来代替木材。

山梨——原来纸管建筑的开端是卷布用的纸芯啊。

坂——我从1988年开始研究纸管在结构材料上的应用，并请松井源吾先生进行了实验。松井先生进行实验时，我在一旁观看了他亲自计算的过程，体验到了构造设计流程的视觉化过程，这对我来说是非常珍贵的经历。我从中了解到该如何进行思考来完成结构设计。

「浪费很可惜」是根深蒂固的想法

坂——在跟松井先生共事的时候我了解到，在结构设计师脑中理所当然的东西，换一个角度考虑会产生新的想法。比如，在积雪地带设计建筑时，横梁需要加大。当积雪造成的材料弯曲程度超过一定限度后，需要选用更大的横梁。建筑师将此视为定例，但是，雪只有在冬天才下，而且有的地方几年才下一场大雪，为了小概率事件而长年使用较大的横梁在我看来是非常浪费的。建筑物既显得笨重，造价还很高。

屋顶有所弯曲，梁并不会毁掉，只是会使屋顶下沉或者是天花板产生裂纹，仅此而已。既然如此，只要将屋顶和天花板分开就可以了。根据这个想法我设计了双层屋顶之家（见下一页），这种折板屋顶可弯曲程度较大，不容易出问题。屋顶的下半部分无须承受积雪的重量，因此只使用最小的横梁即可。

山梨——这个想法使用悬空的屋顶使它和主体结构分离，这么一来屋顶就从主体的束缚中被解放

出来了。

坂——我也是看了松井先生对结构的计算过程，又听他讲解了弯曲度和梁之间的关系，觉得使用大梁非常浪费，所以才有了这样的设计思路。

山梨——结构本身也会让人产生『浪费资源很可惜』的想法，这很有意思。我也非常认同『浪费很可惜』这个理念，我认为，一个场所能够同时具有多种功能才是最好的环保型建筑。要么就做到无一赘物的极简效果，要么就使其具备多重的功能。您刚才很自然地说到『浪费很可惜』这句话，非常触动我。

从新想法中诞生出的建筑，大多给人以华而不实的感觉，而您的建筑既繁复又让人感到踏实，我想这是因为您的建筑没有冗余的部分。您从根本上认为浪费资源非常可惜，因此原本使用3个部件的东西，您可以将其去繁从简，集中使用一个部件来完成，丝毫不浪费。

接合方法体现出建筑家的思考方式

山梨——我认为您对接合部的处理方式，是您的建筑与其他的建筑家之间的一个不同之处。日本的建筑家一般都是考虑用木制装置来进行接合，

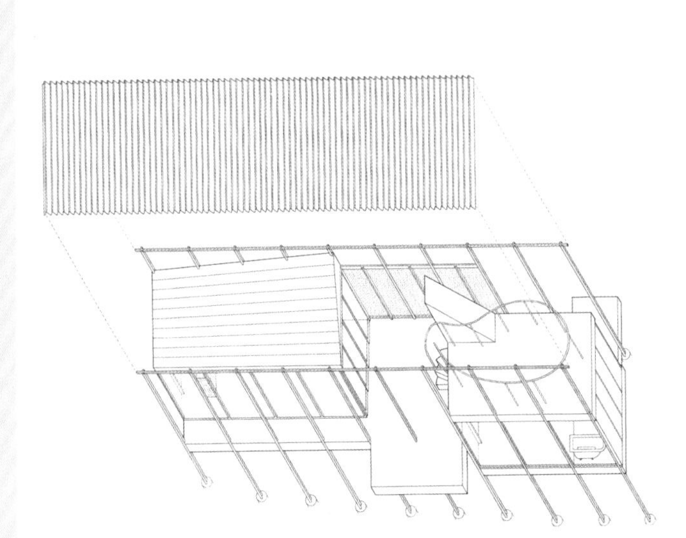

双层屋顶之家（1993年，山梨县山中湖）。该住宅位于积雪量较多地区。为了使建筑物不使用大型屋顶架构的同时还能具备较强的积雪承受力，屋顶设计为外层屋顶与内侧屋顶分离的双层结构。屋顶整体以最小尺寸的积雪荷重折板屋顶来覆盖，另有内部屋顶结构与之分离成独立部分。屋顶的弯曲度即使超出规定的限度，也不会影响到建筑主体，这样一来主体部分的内层屋顶积雪负荷几乎为零。［照片：平井广行拍摄］

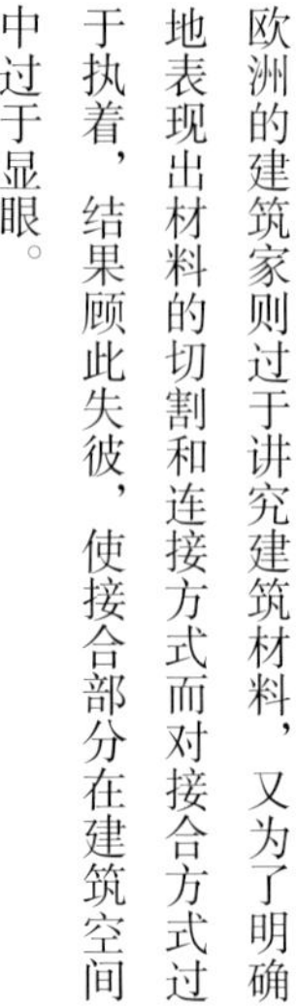

欧洲的建筑家则过于讲究建筑材料，又为了明确地表现出材料的切割和连接方式而对接合方式过于执着，结果顾此失彼，使接合部分在建筑空间中过于显眼。

而您的建筑自始至终都让观众首先注意到材料，并看到材料使用的连续性，相反接合处丝毫不引人注意。这是您的建筑的非常独特的地方。对您来说，接合处是不是着重处理的核心部分？

坂——为了使接合处不那么明显，我确实下了很大的工夫。众所周知，通常接合装置的价格都很高。我本来只是个没有什么背景的普通设计师，所以最初接手的设计业务都是低成本住宅。我觉得光是按部就班地建设廉价住宅没什么意思，于是考虑如何能够更加节省材料，如何能够使单个建筑同时具备多种功能等。之后，从某个时候我同时开始在灾害志愿活动中教学生们建造建筑，这个过程中我尽量减少接合处的使用材料，以使建筑更为简单和低廉。

1. 汉诺威世博会日本馆的纸管接合处。［照片：平井广行拍摄］

2–3. 施工中屋顶顶起成形后的情况。［照片：坂茂建筑设计提供］

山梨——接合处可以体现出建筑家的建筑理念。

坂——在汉诺威世博会的日本馆中，我们使用安全带布料来作为纸管间的固定材料。接合装置仅仅使用军用皮带的搭扣来固定。在临时材料上平铺纸管，一边转动临时材料，一边将纸管抬起形成三次元曲面的网格状壳形屋顶，整个过程中布制的接合装置完全承受了来自纸管的这些复杂动作。

山梨——您这话说起来举重若轻，我想一般的建筑师遇到这种情况总是会把问题考虑得过于复杂吧（笑）。

为什么使用曲面的木材？

山梨——您最近经常将木材作为结构材料来使用吧？您在使用其他材料时一般都使用直线型，但是使用木材时却用曲面型（波浪型）的结构，这是为什么呢？

坂——木材是我最喜欢的材料，在同弗雷·奥托先生开始合作后，我去参观了他的IL研究所（轻型构造物研究所 德国）。我看到他们在钢缆上铺设屋顶衬板，再铺上隔热材料，接着喷涂防水材料的做法，我觉得非常浪费。屋顶底部用了钢缆结构，做出来的不过是个木质外壳。我认为不用钢缆结构也可以撑起木材外壳。当时那个建筑是蒙特利尔世博会德国馆的实际尺寸模型，用作研究室，所以不得不保证足够好的室内环境，结果只能那样去做。

山梨——这座建筑在轻型建筑中已经算是典范了，一般人看到它都会称赞不已，您还是觉得它『太浪费』，果真是您的风格（笑）。

坂——为了扩大柱距，通常会将木材的横截面垂直立起来使用，看了IL研究所的那个建筑物以后，我开始想，如果要使用木材在屋顶做出面来，应该将木材平放并对其加力使之弯曲，这个方法更好一些。

蓬皮杜中心梅斯分馆这个项目，我的设计灵感出自中国的竹编帽。竹编帽使用竹子编制出曲面，外面贴上防水的油纸，里面则塞入干燥的叶子作为隔热材料。我看到这种帽子的时候，觉得它的原理跟建筑结构如出一辙，当时感到十分惊讶，就很想将这样的结构用在建筑上。将材料拉伸后，它自然会形成像马鞍一样的双曲形态，同时为了保持材料强度，必须使用曲面。

山梨——这个想法的原理在于木材弯曲后即产生了相应的强度。这与帐篷的结构是相通的。帐篷的支架细管受力弯曲的瞬间，膜与支架整体便产生了立体强度，结构更加坚固。其实我刚看到蓬皮杜中心梅斯分馆时，感觉它形状扭曲，与您一直以来的建筑风格不太一样，现在听您这么讲，我明白了其中的建筑思想根源是相同的——它们都是追求结构合理性而产生的结果。

弗雷·奥托的IL研究所［照片：山梨知彦拍摄］

1. 蓬皮杜中心梅斯分馆屋顶结构［照片：武藤圣一拍摄］ **2.** 九桥高尔夫俱乐部屋顶结构［照片：平井广行拍摄］

虽然您的想法在建筑界比较奇特，但您的建筑在轻型建筑物中是最具有合理性的。同时，您的建筑也再次证明，为实现某些几何结构，材料越简明越好。

坂——在梅斯分馆完成之前，我们遇到了各种难题。竞标中与我们配合设计的结构设计师是塞西尔·巴尔蒙德，当时我们是同Arup公司合作进行设计。但是中途我们要求变更合作方。理由是这样的，当时我提议使用两层木材，加以木块制成桁架结构屋顶，但是Arup的设计方案却是使用钢筋固定屋顶，经过测算，其成本为预算的两倍，客户遂强烈要求改为普通钢筋结构的屋顶……

山梨——原来还发生过这样的事情。

坂——Arup考虑使用三层木材结构，他们认为那样更为合理。我提出的方案是使用双层梯形木材（横截面为梯形结构）。

山梨——嗯，就像是竹篮中竹条的交叉点那样的双层结构。

坂——当Arup的报价达到预算的两倍时，我去了德国、瑞士、奥地利等擅长木制建筑的国家，拜访了善于使用木制材料的建筑家，请他们为我介绍合适的结构工程师和施工公司。我在瑞士遇到的一个结构工程师（Herman Bloomer），看了我的设计后，他说可以按照我的设计完成建筑。他又介绍给我一个木工公司，他们给出的报价与项目预算刚好相符。虽然下决断很艰难，我还是请Arup退出了设计团队。

在既有的框架下，要出成果全凭刻苦用功［山梨］

—日本建筑的防火措施过多—

山梨——没想到为了接合装置原来还有过这么一

番曲折……梅斯分馆屋顶的木质构架在韩国的高尔夫球场设计上又有了更进一步的发展吧。

坂——从几何学上来说两者都是六角形，但是韩国建筑使用了完全压缩拱形结构。接合处材料之间相互契合，接合后各个部分表面与屋顶处于同一个平面。

山梨——连接木材的接合装置从外面完全看不出来，我想这正是您非常独特的地方。

坂——这也多亏了我在梅斯遇到的木质建筑结构专家Bloomer，我们俩合作才得以完成。自从认识他以后，我设计了各种各样的木制建筑。比如这个建筑（见右下两张图片），是现在正在建造中的位于瑞士苏黎世的Tamedia New Office Building，是一个7层的木制结构办公楼。

山梨——7层的建筑吗？这个建筑的接合处也很有特点啊。

坂——因为我不想使用金属的接合装置，为了使接合处严丝合缝，使用了贯通型的椭圆梁。

山梨——防火性是如何实现的？

坂——这个建筑应用了准防火结构的设计。

山梨——这种设计在日本的防火地域不允许使用，原来在瑞士是可以使用的。

坂——日本的标准比较高。以前，我在日本也使

1. 在瑞士建设中的Tamedia New Office Building，为7层木质结构建筑。［CG制作：CHATEU CYBORG］ **2.** 该建筑的接合处。［照片：坂茂建筑设计提供］ **3.** GC大阪营业所大楼［照片：平井广行拍摄］

用过准防火结构，即以防火覆盖型木制材料来包裹钢筋，再用于建筑。

山梨——就是GC大阪营业所（2000年竣工）吧？

坂——是的。自那之后，进行同样设计的人渐渐增多，但是在日本又有了加入『中途止燃』材料的建筑要求。

山梨——也就是在突破了30毫米的范围后，要么利用金属吸热，要么通过止燃材料阻止燃烧。

坂——但是通常在钢筋上覆盖了防火材料后，是不会再加入止燃材料的。我不能理解为什么使用木材结构时非要多加这么一步。

日建设计山梨团队设计的木材会馆［照片：细谷阳二郎拍摄］

日建设计山梨团队设计的SONY CITY OSAKI［照片：吉田诚拍摄］

山梨——的确如此。

坂——又不是说瑞士的火势比日本弱，在日本不可以建造这样的建筑，这是不合理的。山梨先生，您的『木材会馆』当时是怎么处理的？

山梨——我发现现在既存的法律构架下也可以避免对木材进行阻燃处理。木材会馆组合使用了三个方法解决这个问题。

第一个方法是在外装上使用木材，使用板材结构将木材分隔，并使用防火玻璃隔开室内与室外的空间，这样即使发生火灾，火势也不会一下子蔓延至建筑内部，确保了其安全性。第二个方法是在内装上使用木材。这个方法应用了避难安全验证法，使伴随火灾产生的浓烟聚集在天花板内侧，为在浓烟积攒到人身体高度之前争取了逃生时间，确保安全性。

第三个方法跟最上层的木制大梁有关，即发生火灾时，为了避免火焰和高温浓烟引燃木制大梁，我们在地板和大梁之间预留了足够的距离，从而确保了火灾发生时的安全性。

解决方法都很简单，我们另外还准备了B方案和C方案。通过各种简单的方法，我想木材会馆的建成表明使用大量的木材来作为建筑物的内外装修材料以及结构材料是可行的。

坂——在日本如果要建造像Tamedia New Office Building一样的木质结构的大楼，木材的加工也是一个问题。在日本，木材加工是无法达到如此高精度的三次元加工水平的。不论是Tamedia New Office Building还是韩国的高尔夫俱乐部，木材的加工都是在瑞士完成的。在日本尚无引进高昂的三次元加工设备的需求，在这一点上，日本也是稍显落后的。

—

环保技术不仅仅是建筑的点缀

—

坂——看来您对于环境建筑也非常感兴趣，这一点我是从SONY CITY OSAKI中感受到的。

山梨——环境、构造、空间这三个元素是否能达到密不可分的状态，对于这一点我非常感兴趣。构造和空间作为一个古典命题一直存在，而环境问题是21世纪的新课题。大概是出于这个原因，大多数建筑家都将环境视为建筑的点缀。比如有的建筑家对待环保型建筑的态度是这样的——『你看这座建筑，装上太阳能电池，或者装上LED照明设备就是环保型建筑了，相应的建筑成本是多少多少』。但是环境要素既是构造要素，同时也是空间不可或缺的要素，重视并应用它，自然而然你的建筑就会成为一个良好的环保型建筑。

坂——我现在在巴黎郊外的塞甘岛参加一个剧院建筑群的设计竞标。客户最大的要求就是希望建造出一座标志性的建筑，还给我看了悉尼歌剧院的照片作为范例。我对单纯拘泥于形式的、雕塑性的建筑没有兴趣，考虑过后我向客户提议加入环境元素，使其成为建筑物的标志性要素，并使其具备多种功能。

山梨——听了您的话真是让我跃跃欲试呀。我要是也能成为坂茂事务所的员工就好了（笑）。

我也认为纯点缀式的环境建筑没有意义，但我对自己的方向是否正确却一直没有把握。今天跟您交谈帮助我认识到自己的方向是正确的，给了我继续前进的信心。

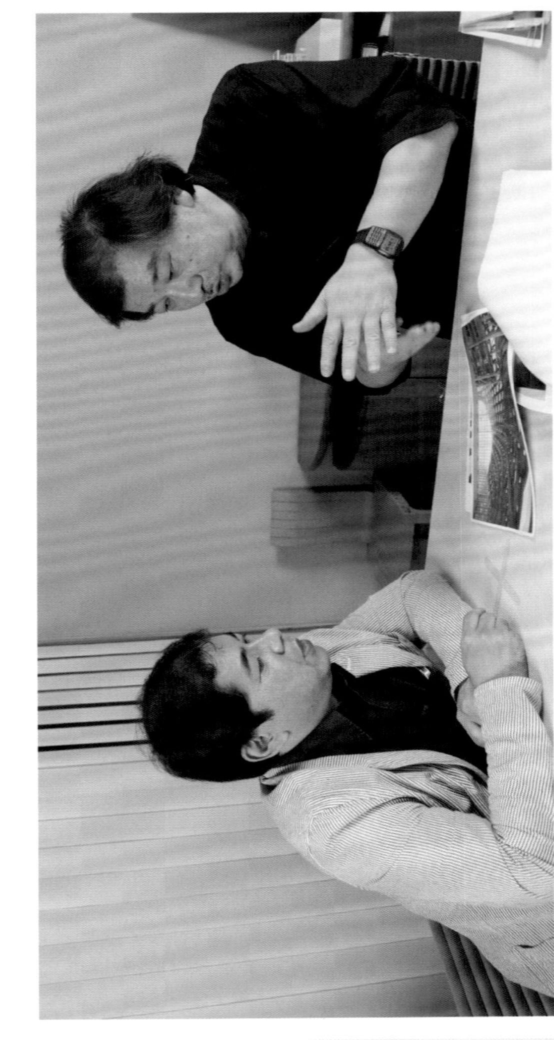

第五章

木材的挑战

坂茂近年来非常关注『木头』这种素材。
木材当然并不是新的素材，
但是大规模木质结构建筑中发挥木材特性的建筑非常稀少。
在蓬皮杜中心梅斯分馆项目中与结构工程师结识并合作，
为坂茂打开了新的视野。
带着纸管建筑中得到的『扬长避短地使用脆弱材料』的创意，
坂茂挑战了新型木制建筑。

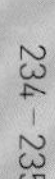

背景为韩国九桥高尔夫俱乐部（第246页）草图

2010年
建筑作品
20
蓬皮杜中心梅斯分馆
法国 梅斯市
NA2010年6月28日号刊载

以扭转弯曲而成的集成材料和膜材覆盖于交错在一起的3根管型材料

法国东北部的梅斯市车站前建成的蓬皮杜中心梅斯分馆的夜景。
夜幕降临时，在内侧卤素灯的照射下，薄膜式屋顶显现出木质结构网壳轮廓，呈现出一幅梦幻般的场景。
建筑物前可见铺满石子的平台，这是通往美术馆的通道，这里也配备了照明［照片：无特殊标记外均为武藤圣一拍摄］

这是位于巴黎的法国国立美术馆（蓬皮杜中心）的第一座分馆，建于法国东北部洛林地区的梅斯市。2010年5月11日，法国总统萨科齐出席了竣工仪式。开馆仪式上，梅斯市市长多米尼克·古洛发表的讲话中称，期待大批游客来此访问。

巴黎的蓬皮杜中心自1977年开馆以来，收藏作品一再增加，展出机会却没有相应增多。为了改善这一状况，蓬皮杜中心需要建设新的分馆。在2003年举行的国际设计招标会上，共有157组设计团队报名参加，而最终胜出的是由坂茂和法国建筑家Jean de Gastines合作提出的方案。

展厅由三个长方体构成

该项目的总建筑面积共计约11330平方米，其中展示空间约为5000平方米。主展厅是由三个宽15米、长90米、高5.5米的长方形相互交叉重叠而成。

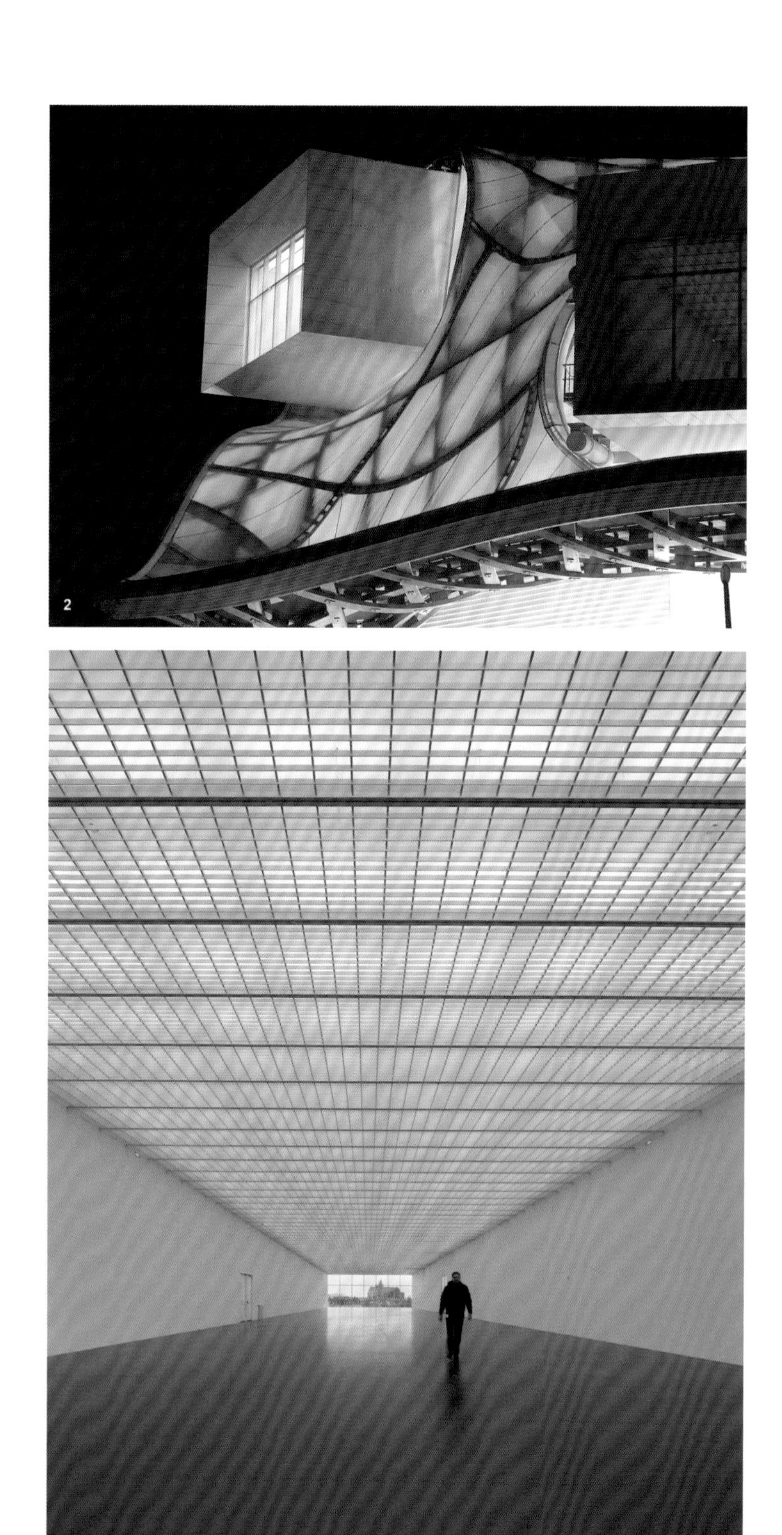

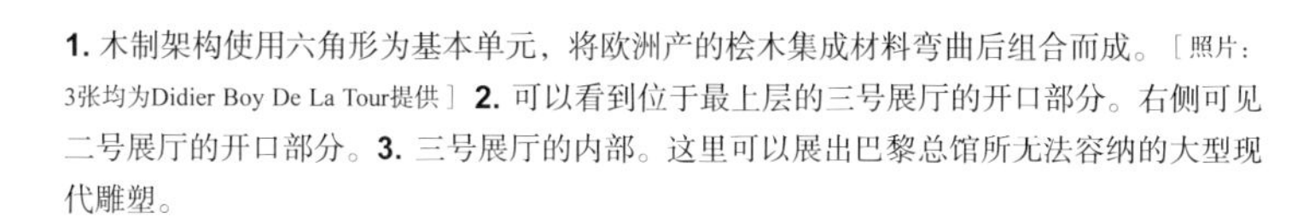

1. 木制架构使用六角形为基本单元，将欧洲产的桧木集成材料弯曲后组合而成。［照片：3张均为Didier Boy De La Tour提供］ **2.** 可以看到位于最上层的三号展厅的开口部分。右侧可见二号展厅的开口部分。**3.** 三号展厅的内部。这里可以展出巴黎总馆所无法容纳的大型现代雕塑。

『为了更好地达到美术馆的展示效果，箱型结构最理想。因此，建筑中使用了15米×90米的管状箱型结构且以45度角交错重叠而成。其上再覆盖屋顶膜，就形成了不对

称的帽子形状的屋顶。因为我们更优先注重建筑物的功能性，所以自然而然就形成了这样的状态』，坂茂这样说道。

以悬臂浮于空中的管状箱型结构部分，超出屋顶的部分最多约有20米。约8000平方米的巨大屋顶，如同中国的竹编帽，使用了结构集成材料，以六角形为基本单元组合而成。

建筑物的中心有一座平面六角形钢筋结构的铁塔，其内设有一座电梯。塔高37米的位置装有环形华盖，用以支撑结构集成材料制成的屋顶。其上部有圆锥形的尖塔，向天空突起，其高度象征着蓬皮杜中心开馆年份数字，为77米。

三次元曲面的屋顶膜材料，使用了覆有特氟龙不粘涂层的玻璃纤维制膜材。紫外线通过该膜材被过滤掉，同时柔和的自然光透过半透明的薄膜投入室内。

坂茂说：『下雨的时候，人们可以随意进来避雨。市民可以像在

1. 一楼前院。［照片：Didier Boy de la Tour］ **2.** 内置电梯的钢筋塔形建筑。在塔37米高度的位置设有环形结构，用于支撑木制屋顶。该部分运用欧洲传统技法，使用德国赫鲁兹保·阿曼公司的CNC（电脑数控）数控机床裁剪木片并将其有机组合。屋顶覆盖的半透明膜材是经特氟龙涂层处理的玻璃纤维膜，产自太阳工业。

咖啡馆那样随意进出，轻松来去，悠闲地享受现代艺术的空间。』

夜晚，从建筑物内侧散发出光亮，使得六角形的木制结构在半透明的屋顶薄膜上若隐若现。透过位于最高层的三号展厅顶端的玻璃窗，游客可以远眺铁路对面梅斯市区的全景。

货运车站再开发的一部分

2007年，TGV东线开通，自此巴黎至梅斯只需1小时20分钟即可到达。而分馆的建立，也被定位为位于梅斯市站南侧的集装箱货运车站再开发项目的一部分。分馆的营运预计每年需要10亿到15亿日元的资金。

梅斯市以文化设施为中心的城市开发是否会奏效呢？分馆开馆时，同饱受争议的巴黎总馆不同，梅斯分馆的设计受到了委托方和市民的一致好评。今后的客流情况值得期待。

1. 从顶层三号展厅可眺望室外风景。位于市中心的纪念馆远看像是镶在分馆的玻璃框中一般，是分馆的著名景观。［照片：Didier Boy de la Tour提供］**2.** 一号展厅仰视效果。**3.** 全景。

设计者之声 | VOICE

为法国倾尽全力

坂茂［坂茂建筑设计代表］

我在法国工作的时候，每天都像是打仗一般，也发生过施工人员擅自更改设计图进行施工的事情。那个时候我们通过律师叫停了工程。

但是，能够给像我这样的无名建筑师一个建造如此巨大项目的机会，也只有法国会这么做，这是法国人非常好的地方。我非常感谢法国，所以这次为了法国我可以说倾尽了全力。

我在最顶层的展厅中设计了观景窗。从那里可以透过玻璃窗看到大教堂等市内的纪念性建筑。委托人非常中意这个设计，我自己也很满意。（访谈内容）

1

照明设计者之声 | VOICE

拥有让素材看起来更美的意识

石井丽莎明理氏［I.C.O.N.代表］

为了提升建筑物的观赏性，我们为梅斯分馆设计了照明系统。建筑物整体看起来很轻快，我设计照明时着眼于如何使木材看起来更美。扭转成3D形态的建筑部分，外面看起来很简洁，但是从建筑物内部看上去却十分复杂。我没能一下想象出如何设置照明能使它看起来更加漂亮。有的建筑部分我们并不希望游客看到，这些地方怎么处理也很关键。

总之，关于照明的设计我们与坂茂进行了充分的沟通。坂茂会非常坦率地表达对照明设计的意见，非常有利于我推进工作。（访谈内容）

支撑屋顶的木质结构柱同时也起到雨水导水管的作用。

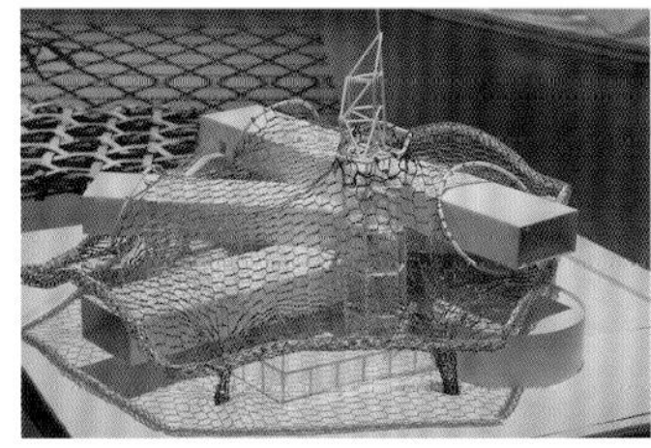
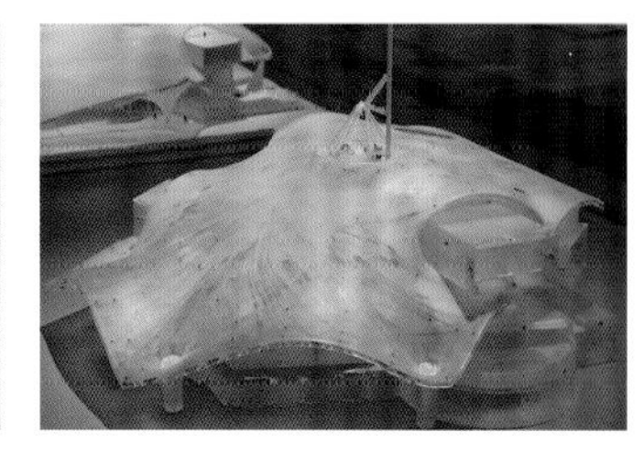

二号展厅中展示了梅斯分馆结构的模型。三个管状长方形结构各成45度交错叠加在一起，以六角形为基本单位的三次元曲面架构上覆盖着半透明的薄膜屋顶。

建筑项目数据：

所在地——法国梅斯市
主要用途——美术馆、工作室、礼堂、咖啡馆、餐厅
占地面积——12000平方米
建筑面积——8118平方米
使用面积——11330平方米
结构·层数——木质结构（屋顶）·S结构·RC结构　地下3层·地上6层
委托方——CA2M, Ville de Metz
设计——SHIGERU BAN ARCHITECTS EUROPE & Jean de Gastines Architecte＋坂茂建筑设计
设计协助——Philip Gumuchijan(仅限设计招标)
结构：Ove Arup & Parmers
空调：GEC Ingenierie
剧场：Scenarchie
音响：Commins Acoustic Workshop
照明：L' ObservatoireN° 1; ICON
施工——Dematthieu & Bard
施工期——2006年11月—2011年4月

展示厅
搬入口
收藏库
收藏库
前院
塔
礼堂
创意工作室

1层平面图 1/1200

三号展厅
二号展厅
前院
礼堂

断面图 1/1200

2010年

建筑作品
21

九桥高尔夫俱乐部

韩国京畿道骊州

施工设计为与韩国建筑KACI共同完成

弯曲的屋顶架构为集成材料的压缩拱形结构

入口大厅用于支撑三层高天井的木柱气势不凡，初访者大多会发出「建筑物里好像长了一棵树一样」的惊叹［照片：平井广行拍摄］

距离韩国首尔市中心车程2小时的骊州有一处会员制的高尔夫球场。俱乐部主体建筑的屋顶架构与蓬皮杜中心梅斯分馆相同，是由六角形和三角形的几何形状构成的木制网状拱形结构。梅斯的屋顶是由钢筋塔式结构牵引的设计，这里则完全为压缩式拱形结构，各个部材互相咬合，表面处于同一平面。

这正是坂茂脑海中高尔夫球钉的形象，哥特式建筑尖头拱形结构的大屋顶就这样诞生了。

既时尚又传统

哥特的尖头拱形结构中，柱子是砌筑结构，同时又有线材集合在一起的形态，我们从中似乎能感受到天花板的网格结构和柱体之间力量的流动。坂茂希望能够在这个建筑上直观地展现其力学原理，他的设计方案中将12根木质线材束在一起，形成一根柱子。

主体建筑地下有一层，地上有3层。底座的中央看起来是连续的木制拱形结构，实际上这个部分是从3层立起的柱子，柱子并没有贯通到2层以下。主楼左侧为VIP接待楼，该部分使用的是清水混凝土质地的钢筋混凝土结构，块状柱从地板上以悬臂立起，其上再覆以集成材料制成的大梁。

这个项目由坂茂与其在梅斯市曾经共事过的工程师Herman Bloomer共同完成。木材的加工在瑞士进行。Bloomer开发了从结构设计到直接制造部件材料的程序，通过使用CNC数控技术，可实现建材的高精度三次元加工和迅速装配。

在施工现场将建筑部件材料组装为屋顶单元，立起柱子后，用起重机吊起屋顶进行安装。钢制接合装置仅用于屋顶与柱子的接合处。

在砌石结构的底座部分中，安排了更衣室、浴室等封闭空间。应客户的要求，这个底座部分『设计不仅要时尚，还要让人能够感受到韩国的传统』。

坂茂在四处游览参观韩国的古建筑时，发现与日本的木制建筑不同，韩国建筑底座部分多使用石材。这次项目的施工地面为斜面，坂茂说『正好可以利用石头底座这一韩国传统建筑元素来作为主题』。

共同设计人韩国的一位建筑师告诉坂茂说"这些几何体的构造与韩国传统的竹枕是同样的类型"。目前，图中的楼梯方向有所改变。

1. 三层休息厅。需要将云杉木合板加工为单向合角、双向合角、扭曲板材这三种不同的板材。**2.** 豪华套房兼VIP衣帽间为钢结构，图中建筑后方的山上计划筹建坂茂设计的度假村。

夜晚华灯初上，漆黑的山间便浮现出梦幻般的景致

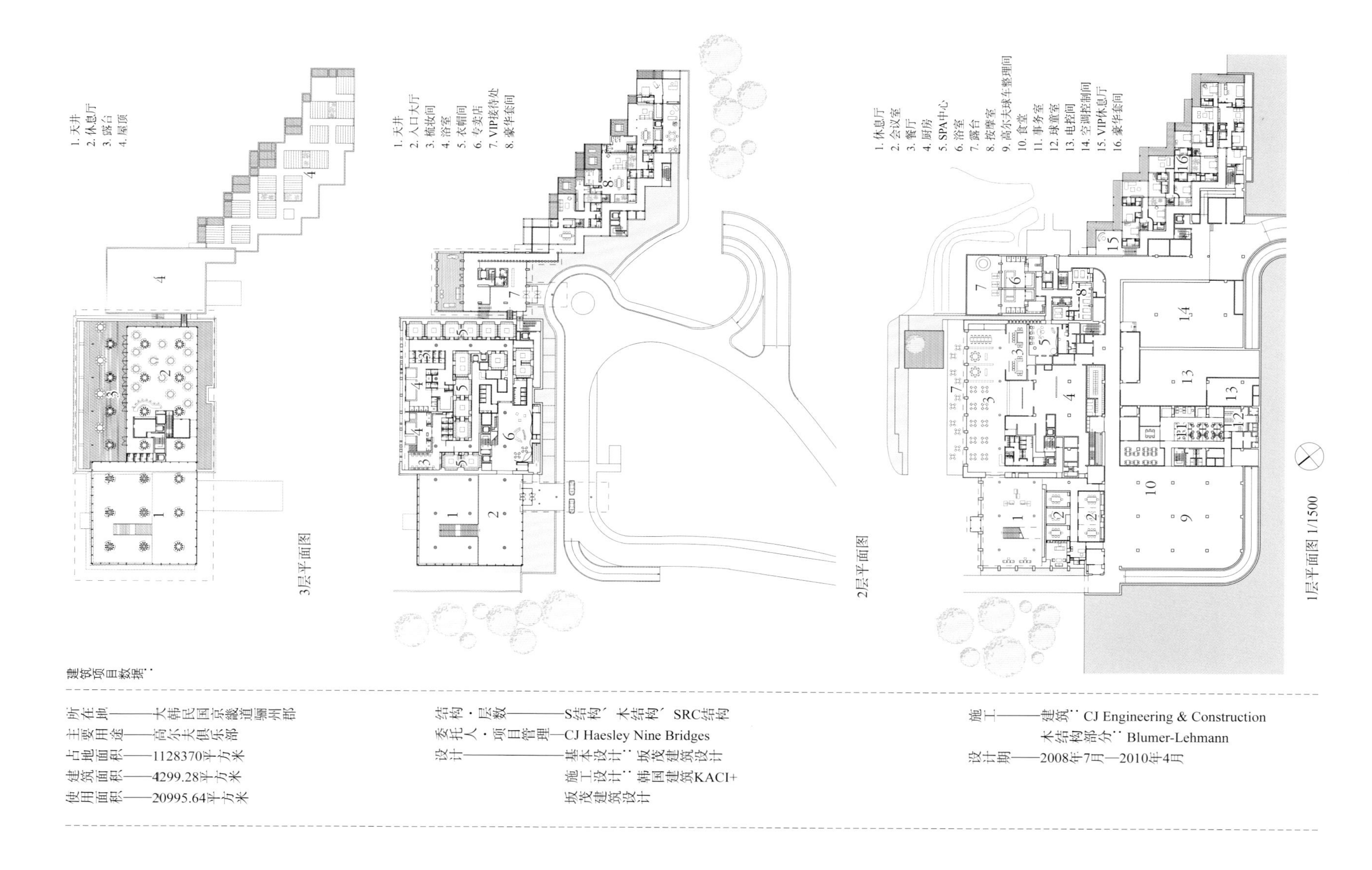

3层平面图

2层平面图

1层平面图 1/1500

建筑项目数据：

所在地——大韩民国京畿道骊州郡
主要用途——高尔夫俱乐部
占地面积——1128370平方米
建筑面积——4299.28平方米
使用面积——20995.64平方米

结构・层数——S结构、木结构、SRC结构
委托人・项目管理—CJ Haesley Nine Bridges
设计——基本设计：坂茂建筑设计
施工设计：韩国建筑KACI+
坂茂建筑设计

施工——建筑：CJ Engineering & Construction
木结构部分：Blumer-Lehmann
设计期——2008年7月—2010年4月

2013年

建筑作品
22

Tamedia新总部大楼

瑞士苏黎世

纯木材组合而成的七层办公楼

图为施工中的办公楼外景。建筑物的风格及线条的设计与街景完美融合

［照片：坂茂建筑设计］

木制的七层办公楼在瑞士也属罕见，由于施工现场并未封闭，引来许多路人驻足并拍照留念。

在瑞士苏黎世，这座七层高的木制办公楼即将完工。委托施工的媒体公司Tamedia旗下拥有报纸、杂志、电视台、电台，施工现场一带的土地均为该公司所有。2008年4月起该公司将之前的老旧建筑拆除，开始设计新总部大楼。

一开始我就考虑使用木质结构的设计，而客户希望大楼能够达到『像在自己家里一样可以放松地工作』的要求，于是我将其设计为带有木屋客厅氛围的建筑。

用椭圆梁规避回旋

近年来，海外也同日本一样开始流行大规模的木制建筑。在日本，很多市民希望建筑能够更多地使用当地产的木材，大柱距的体育场馆等大规模木制建筑应运而生，这样的例子日益增多。

然而，大部分情况下，木制建筑仅仅是将钢结构建筑中的钢筋骨架部分替换为木材而已，由于建筑本身并没有设计为适合木制的构造，实际的花费比钢筋结构成本更高。再加上接合处仍然使用钢材，整个建筑显得极其笨重。

我一直在考虑，若使用木材，就要建出非木质结构所无法表现的建筑风格，既不使用钢材，同时还要寻求独特的接合方式。我绞尽脑汁，终于找到了合适的方法，即把大梁设计为椭圆形断面直接插入，避免了接缝部分的旋转，从而起到更好的固定效果。

基于『准防火结构』的想法进行设计

建筑使用的木材是当地价格最为低廉的云杉木合板，这就把建筑成本压缩到与一般的同等规模建筑相当的水平。

在日本，由于防火标准的规定，很难实现这样的木质结构建筑。因为即便建筑物采用了准防火结构，也需要加入一个止火层。这样在发生火灾时，在准防火结构燃尽后，为阻断火势蔓延，仍需设置石膏板等不燃材质的止火层。

这样一来，建筑便不再是纯粹

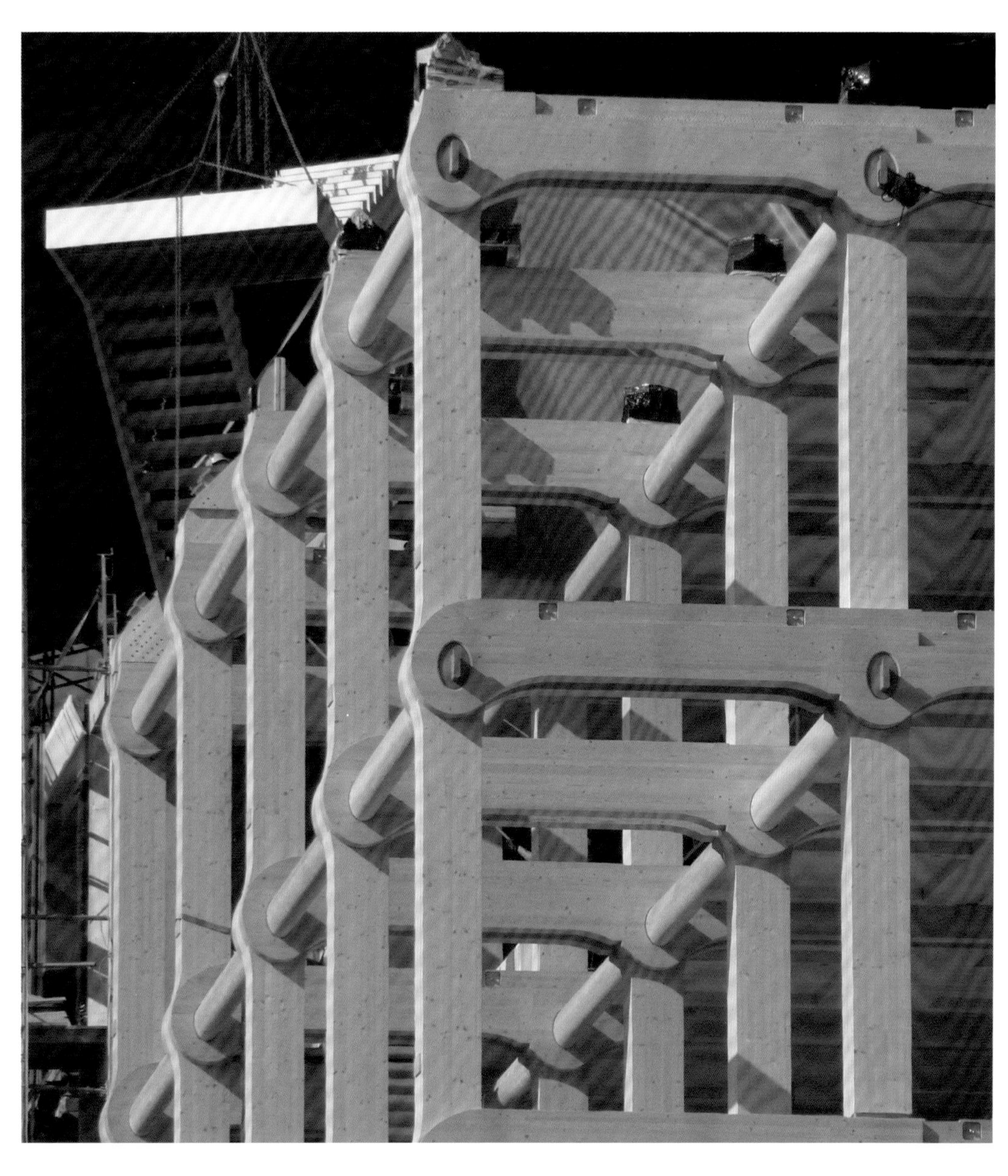

大梁设计为椭圆形断面直接插入，避免接合处旋转，起到固定效果。

的木制，成本也将增加。

即使是钢铁结构，防火层燃尽后火势也会蔓延，法律却规定只有木质结构需要设计止火层，这种规定是不合情理的，论火势强弱，瑞士与日本分明并无差别。因此，日本的大规模木制建筑发展远远落后于海外。

为实现玻璃立面费尽苦心

在建筑外侧安装了玻璃百叶窗，这样从外部就可以看到建筑的木质结构。其实在设计过程中，比实现七层木制建筑更艰难的是玻璃立面的使用。在瑞士，对于建筑外观是否与周围街道环境一致的审查非常严格，过多使用玻璃的建筑很难通过审查。我们反复研究如何使大楼与周边建筑物的外观保持协调，如何与周边环境融为一体，为通过审查可谓历尽艰难。（坂茂谈话内容）

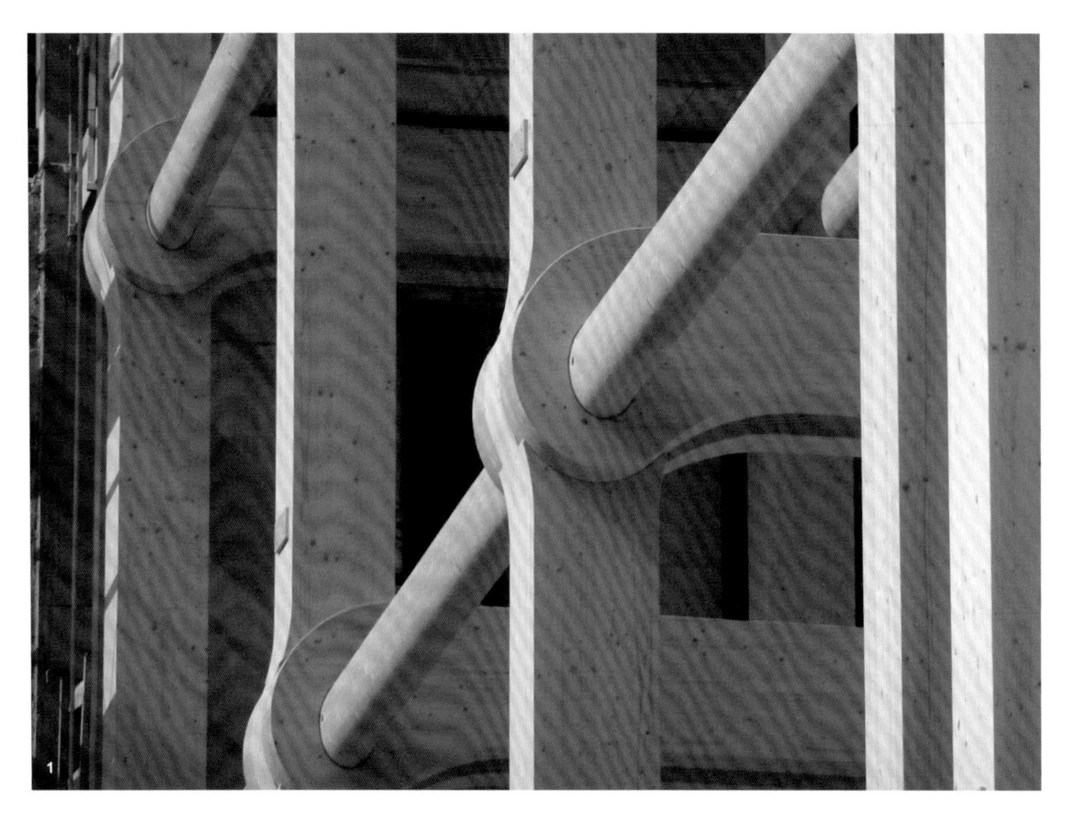

1. 图中的部件形如儿童玩具，接合处部分的形状根据椭圆梁的形状，经过了精密计算和设计，这样的设计保证了各部位受力均衡。柱子上的金属部位用于固定窗扇。**2.** 木材在工场事先切割完毕，在施工现场进行组装。

3. 接合部的施工现场。用锤子将接合装置打入主体结构。**4.** 接合部位承受应力的部分改用硬木，不使用金属部件。

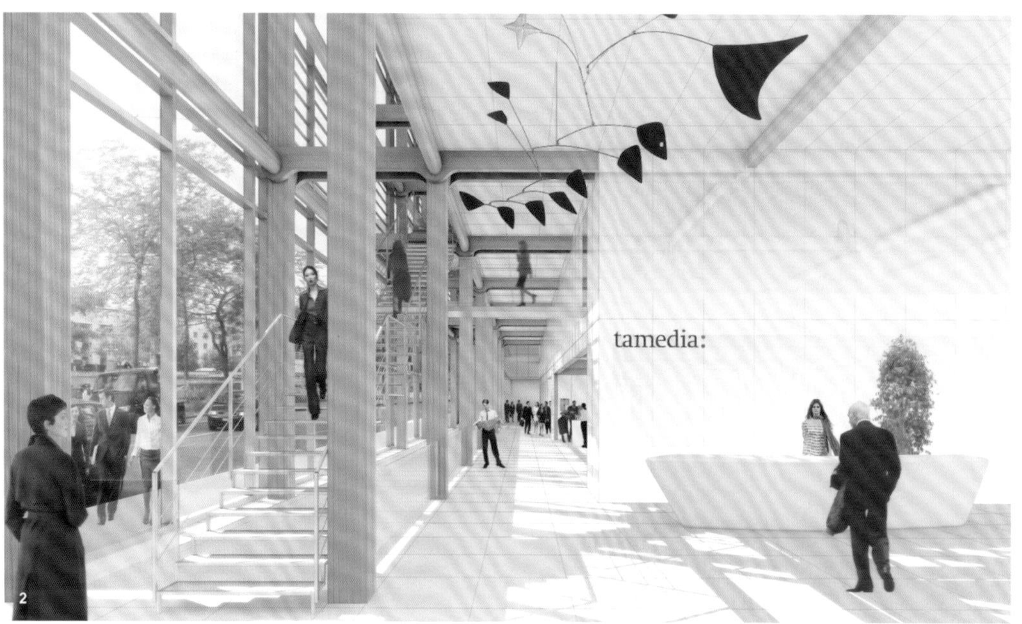

1. 模拟完成外观彩图。建筑立面被玻璃百叶窗覆盖。从外部可以看到建筑内部构造。玻璃百叶窗可以完全开放。［彩图制作：CHATEAUCYBORG］ **2.** 模拟一层内部完成景观彩图。

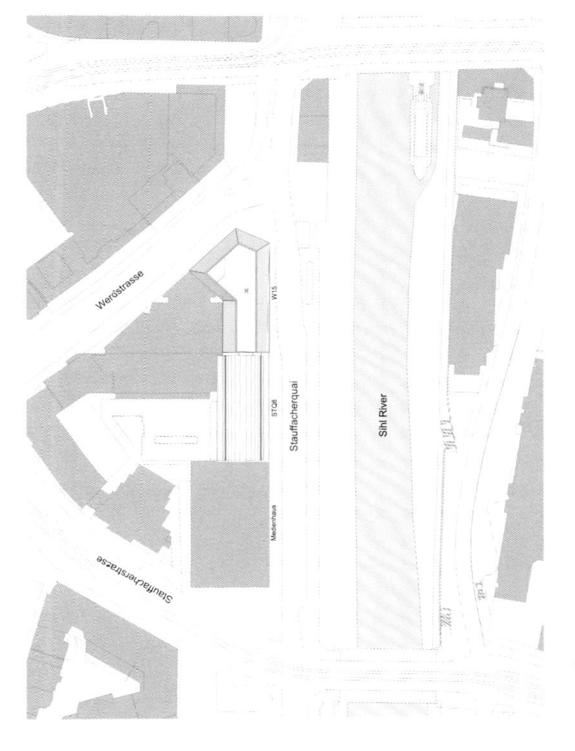

配置图 1/3000

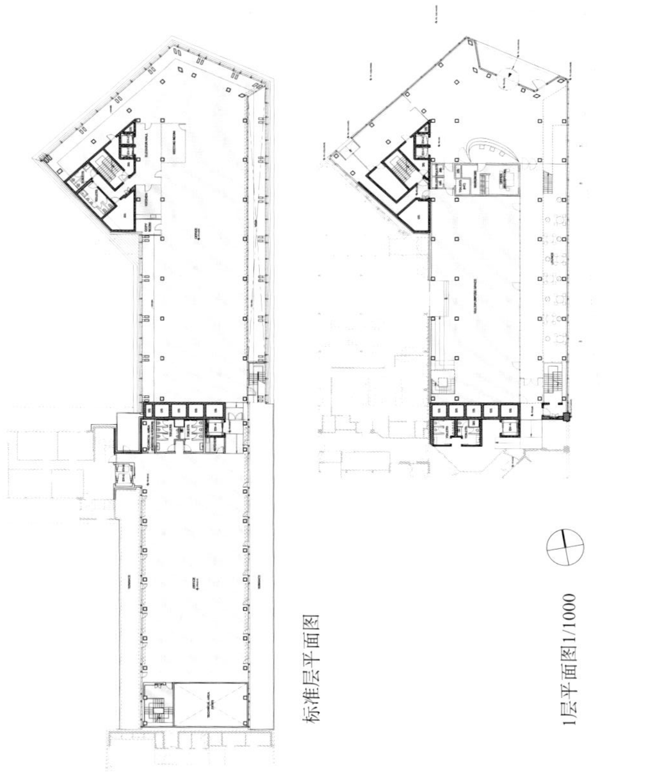

标准层平面图

1层平面图1/1000

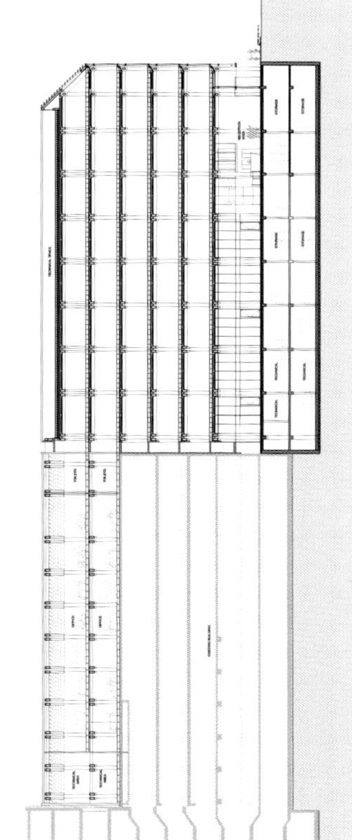

断面图 1/1000

建筑项目数据：

所在地——瑞士苏黎世
Werdstrasse 15 Postfach CH-8021
占地面积——1000平方米（整体占地——8000平方米）
建筑面积——1000平方米
使用面积——10120平方米
结构・层数—木造、部分RC结构 地上7层

委托方——Tamedia
设计——SHIGERU BAN ARCHITECTS EUROPE
设计协助——Itten+Brechbühl AG
结构——Creation Holtz GmbH, sjb.kempter.fitze AG,
Urech Bärtschi Maurer AG
设备——3-PLAN HAUSTECHNIK AG

施工——HRS REAL Estate AG
设计期——2008年4月—2010年12月
施工期——2011年2月—2013年4月（计划）

2015年
建筑作品
23
斯沃琪·欧米茄新总部大楼
瑞士·比尔

公共道路上的巨大木制索撑网壳屋顶屋根

横跨公路的斯沃琪、欧米茄新总部大楼透视图。
左侧为斯沃琪总部大楼，右侧为斯沃琪与欧米茄博物馆。
公路上方被巨大的木制索撑网壳屋顶覆盖［资料：坂茂建筑设计］

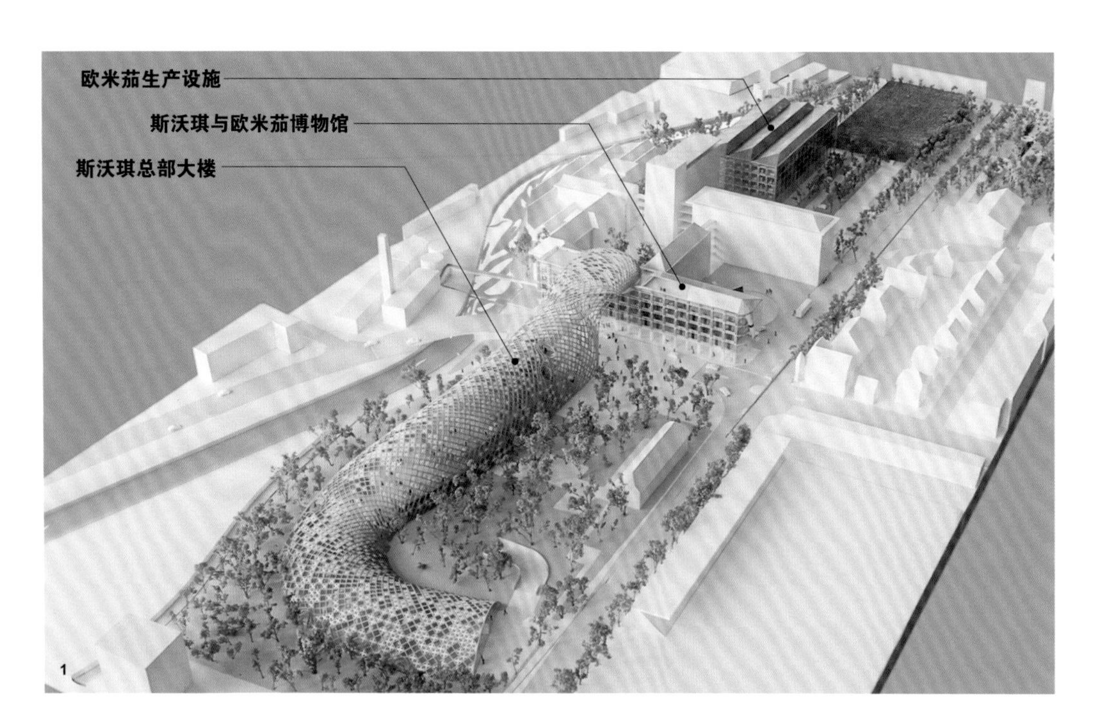

图中是位于瑞士西北部城市比尔的斯沃琪与欧米茄总部的扩建计划，其中包括斯沃琪新总部与欧米茄的生产设施、办公区域、博物馆及会展中心。由于设计了东京银座NICOLAS G. HAYEK CENTER的关系，我被邀请参加该工程的范围指定招标，并中标成为工程设计人。预计扩建将在2015年前后完成。

斯沃琪钟表产品风格时尚，而欧米茄风格则相对严肃刻板。因此，我将斯沃琪总部大楼设计为覆盖着木制屋壳的生动形状，而让欧米茄大楼的木制梁柱水平垂直，一板一眼。建筑的形态反映了各自公司的风格。

LOGO十字形斜撑

为了防止斯沃琪新总部大楼的巨大木制索撑网壳屋顶变形，设计中在索撑网壳的各处设置了十字形

3

1. 整体模型。木制索撑网壳屋顶建筑被设计为波浪形。**2.** 斯沃琪与欧米茄博物馆上方的会展中心屋顶与斯沃琪总部大楼的屋顶相互重叠，下方有道路通过。**3.** 斯沃琪总部大楼内部。为防止巨大木制索撑网壳屋顶变形，设置了众多以斯沃琪LOGO为主题的十字形斜撑。

斜撑，这也是瑞士国旗上的标志。屋顶上覆盖着一层ETFE（乙烯四氟乙烯共聚物）材质的空气薄膜。

斯沃琪与欧米茄博物馆一层的独立支柱为钢结构，钢结构上方承载的便是木质结构部分。欧米茄生产设施中设置了大型玻璃观光电梯，来客可以在乘坐电梯的同时参观钟表的制作工艺。斯沃琪与欧米茄博物馆楼的上方是椭圆形会展中心，木制网壳从斯沃琪一侧延伸至此，实现了会展中心与斯沃琪总部大楼在外观上的一体化。

两建筑物重叠的屋顶下方恰有公共道路通过。为保证行人安全，瑞士法律规定车辆须减速慢行避让行人。我们利用这样的规定，将被道路隔开的地块设计为一个整体，并在道路上方架设屋顶，建成了代表城市面貌的一个大型广场。我们计划在需要时限制通行，利用屋顶下的这一空间举办各种活动。（坂茂谈话内容）

建筑项目数据：

所在地——瑞士伯尔尼州比尔
占地面积——19400平方米（斯沃琪）/36270平方米（欧米茄）
建筑面积——6028平方米（欧米茄三栋合计）
使用面积——19352平方米（斯沃琪）/
32642平方米（欧米茄三栋合计）
结构・层数—木结构・RC结构 地下1层・地上5层
委托方——斯沃琪公司/欧米茄公司
设计——中标：坂茂建筑设计
建筑：SHIGERU BAN ARCHITECTS EUROPE
设计协助——构造：Hermann Blumer,SJB Kempter Fitze AG（木制部分）
Schnetzer Puskas Ingenieure AG（钢结构部分） 设备：Gruneko
Schweiz AG（空调）、Amstein+Walthert AG（卫生）、Herzog
Kull Group（电力） 环境：Transsolar
当地建筑师—Itten+Brechbuhl AG
项目管理—Hayek Engineering AG
施工——未定
设计期——2012年—2013年
施工期——2014年—2015年（计划）

2015年

建筑作品
24

大分县立美术馆
大分市

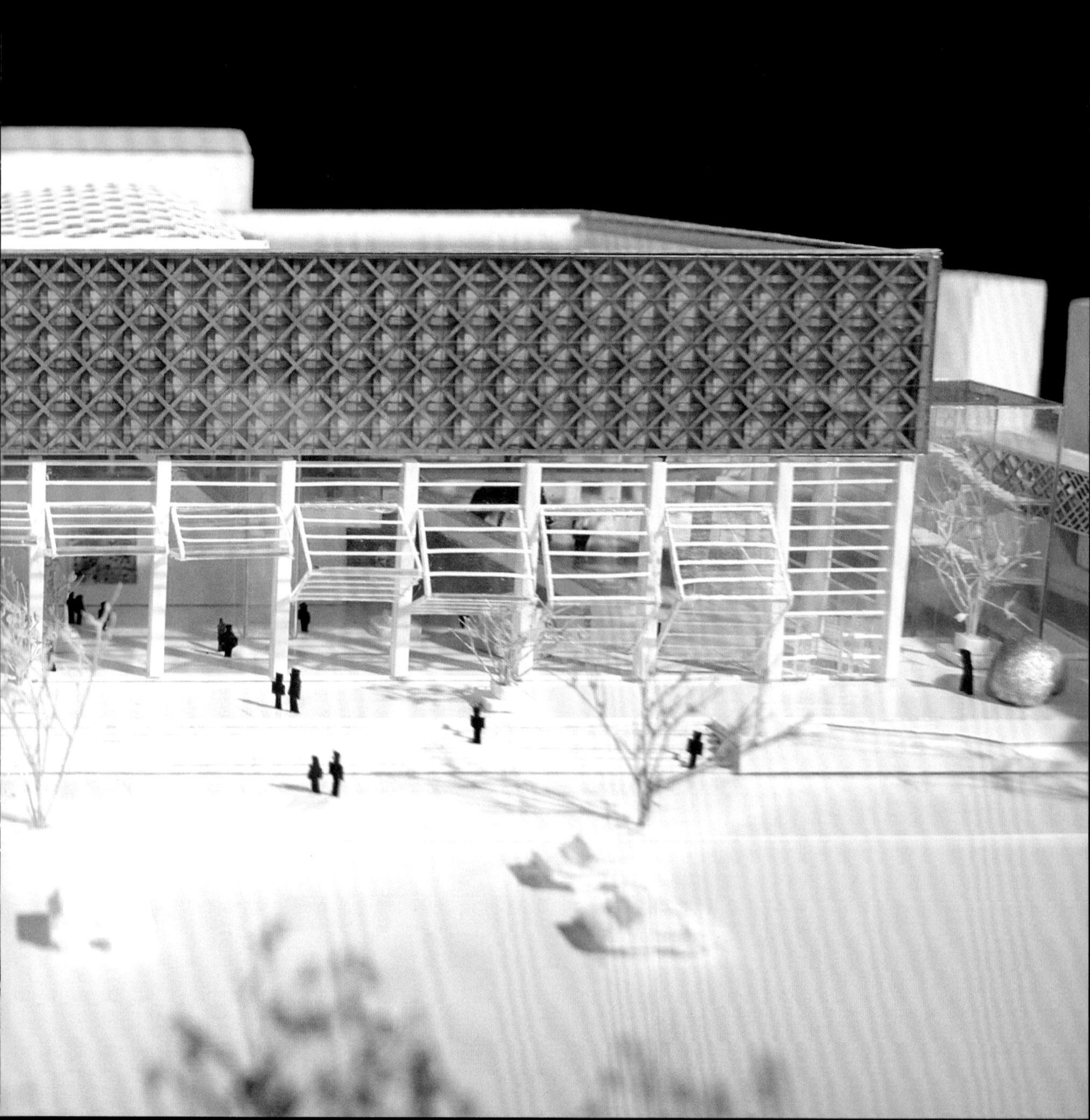

为木材赋予功能，使之成为建筑结构的一部分

图为大分县立美术馆模型。上部为格子状的承重结构、木制斜撑、窗扇相重叠的密闭箱状，下部为被玻璃折叠门围起的开放空间［资料：坂茂建筑设计］

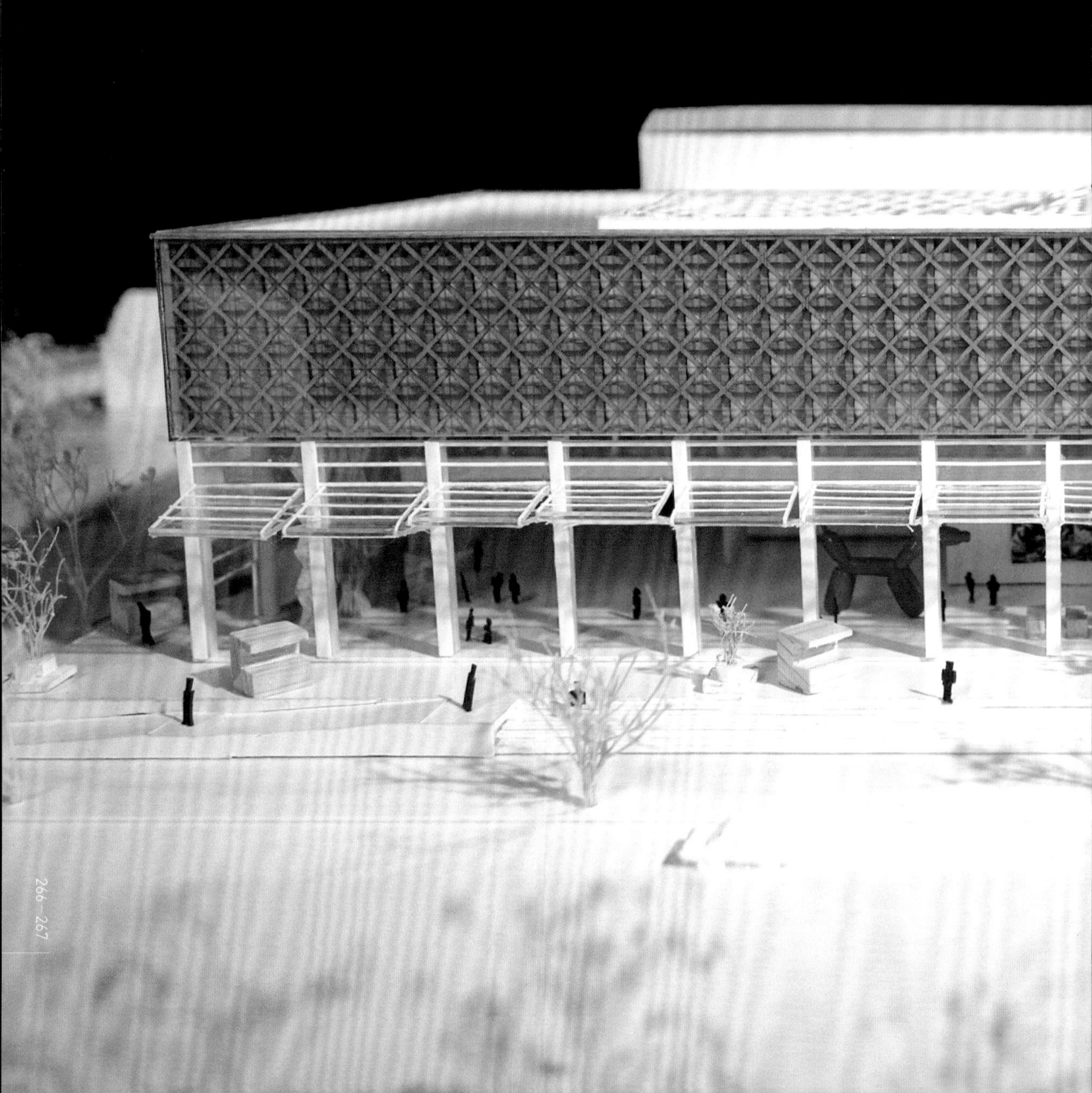

1. 从昭和道路方向看到的美术馆外观。举行活动时道路变为行人专用通道，美术馆与对面的OASIS21广场可作为整体使用。
2. 一层中庭。开放式的无柱空间向四周延展。**3.** 三层中央的大厅与中庭。曲面钢筋表面包裹了木材用于防止结露。

大分县立美术馆（暂定名）计划建在大分市寿町，我通过公开投标成为该馆设计人。目前，设计刚刚结束，计划2015年春开馆。

招标大纲中有一项要求：该馆必须与一路之隔的多功能设施OASIS21广场作为整体使用。因此，如何使两建筑的风格浑然一体，是我在这次设计中重点思考的主题之一。我的设想是举行活动时把两建筑之间的昭和道路作为行人专用道路，使道路与外围场地连为一体。同时，美术馆要建成开放式，以便行人欣赏馆中展品。

密闭箱式结构下方的无柱空间

作为美术馆，自然需要设置现代美术展厅、当地美术家与艺术家展厅等，除此之外，还需要有教育设施、收藏库、事务所等。需要严格管理环境温度、湿度的作品置于三层密闭箱状空间。同时，箱状空间

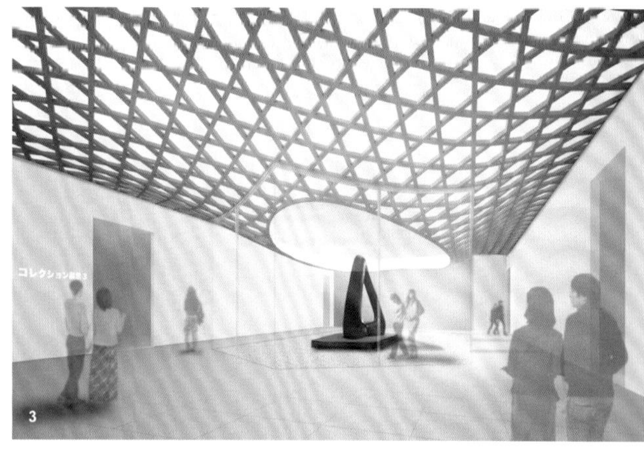

3

建筑项目数据：

所在地——大分市寿町
占地面积——12064.83平方米
建筑面积——4623.29平方米
使用面积——16769.46平方米
结构・层数—S结构・RC结构 地上4层
委托方——大分县
设计——坂茂建筑设计
设计协助——结构：Arup|设备：Arup
施工——未定
施工期——2013年4月—2015年春（计划）

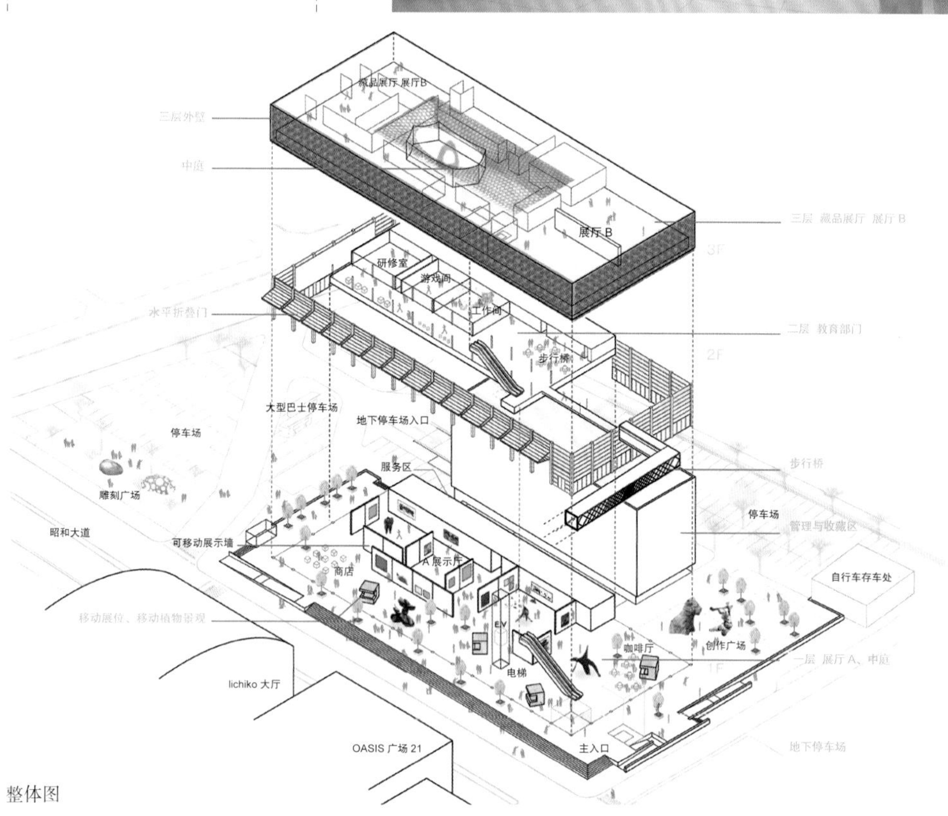

整体图

下方设计了用玻璃折叠门围起的无柱开放空间，折叠门可自由开闭。

馆内用可移动的隔板自由调整布局。教育设施等面积较小的空间则采用了垂吊于箱状结构的方式，形成了美术馆二层部分。

重叠使用功能各异的木材

建筑物本身虽是钢筋结构，但其很多部位实际上也使用了当地木材。三层部分箱状空间的外壁使用了木材作为钢筋的防火层，斜撑使用了交叉木材。外侧玻璃的铝制窗框使用与木材相近的颜色，承重结构、斜撑、窗框的形状略有变化又巧妙重叠，整个外观仿佛木材编织而成。

建筑内部的钢筋表面也包裹了木材防止露水侵蚀。在该建筑中，木材并不是设计完成后锦上添花的装饰，而是作为建筑结构的一部分担负着功能性作用。

水户艺术馆首次大规模个展

——7层木制大楼的接合处也以实际尺寸展示

2013年3月2日至5月12日，坂茂的建筑展在水户艺术馆举行。我们向负责展览策划的水户艺术馆现代美术中心的门肋沙耶子听取了展会的目的。

—

水户艺术馆由矶崎新设计，位于水户市五轩町，于1990年开馆。现代美术画廊（面积约1000平方米）位于该馆2层，坂茂建筑展『坂茂建筑意识与方法』便在这里举行。

这个大规模个展对坂茂来说还是首次。实际上对水户艺术馆来说，建筑展也并不常在这里举行。在水户艺术馆近20年的展览活动中，继矶崎新展（1991年）、朱赛普·特拉尼展（1998年）、Archigram展（2005年）后，这是在该馆举行的第四次建筑个展。

据门肋沙耶子以及其他馆员讲，四五年前，

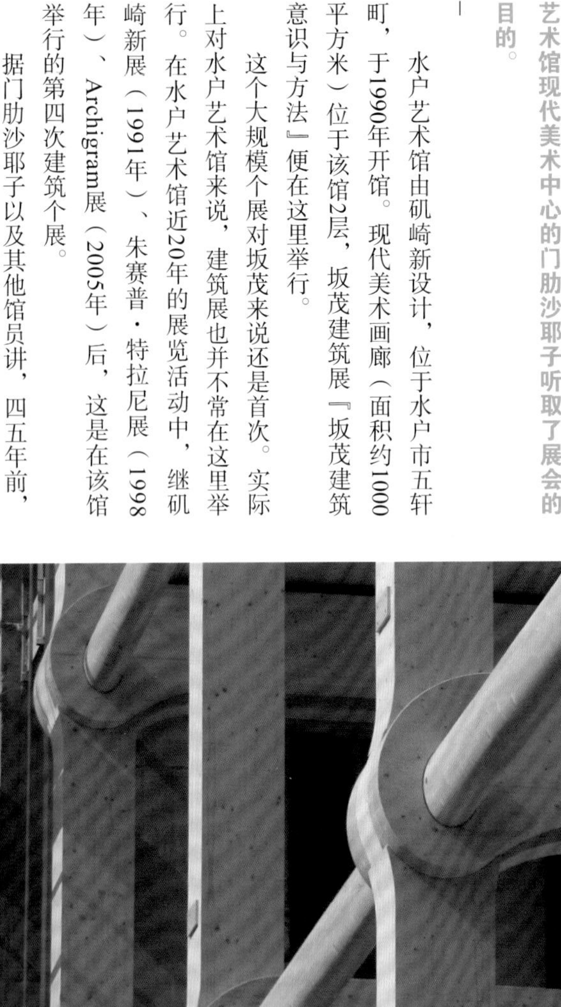

接合部［照片：坂茂建筑设计提供］

木质架构（右）样机模型（左）［照片：Didier Boy de la Tour提供］

同为展览运营委员会的矶崎新向艺术馆提出建议，『办一个坂茂的展览怎么样』。他与坂茂联系后开始策划是在大约3年前。『后来发生了地震，于是决定地震2年以后的3月份再举办。水户也在地震中遭受了不小的打击，我们觉得到时再举办展览具有回顾灾后2年重建工作的重要意义。正是因为有2年的时间，我们才能更加客观地看待当时的作品』，门肋沙耶子说。

这次展览会的特点是作品多以实际尺寸展出。门肋沙耶子说：『建筑展会上通常展示的多为小模型、设计图、说明文字、照片、图像等，无法真正体验建筑的实际空间，人们常会有难以真正领略其魅力的感觉。我对坂茂先生说，这次的展览会希望能够让参观者通过五官体会到建筑的空间。坂茂先生与我意见相同。』

于是展会上以实际尺寸展出了在受灾地建设的部分临时空间分隔装置和临时住宅。另外，在瑞士建设中的木制7层大楼Tamedia New Office Building的接合部分也计划以实际尺寸进行展示。由于这个建筑的木材加工在日本是无法进行的，因此只能在瑞士制作完成后再运到日本来。参观者可以在展会上将建筑作品拍摄下来，参观后回去还可以使用照片慢慢研究。无论是专家还是普通人，每一位参观者都会从中得到各自的体验。

东日本大地震中设置的临时空间分隔装置接合部分

成都市华林小学的纸管接合部

女川町临时住宅住户模型

建筑项目数据：

展览名称——坂茂建筑意识与方法

会场——水户艺术馆现代美术画廊+水户艺术馆场地内（水户市五轩町1-6-8）

会期——2013年3月2日［周六］至5月12日［周日］

开馆时间——周一（4月29日、5月6日开馆，4月30日、5月7日休馆）

票价——800日元。预售・团体（20人以上）600日元。中学生以下、65岁以上免费。

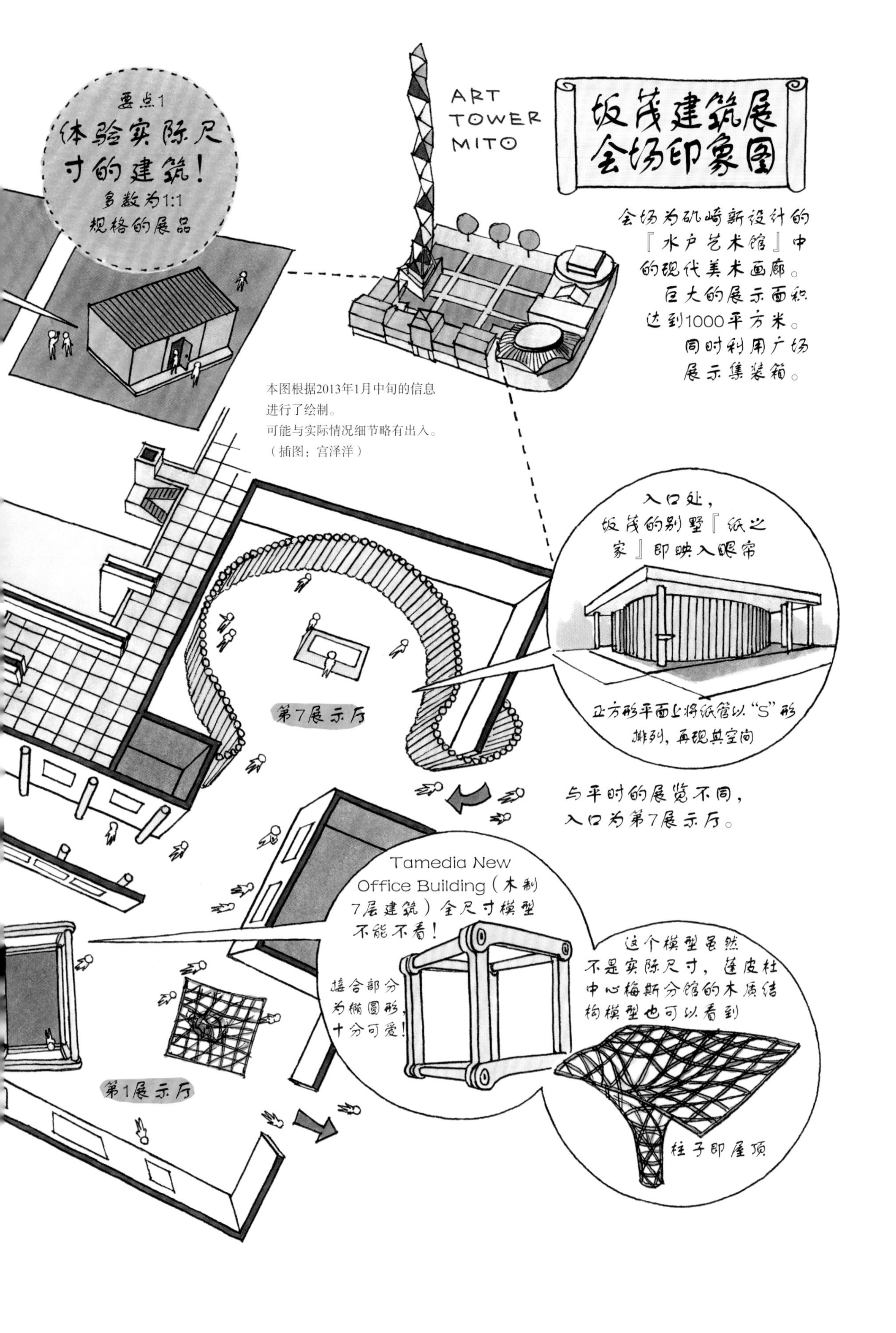

要点1
体验实际尺寸的建筑！
多数为1:1
规格的展品
ART
TOWER
MITO
坂茂建筑展
会场印象图
会场为矶崎新设计的『水户艺术馆』中的现代美术画廊。
巨大的展示面积达到1000平方米。
同时利用广场展示集装箱。
本图根据2013年1月中旬的信息进行了绘制。
可能与实际情况细节略有出入。
（插图：宫泽洋）
入口处，
坂茂的别墅『纸之家』即映入眼帘
正方形平面上将纸管以"S"形排列，再现其空间
第7展示厅
与平时的展览不同，
入口为第7展示厅。
Tamedia New Office Building（木制7层建筑）全尺寸模型不能不看！
接合部分为椭圆形，十分可爱！
这个模型虽然不是实际尺寸，蓬皮杜中心梅斯分馆的木质结构模型也可以看到
柱子即屋顶
第1展示厅

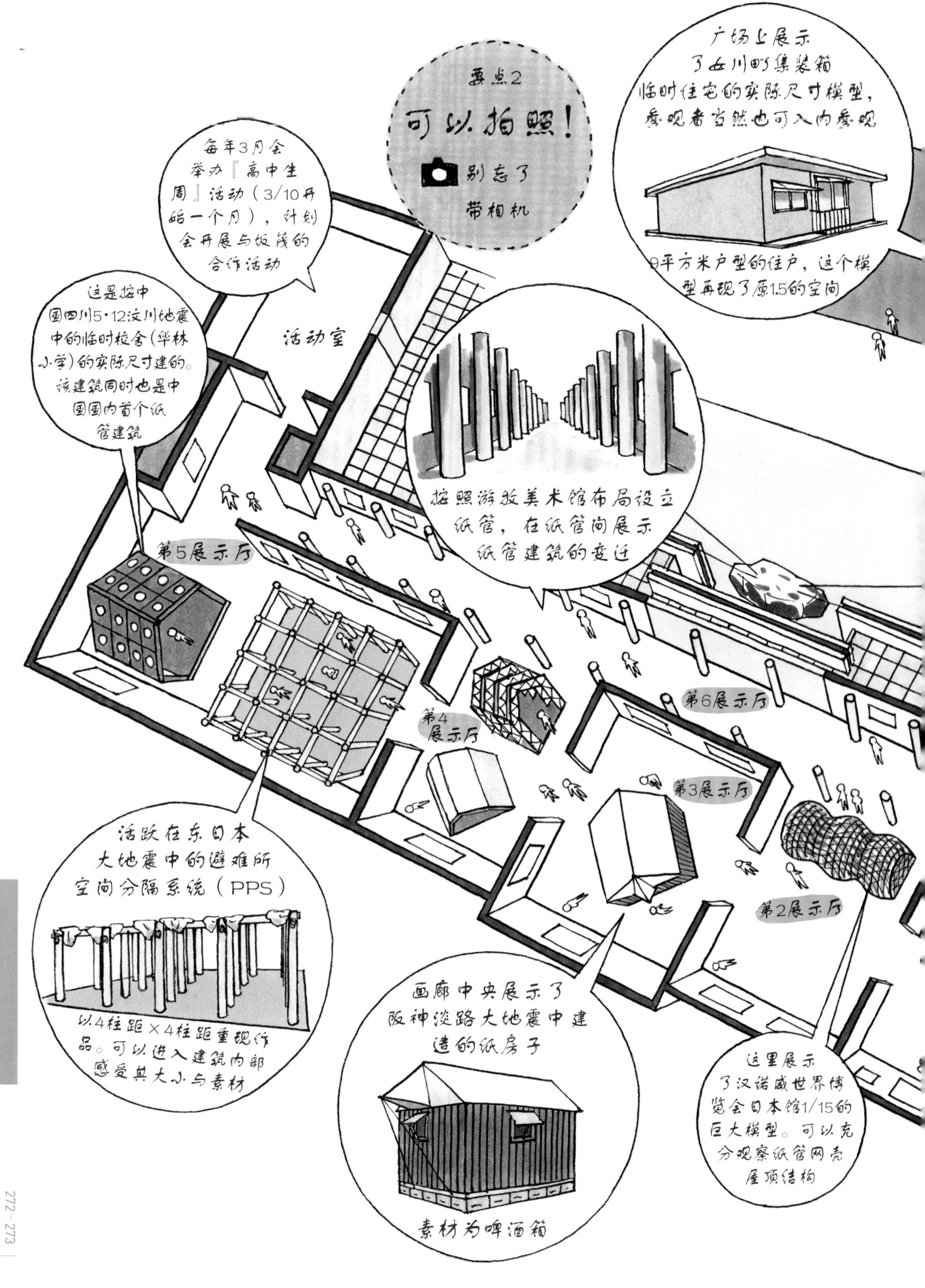
要点2
可以拍照！
别忘了
带相机
广场上展示
了女川町集装箱
临时住宅的实际尺寸模型，
参观者当然也可入内参观
9平方米户型的住户，这个模
型再现了原1.5的空间
每年3月会
举办『高中生
周』活动（3/10开
始一个月），计划
会开展与坂茂的
合作活动
这是按中
国四川5·12汶川地震
中的临时校舍（华林
小学）的实际尺寸建的。
该建筑同时也是中
国国内首个纸
管建筑
活动室
按照游板美术馆布局设立
纸管，在纸管间展示
纸管建筑的变迁
第5展示厅
第6展示厅
第4
展示厅
第3展示厅
第2展示厅
活跃在东日本
大地震中的避难所
空间分隔系统（PPS）
以4柱距×4柱距重现作
品。可以进入建筑内部
感受其大小与素材
画廊中央展示了
阪神淡路大地震中建
造的纸房子
素材为啤酒箱
这里展示
了汉诺威世界博
览会日本馆1/15的
巨大模型。可以充
分观察纸管网壳
屋顶结构

1957—2012年

HISTORY

坂茂年谱

年份	内容
1957	—8月5日出生于日本东京（世田谷区）
1958	
1959	
1960	
1961	
1962	
1963	
1964	—进入成蹊小学
1965	
1966	—看到家中的修缮工程，梦想成为木匠

年份	内容
1967	—10岁
1968	—开始练橄榄球
1969	
1970	—进入成蹊中学
1971	—在技术·家庭课上接触住宅设计后，决心成为建筑师
1972	—被选为橄榄球东京代表队队员，与韩国队比赛
1973	—考虑入早稻田大学，同时进行橄榄球活动与建筑学习 —进入成蹊高中 —每日橄榄球训练后，去素描学校学习
1974	—橄榄球全国大赛第一场输给大工大附属学校，目标大学从早稻田改为艺术大学

年份	内容
1975	
1976	—成蹊高中毕业
1977	—远渡美国，入英语学校。
1978	—就读于南加州建筑学院（SCI-ARC）
1979	
1980	—就读于库伯联盟学院建筑系
1981	
1982	—进入矶崎新工作室工作（至1983年）
1983	
1984	—库伯联盟学院建筑学系毕业

年份	内容	建筑作品：
1985	—创立坂茂建筑设计事务所	—Emilio Ambasz 展览
1986		—阿尔瓦尔·阿尔托展（会场设计 东京） —Judith Turner 展（会场设计 东京） —VILLA TCG（长野）
1987	—30岁	—VILLA K（长野）
1988		—B BUILDING 三层墙（东京）
1989		—Emilio Ambasz 展 —ZANOTTA 家具展 —M 宅邸（东京） —水琴窟东屋（爱知）
1990		—小田原展馆、东门（神奈川）→p116 —VILLA TOR Ⅱ（长野）
1991		—诗人的书库（神奈川） —声乐家之家（东京） —I HOUSE（东京） —VILLA KURU（长野）
1992		—PC 桩之家（静冈） —石神井公园集体住宅（东京） —铁路旁建筑群（东京）
1993	—任多摩美术大学客座讲师（至1995年） —获东京建筑师协会住宅建筑奖	—羽村工厂电业社（东京） —双顶宅（山梨）

年份	内容	建筑作品：
1994	—任联合国难民事务高级专员办事处（UNHCR）顾问（至1999年）	—牙医之家（东京） —纸画廊（东京）
1995	—成立 NGO 组织义务建筑师网络（VAN） —任横滨国立大学建筑系客座讲师（至1999年） —获每日设计大奖（纸教堂）	—家具宅 NO.1（山梨） —纸之家（山梨） —窗帘墙之家（东京） —2/5 HOUSE（兵库） —纸房子 神户（兵库）→p122 —纸教堂（兵库）→p010
1996	—任日本大学理工学系建筑系客座讲师（至2000年） —吉冈奖（窗帘墙之家） —日本建筑家协会第3届关西建筑家奖（纸教堂）	—家具之家 No.2（神奈川） —NOBA OSHIMA 临时展厅（东京） —CG 牙科展（大阪 至2003年）
1997	—40岁 —日本建筑家协会新人奖（纸教堂） —《*Shigeru Ban*》GG portfolio’ Editorial Gustavo Gili	—JR 田泽湖站（秋田） —无墙房（静冈） —羽根木的森林（东京）→p150 —九宫宅（神奈川）→p158
1998	—第18届日本建筑学会东北建筑奖（JR 田泽湖站） —《坂茂》（<JA>30号 新建筑社） —《纸建筑行动》（筑摩书房）	—穹顶纸会场（岐阜） —Ivy Structure 1（东京） —家具之家 NO.3（神奈川）
1999	—《*SHIGERU BAN , Projects in Process*》展览	—联合国难民事务高级专员办事处纸庇护所（卢旺达） —合欢树美术馆（静冈）→p162

年份	内容	日本国内项目：	日本以外项目：
2000	—任哥伦比亚大学建筑系客座教授 —任哥伦比亚大学唐纳德·基恩研究所特别研究员 —获柏林艺术奖（汉诺威世界博览会日本馆）	—Ivy Structure 2（东京） —GC大阪营业所大楼（大阪） —裸屋（埼玉）	—纸屋 土耳其（土耳其） —纸穹顶（美国） —汉诺威世界博览会日本馆（德国）→p126
2001	—担任庆应义塾大学环境信息系教授（至2008年） —获世界建筑奖（欧洲公共文化部）（汉诺威世界博览会日本馆） —获松井源吾奖 —《*Shigeru Ban*》（Princeton Architectural Press）	—合板三角格子屋（千叶） —今井医院附属托儿所（秋田）→p166 —纸资料馆 特种制纸综合技术研究所 Pam B（静冈）→p170	—纸屋 印度（印度）
2002	—获世界建筑奖（住宅部大奖）（裸宅）	—观景窗之屋（静冈） —今井笃纪念体育馆（秋田） —纸资料馆 特种制纸综合技术研究所 Pam A（静冈）	—竹家具之屋（中国） —竹顶（美国）
2003	—《*Shigeru Ban*》（Phaidon Press）	—纸工作室（神奈川） —玻璃百叶窗之家（东京） —摄影师的百叶窗屋（东京）	—纸会场（荷兰）
2004	—美国建筑家协会（AIA）荣誉会员 —法国建筑学会金奖	—GC名古屋营业所（爱知）→p178 —塑料瓶结构（东京） —羽根木的森林 ANNEX（东京） —新潟中越地震避难所 纸屋（新潟）→p028	—勃艮第运河博物馆 船库（法国） —纸临时工作室（法国）
2005	—安默斯特学院荣誉博士（人道主义活动） —阿诺德·威廉·布伦纳纪念建筑奖 —汤玛斯·杰佛逊建筑奖	—避难所空间分隔系统2（福冈）	—勃艮第运河博物馆 资料馆（法国） —多功能屋（法国） —游牧美术馆 纽约（美国） —海啸后Krinda村庄重建项目（斯里兰卡）
2006	—加拿大皇家建筑师协会名誉会员 —普利兹克建筑奖评委委员（至2009年）	—作家的玻璃工作室（东京） —员工宿舍H（福岛） —成蹊大学信息图书馆（东京）→p186 —MAISON E（福岛） —避难所空间分隔系统3（神奈川）	—游牧美术馆 圣莫尼卡（美国） —瓦萨雷利展览馆（法国） —新加坡双年展馆（新加坡） —纸集装箱美术馆（韩国） —Sagaponack House（美国）

2007	—50岁 —获MIPIM Awards2007（集体住宅部门最优秀奖、特别奖）（Krinda项目）	—天主教鹰取教堂（兵库） —游牧美术馆 东京（东京）→p196 —尼古拉斯·G. 海耶克中心（东京）→p210 —GC富士小山工厂（静冈）	—纸桥（法国） —Artek展馆（意大利）→p206 —Davines Booth（意大利、英国）
2008	—《*Shigeru Ban*》（Edilstampa）	—成蹊小学（东京） —三日月之家（静冈）	—纸茶室（英国） —新加坡双年展 临时展馆（新加坡） —四川5·12汶川地震灾后重建支援 成都市华林小学纸管临时校舍·临时住宅（中国四川）→p030 —穹顶纸会场（中国台湾）→p020 —JAPAN CAR展览（法国）
2009	—慕尼黑工业大学名誉博士 —获日本建筑学会作品奖（尼古拉斯·G·海耶克中心） —《*Shigeru Ban Paper in Architecture*》（Rizzoli）	—羽根木公园之家 樱（东京） —椭圆之家（福岛）	—飓风灾后重建住宅（美国） —生物学者的纸屋（葡萄牙） —纸塔（英国） —香港双年展馆（中国香港）
2010	—任哈佛大学设计GSD客座教授 —法国文化艺术勋章 —康奈尔大学客座教授 —《*SHIGERU BAN Complete Works* 1985—2010》（Taschen） —《Voluntary Architect' Network 塑造建筑 塑造人类》（INAX出版）	—羽根木公园之家 风景小道（东京）	—蓬皮杜中心梅斯分馆（法国）→p236 —VILLA VISTA（斯里兰卡） —上海万博会日本产业馆 主题展厅（中国） —九桥高尔夫俱乐部（韩国）→p246 —Taschen法兰克福书展展间（德国） —海地地震灾后重建支援 紧急避难所（海地） —金属百叶窗屋（美国）
2011	—获奥古斯特·佩雷奖 —任京都造形艺术大学艺术学系环境设计学教授	—神户 串乃家 大丸梅田店（大阪） —东日本大地震 海啸 支援项目 避难所空间分隔系统4（山形、岩手）→p036 —女川町临时住宅（宫城）→p48 —Maison Hermès展馆（东京）	—Davines Booth（意大利） —Maison Hermès展馆（意大利） —拉奎拉临时音乐厅（意大利） —Camper展馆（西班牙、中国、美国、法国）
2012	—获每日艺术奖 —艺术推荐文部科学大臣奖		—Module H（法国） —Camper SOHO（美国）

［执笔人、报道刊载号］

010页　纸教会|日经建筑1995年10月23日号|土田武彦（原日经建筑）

020页　远渡中国台湾的纸教会|书籍内容|长井美晓（作家）

024页　『为普通大众工作是提升自我的锻炼』|日经建筑1996年4月22日号|记述者：田边昭次（原日经建筑总编）

028页　新潟中越地震避难所 纸之家|日经建筑2004年12月13日号|荒川尚美（原日经建筑）

030页　四川5・12汶川地震灾后重建援助 成都市华林小学纸管临时校舍・临时住宅|日经建筑2008年8月11日号|木村骏（原日经建筑）

036页　东日本大地震海啸援助项目 避难所空间分隔系统| 2011年5月10日号|冈本蓝（原日经建筑）

042页　『从失败的教训中学习灾后重建』|日经建筑2011年10月10日号|记述者：真部保良（原日经建筑主编）

048页　女川町临时住宅|日经建筑2012年1月10日号|守山久子（作家）

058页　受灾地区・战乱地区活动地图|出版书籍|构成：大家健史（编辑）

064页　纸大教堂|出版书籍|构成：大家健史（编辑）

070页　从橄榄球少年到建筑家|出版书籍|长井美晓（作家）

080页　坂茂事务所报告1988|日经建筑1988年9月5日号|日经建筑

086页　繁忙日程安排的对策|出版书籍|长井美晓（作家）

090页　我的建筑生于草图|出版书籍|素描：坂茂

098页　我眼中的坂茂精神|出版书籍|长井美晓（作家）、宫泽洋（日经建筑）

116页　小田原展览馆［心动小田原梦想节主会场大厅］|日经建筑1990年4月16日号|真部保良（原日经建筑）

122页　纸屋|日经建筑1995年10月23日号|土田武彦（原日经建筑）

126页　汉诺威世界博览会日本馆|日经建筑2000年7月10日号|内山佳代子（建筑师、作家）

134页　纸管建筑简史|出版书籍|构成：大家健史（编辑）

150页　羽根木的森林|日经建筑1998年2月23日号|西山裕子（原日经建筑）

158页　9格房|日经建筑1998年7月13日号|桑原丰（原日经建筑）

162页　合欢树美术馆|日经建筑2000年3月6日号|日经建筑编辑部

166页　今井医院附属托儿所|日经建筑2002年7月22日号|宫泽洋（日经建筑）

170页　纸资料馆 特种制纸综合技术研究所Pam B|日经建筑2003年2月17日号|SUZUKI KAZUMI（作家）

178页　GC名古屋营业所|日经建筑2004年8月9日号|松浦隆幸（作家）

186页　成蹊大学信息图书馆|日经建筑2006年11月27日号|佐野由佳（作家）

Originally published in Japan by Nikkei Business Publications, Inc.
Simplified Chinese translation rights arranged with Nikkei Business Publications, Inc. through BARDON-CHINESE MEDIA AGENCY.

图书在版编目（CIP）数据

坂茂 / 日本日经BP社日经建筑编 ; 范唯译. — 北京 : 北京美术摄影出版社, 2019.1
（NA 建筑家系列 ; 7）
ISBN 978-7-80501-939-0

Ⅰ. ①坂… Ⅱ. ①日… ②范… Ⅲ. ①建筑设计—作品集—日本—现代 Ⅳ. ①TU206

中国版本图书馆CIP数据核字(2016)第207165号

北京市版权局著作权合同登记号：01-2014-7668

责任编辑：董维东
特约编辑：李　涛
责任印制：彭军芳
装帧设计：北京旅游文化传播有限公司

NA 建筑家系列　7
坂茂
BAN MAO
日本日经BP社日经建筑　编　范唯　译

出　版　北京出版集团公司
　　　　北京美术摄影出版社
地　址　北京北三环中路6号
邮　编　100120
网　址　www.bph.com.cn
总发行　北京出版集团公司
发　行　京版北美（北京）文化艺术传媒有限公司
经　销　新华书店
印　刷　鸿博昊天科技有限公司
版印次　2019年1月第1版第1次印刷
开　本　257毫米×182毫米　1/16
印　张　17.5
字　数　310千字
书　号　ISBN 978-7-80501-939-0
定　价　98.00元

如有印装质量问题，由本社负责调换
质量监督电话　010-58572393